信息安全系列教材

信息安全工程

主　编　赵俊阁
副主编　陈泽茂　薛丽敏　王春东　刘　可
参　编　周立兵　朱婷婷　柳景超　魏国珩
　　　　姜浩伟　王志锋　张　琪　赵树林

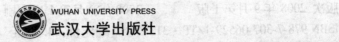

武汉大学出版社

图书在版编目(CIP)数据

信息安全工程/赵俊阁主编;陈泽茂,薛丽敏,王春东,刘可副主编.—武汉:武汉大学出版社,2008.9
信息安全系列教材
ISBN 978-7-307-06529-1

Ⅰ.信… Ⅱ.①赵… ②陈… ③薛… ④王… ⑤刘… Ⅲ.信息系统—安全技术—高等学校—教材 Ⅳ.TP309

中国版本图书馆 CIP 数据核字(2008)第 143847 号

责任编辑:黄金文　乞慧希　　　责任校对:黄添生　　　版式设计:支　笛

出版发行:**武汉大学出版社**　（430072　武昌　珞珈山）
（电子邮件:wdp4@whu.edu.cn　网址:www.wdp.whu.edu.cn）
印刷:湖北金海印务公司
开本:787×1092　1/16　印张:14.5　字数:357 千字
版次:2008 年 9 月第 1 版　　　2008 年 9 月第 1 次印刷
ISBN 978-7-307-06529-1/TP·313　　　定价:24.00 元

版权所有,不得翻印;凡购买我社的图书,如有缺页、倒页、脱页等质量问题,请与当地图书销售部门联系调换。

信息安全系列教材

编委会

主　任：张焕国，武汉大学计算机学院，教授
副主任：何大可，西南交通大学信息科学与技术学院，教授
　　　　黄继武，中山大学信息科技学院，教授
　　　　贾春福，南开大学信息技术科学学院，教授
编　委：（排名不分先后）

东　北
张国印，哈尔滨工程大学计算机科学与技术学院副院长，教授
姚仲敏，齐齐哈尔大学通信与电子工程学院，教授
江荣安，大连理工大学电信学院计算机系，副教授
姜学军，沈阳理工大学信息科学与工程学院，副教授

华　北
王昭顺，北京科技大学计算机系副主任，副教授
李凤华，北京电子科技学院研究生工作处处长，教授
李　健，北京工业大学计算机学院，教授
王春东，天津理工大学计算机科学与技术学院，副教授
丁建立，中国民航大学计算机学院，教授
武金木，河北工业大学计算机科学与软件学院，教授
张常有，石家庄铁道学院计算机系，副教授
田俊峰，河北大学数学与计算机学院，教授
王新生，燕山大学计算机系，教授
杨秋翔，中北大学电子与计算机科学技术学院网络工程系主任，副教授

西　南
彭代渊，西南交通大学信息科学与技术学院，教授
王　玲，四川师范大学计算机科学学院院长，教授

何明星，西华大学数学与计算机学院副院长，教授
代春艳，重庆工商大学计算机科学与信息工程学院
陈　龙，重庆邮电大学计算机科学与技术学院，副教授
杨德刚，重庆师范大学数学与计算机科学学院
黄同愿，重庆工学院计算机学院
郑智捷，云南大学软件学院信息安全系主任，教授
谢晓尧，贵州师范大学副校长，教授

华　东

徐炜民，上海大学计算机工程与科学学院，教授
楚丹琪，上海大学教务处，副教授
孙　莉，东华大学计算机科学与技术学院，副教授
李继国，河海大学计算机及信息工程学院，副教授
张福泰，南京师范大学数学与计算机科学学院，教授
王　箭，南京航空航天大学信息科学技术学院，副教授
张书奎，苏州大学计算机科学与技术学院，副教授
殷新春，扬州大学信息工程学院副院长，教授
林柏钢，福州大学数学与计算机科学学院，教授
唐向宏，杭州电子科技大学通信工程学院，教授
侯整风，合肥工业大学计算机学院计算机系主任，教授
贾小珠，青岛大学信息工程学院，教授
郑汉垣，福建龙岩学院数学与计算机科学学院副院长，高级实验师

中　南

钟　珞，武汉理工大学计算机学院院长，教授
赵俊阁，海军工程大学信息安全系，副教授
王江晴，中南民族大学计算机学院院长，教授
宋　军，中国地质大学（武汉）计算机学院
麦永浩，湖北警官学院信息技术系副主任，教授
亢保元，中南大学数学科学与计算技术学院，副教授
李章兵，湖南科技大学计算机学院信息安全系主任，副教授
唐韶华，华南理工大学计算机科学与工程学院，教授
杨　波，华南农业大学信息学院，教授

王晓明，暨南大学计算机科学系，教授
喻建平，深圳大学计算机系，教授
何炎祥，武汉大学计算机学院院长，教授
王丽娜，武汉大学计算机学院副院长，教授

执行编委：黄金文，武汉大学出版社计算机图书事业部主任，副编审

内容提要

本书力图从工程的角度出发，对信息安全从规划与控制、需求与分析、实施与评估全过程的描述，并结合具体的信息安全工程的实现，描述了信息安全工程的内容。本书主要介绍了信息安全工程基础、系统安全工程能力成熟度模型（SSE-CMM）、信息安全工程实施、信息安全风险评估、信息安全策略、信息安全工程与等级保护和数据备份与灾难恢复，并详细叙述了安全规划与控制、安全需求的定义、安全设计支持、安全运行分析、生命周期安全支持等信息安全工程的过程。并通过几个实施案例加强对信息安全工程的认识。通过本书的学习，学生可对信息安全工程的原理与技术有所了解，并明确信息安全工程过程所包含的内容。

本书适合作为信息安全专业学生的教材，也可供从事相关工作的技术人员和对信息安全感兴趣的读者阅读参考。

序 言

21 世纪是信息的时代,信息成为一种重要的战略资源,信息的安全保障能力成为一个国家综合国力的重要组成部分。一方面,信息科学和技术正处于空前繁荣的阶段,信息产业成为世界第一大产业。另一方面,危害信息安全的事件不断发生,信息安全的形势是严峻的。

信息安全事关国家安全,事关社会稳定,必须采取措施确保我国的信息安全。

我国政府高度重视信息安全技术与产业的发展,先后在成都、上海和武汉建立了信息安全产业基地。

发展信息安全技术和产业,人才是关键。人才培养,教育是根本。2001 年经教育部批准,武汉大学创建了全国第一个信息安全本科专业。2003 年经国务院学位办批准,武汉大学又建立了信息安全的硕士点、博士点和企业博士后产业基地。自此以后,我国的信息安全专业得到迅速的发展。到目前为止,全国设立信息安全专业的高等院校已达 50 多所。我国的信息安全人才培养进入蓬勃发展阶段。

为了给信息安全专业的大学生提供一套适用的教材,武汉大学出版社组织全国 40 多所高校,联合编写出版了这套《信息安全系列教材》。该套教材涵盖了信息安全的主要专业领域,既有基础课教材,又有专业课教材,既有理论课教材,又有实验课教材。

这套书的特点是内容全面,技术新颖,理论联系实际。教材结构合理,内容翔实,通俗易懂,重点突出,便于讲解和学习。它的出版发行,一定会推动我国信息安全人才培养事业的发展。

诚恳希望读者对本系列教材的缺点和不足提出宝贵的意见。

编委会

2006 年 9 月 19 日

前　言

　　信息是社会发展的重要战略资源。信息技术和信息产业正在改变传统的生产、经营和生活方式，成为新的经济增长点。信息网络国际化、社会化、开放化、个人化的特点使国家的"信息边疆"不断延伸，国际上围绕信息的获取、使用和控制的斗争愈演愈烈，信息安全成为维护国家安全和社会稳定的一个焦点，各国都给以极大的关注与投入。

　　著名信息安全专家沈昌祥院士指出："信息安全既不是纯粹的技术，也不是简单的安全产品的堆砌，而是一项复杂的系统工程——信息安全工程"。其复杂性体现在信息安全具有全面性、生命周期性、动态性、层次性和相对性等特点。作为系统工程，就要用系统工程的观点、方法来对待、处理信息安全问题。安全体系结构的设计、安全解决方案的提出必须是基于信息安全工程理论。对企业来讲，在建立与实施企业级的信息与网络系统安全体系时，必须考虑信息安全的方方面面，必须兼顾信息网络的风险评估与分析、信息网络的整体安全策略、安全模型、安全体系结构的开发、信息网络安全的技术标准与规范的制定、信息网络安全工程的实施等各个方面。对工程实施单位，必须严格按照信息安全工程的过程，规范实施。只有这样才能实现真正意义的信息安全。

　　信息安全工程的实施方法有许多种，总的指导思想是将安全工程与信息系统开发集成起来。本书以信息系统建设为基础，在分析常见的信息安全问题上，指出具有生命周期的信息安全工程建设流程。并具体描述了信息安全工程过程的目的是使信息系统安全成为系统工程和系统获取过程整体的必要部分，从而有力地保证客户目标的实现，提供有效的安全措施以满足客户的需求，将信息系统安全的安全选项集成到系统工程中去获得最优的信息系统安全解决方案。

　　本书共分9章，第1章信息安全工程基础，介绍信息系统建设中常见的信息安全问题及信息安全工程的概念、建设流程和特点；第2章系统安全工程能力成熟度模型（SSE-CMM），介绍SSE-CMM的基础、体系结构与应用；第3章信息安全工程与实施，介绍安全规划与控制、安全需求定义、安全支持设计、安全运行分析、生命周期安全支持和信息安全工程过程；第4章信息安全风险评估，介绍风险评估的方法、风险评估的过程和风险评估的实施；第5章信息安全策略，介绍信息安全策略的概念、规划与实施以及环境安全、系统安全、病毒防护安全策略；第6章信息安全工程与等级保护，介绍等级保护的概念及其在信息安全工程中的实施；第7章数据备份与灾难恢复，包括数据备份的概念与技术、灾难恢复概念、计划和技术；第8章信息安全工程案例，分别介绍了涉密网安全建设规划设计、信息系统网络安全工程实施和政府网络安全解决方案；第9章介绍了部分信息安全组织。每章后面附有习题，以利于学生学习时使用。

  本书的撰写目的是弥补当前市场上《信息安全工程》教材的缺乏。我们希望编写这样的教材满足信息安全专业教学。

  本书的编写是集体共同努力的结晶，包括北京海军司令部的赵树林高级工程师和刘可工程师、南京海军指挥学院的薛丽敏老师、天津理工大学的王春东老师以及武汉海军工程大学信息安全教研室的相关老师。赵俊阁和陈泽茂共同完成编写大纲的制定。赵俊阁和朱婷婷完成第1章、赵俊阁和薛丽敏完成第2章、周立兵完成第3章、柳景超完成第4章、魏国珩完成第5章、刘可完成第6章、姜浩伟完成第7章、王春东和赵树林完成第8章、王志锋完成第9章，张琪完成习题编写与插图。陈泽茂完成了全书的统稿工作。

  由于作者水平有限，因此对于本书中出现的错误，恳请读者提出宝贵意见，以便再版时修改和完善，甚为感谢。

作 者
2008年7月

目　录

第一章　信息安全工程基础 1
1.1　信息系统建设 1
1.1.1　信息系统建设的周期阶段 1
1.1.2　信息系统建设计划 2
1.1.3　软件开发工作量和时间估算 5
1.1.4　开发进度估算 6
1.2　常见信息安全问题 6
1.2.1　信息安全问题的层次 6
1.2.2　信息系统的安全问题 6
1.2.3　信息安全问题分类 7
1.3　信息安全工程概念 9
1.4　信息安全工程建设流程 10
1.5　安全工程的生命周期 12
1.6　安全工程特点 13
本章小结 14
习题一 14

第二章　系统安全工程能力成熟度模型 15
2.1　概述 15
2.1.1　安全工程 15
2.1.2　CMM 介绍 16
2.1.3　安全工程与其他项目的关系 18
2.2　SSE-CMM 基础 19
2.2.1　系统安全工程能力成熟度模型简介 19
2.2.2　系统安全工程过程 22
2.2.3　SSE-CMM 的主要概念 25
2.3　SSE-CMM 的体系结构 28
2.3.1　基本模型 28
2.3.2　域维/安全过程区 29
2.3.3　能力维/公共特性 31
2.3.4　能力级别 32
2.3.5　体系结构的组成 33
2.4　SSE-CMM 应用 34

2.4.1 SSE-CMM 应用方式 ··· 34
2.4.2 用 SSE-CMM 改进过程 ··· 37
2.4.3 使用 SSE-CMM 的一般步骤 ·· 41
2.5 系统安全工程能力评估 ·· 43
2.5.1 系统安全工程能力评估 ··· 43
2.5.2 SSE-CMM 实施中的几个问题 ··· 47
本章小结 ··· 49
习题二 ··· 49

第三章 信息安全工程实施 ··· 50
3.1 概述 ·· 50
3.2 安全规划与控制 ·· 54
3.2.1 商业决策和工程规划 ·· 54
3.2.2 信息安全工程小组 ·· 54
3.2.3 对认证和认可（C&A）的信息安全工程输入规划 ············ 56
3.2.4 信息安全工程报告 ·· 57
3.2.5 技术数据库和工具 ·· 58
3.2.6 与获取/签约有关的规划 ·· 60
3.2.7 信息系统安全保证规划 ··· 61
3.3 安全需求的定义 ·· 62
3.3.1 系统需求定义概述 ·· 62
3.3.2 安全需求分析的一般课题 ··· 64
3.3.3 安全需求定义概述 ·· 68
3.3.4 先期概念阶段和概念阶段——信息安全工程的需求活动 ···· 70
3.3.5 需求阶段——信息安全工程的需求活动 ··························· 71
3.3.6 系统设计阶段——信息安全工程的需求活动 ···················· 71
3.3.7 从初步设计到配置审计阶段——信息安全工程的需求活动 ···· 72
3.4 安全设计支持 ·· 72
3.4.1 系统设计 ··· 72
3.4.2 信息安全工程系统设计支持活动 ······································· 73
3.4.3 先期概念和概念阶段安全设计支持 ··································· 75
3.4.4 需求和系统设计阶段的安全设计支持 ······························· 76
3.4.5 初步设计阶段到配置审计阶段的安全设计支持 ················ 77
3.4.6 运行和支持阶段的安全设计支持 ······································· 77
3.5 安全运行分析 ·· 77
3.6 生命周期安全支持 ·· 79
3.6.1 安全的生命期支持的开发方法 ·· 79
3.6.2 对部署的系统进行安全监控 ··· 81
3.6.3 系统安全评估 ··· 81
3.6.4 配置管理 ··· 82

3.6.5 培训	82
3.6.6 后勤和维护	83
3.6.7 系统的修改	83
3.6.8 报废处置	84
3.7 信息安全工程的过程	84
本章小结	87
习题三	87

第四章 信息安全风险评估 ... 88

4.1 信息安全风险评估基础	88
4.1.1 与风险评估相关的概念	88
4.1.2 风险评估的基本特点	89
4.1.3 风险评估的内涵	89
4.1.4 风险评估的两种方式	90
4.2 风险评估的过程	93
4.2.1 风险评估基本步骤	93
4.2.2 风险评估准备	94
4.2.3 风险因素评估	95
4.2.4 风险确定	100
4.2.5 风险评价	101
4.2.6 风险控制	101
4.3 风险评估过程中应注意的问题	103
4.3.1 信息资产的赋值	103
4.3.2 评估过程的文档化	105
4.4 风险评估方法	107
4.4.1 正确选择风险评估方法	107
4.4.2 定性风险评估和定量风险评估	107
4.4.3 结构风险因素和过程风险因素	107
4.4.4 通用风险评估方法	108
4.5 几种典型的信息安全风险评估方法	111
4.5.1 OCTAVE法	112
4.5.2 层次分析法（AHP法）	114
4.5.3 威胁分级法	122
4.5.4 风险综合评价	122
4.6 风险评估实施	123
4.6.1 风险评估实施原则	123
4.6.2 风险评估流程	123
4.6.3 评估方案定制	127
4.6.4 项目质量控制	129
本章小结	130

习题四 130

第五章 信息安全策略 132
5.1 信息安全策略概述 132
5.1.1 基本概念 132
5.1.2 特点 133
5.1.3 信息安全策略的制定原则 133
5.1.4 信息安全策略的制定过程 133
5.1.5 信息安全策略的框架 134
5.2 信息安全策略规划与实施 135
5.2.1 确定安全策略保护的对象 135
5.2.2 确定安全策略使用的主要技术 136
5.2.3 安全策略的实施 139
5.3 环境安全策略 140
5.3.1 环境保护机制 141
5.3.2 电源 141
5.3.3 硬件保护机制 142
5.4 系统安全策略 142
5.4.1 WWW 服务策略 142
5.4.2 电子邮件安全策略 143
5.4.3 数据库安全策略 143
5.4.4 应用服务器安全策略 144
5.5 病毒防护策略 144
5.5.1 病毒防护策略具备的准则 144
5.5.2 建立病毒防护体系 145
5.5.3 建立病毒保护类型 145
5.5.4 病毒防护策略要求 146
5.6 安全教育策略 146
本章小结 147
习题五 147

第六章 信息安全工程与等级保护 148
6.1 等级保护概述 148
6.1.1 信息安全等级保护制度的原则 148
6.1.2 信息安全等级的划分及特征 149
6.2 等级保护在信息安全工程中的实施 150
6.2.1 新建系统的安全等级保护规划与建设 151
6.2.2 系统改建实施方案设计 155
6.3 等级保护标准的确定 156
6.3.1 确定信息系统安全保护等级的一般流程 156

  6.3.2 信息系统安全等级的定级方法························157
 本章小结··160
 习题六··160

第七章 数据备份与灾难恢复······························161
 7.1 数据备份的概念···161
 7.2 数据备份的常用方法····································166
  7.2.1 数据备份层次·······································166
  7.2.2 数据备份常用方法分类·······························168
 7.3 灾难恢复概念···171
 7.4 安全恢复的计划···172
  7.4.1 容灾系统··172
  7.4.2 安全恢复的实现计划··································173
  7.4.3 安全恢复计划·······································174
 7.5 灾难恢复技术···176
  7.5.1 灾难预防制度······································176
  7.5.2 数据库的恢复技术···································177
 本章小结··182
 习题七··183

第八章 信息安全工程案例····································184
 8.1 涉密网安全建设规划设计································184
  8.1.1 安全风险分析·······································184
  8.1.2 规划设计··185
 8.2 信息系统网络安全工程实施······························188
  8.2.1 制定项目计划·······································188
  8.2.2 项目组织机构······································188
  8.2.3 工程具体实施······································190
 8.3 政府网络安全解决方案··································191
  8.3.1 概 述··191
  8.3.2 网络系统分析······································192
  8.3.3 网络安全风险分析···································193
  8.3.4 网络安全需求及安全目标······························193
  8.3.5 网络安全方案总体设计·······························194
  8.3.6 网络安全体系结构···································196
 习题八··200

第九章 信息安全组织··201
 9.1 IETF（www.ietf.org）····································201
 9.2 CERT／CC（www.cert.org）······························205

9.3　NSA（www.nsa.gov）和 NIST（www.nist.gov） ……………………………… 205
9.4　ISO ……………………………………………………………………………… 206
9.5　ITU ……………………………………………………………………………… 206

参考文献 ……………………………………………………………………………… 209

第一章　信息安全工程基础

【学习目标】
- 了解信息系统建设过程；
- 认识信息系统建设中的安全问题；
- 认识信息安全工程概念；
- 了解信息安全工程特点。

1.1　信息系统建设

20 世纪 40 年代，随着计算机在社会各个领域的广泛应用和迅速普及，使人类社会步入信息时代，以计算机为核心的各种信息系统建设如雨后春笋。同时，信息安全问题伴随而来。

中国著名科学家钱学森院士认为："系统工程是组织管理系统规划、研究、制造、实验、使用的科学方法，是一种对所有系统都具有普遍意义的科学方法。"系统工程通过开发并验证一个集成的和在整个生命周期平衡的系统级产品或过程解决方案，以满足最终用户的需求，其模型包括：开发、制造、验证、部署、运行、支持和培训、处置等过程。系统工程的方法论是合理开发系统或改造旧系统的思想、步骤、方法、工具和技术。

信息系统建设基于系统工程的思想与方法，其建设过程复杂，任何系统均有其产生、发展、成熟、消亡或更新换代的过程。这个过程称为系统的生命周期。

1.1.1　信息系统建设的周期阶段

1. 系统规划

这是信息系统的起始阶段。这一阶段的主要任务是根据组织的整体目标和发展战略，确定信息系统的发展战略，明确组织总的信息需求，制定信息系统建设总计划，其中包括确定拟建系统的总体目标、功能以及所需资源，并根据需求的轻、重、缓、急及资源和应用环境的约束，把规划的系统建设内容分解成若干开发项目，以分期分批进行系统开发。

2. 系统分析与设计

这一阶段的主要工作是根据系统规划阶段确定的拟建系统总体方案和开发项目的安排，分期分批进行系统开发。这是系统建设中工作任务最为繁重的阶段。每一个项目的开发工作包括系统调查和系统开发的可能性研究、系统逻辑模型的建立、系统设计、系统实施、系统转换和系统评价等工作。

3. 系统实施

在信息系统的生命周期中，经过系统规划、系统分析和系统设计等阶段后，便开始系统实施阶段。在系统分析和设计阶段，系统开发工作主要是集中在逻辑、功能和技术设计上。系统实施阶段要继承此前各阶段的工作，将技术设计转化成为物理实现。系统实施的成果是系统分析和设计阶段的结晶。

4. 系统运行与维护

每个系统开发项目完成后即投入应用，进入正常运行和维护阶段。一般说来，这是系统生命周期中历史最久的阶段，也是信息系统实现其功能，获得效益的阶段。科学的组织与管理是系统正常运行、充分发挥其效益的必要条件，而及时、完善的系统维护是系统正常运行的基本保证。

系统维护可以分为纠错性维护、适应性维护、完善性维护和预防性维护：

（1）纠错性维护是指对系统进行定期的和随机的检修，纠正运行阶段暴露的错误，排除故障，消除隐患，更新易损部件，刷新各部分的软件和数据存储，保障系统按预定要求完成各项工作。

（2）适应性维护是指由于管理环境与技术环境的变化，系统中某些部分的工作内容与方式已不能适应变化了的环境，因而影响系统预定功能的实现。故需对这些部分进行适当的调整、修改，以满足管理工作的需要。

（3）完善性维护是指用户对系统提出了某些新的信息需求，因而在原有系统的基础上进行适当的修改、扩充，完善系统的功能，以满足用户新的信息需求。

（4）预防性维护是对预防系统可能发生的变化或受到的冲击而采取的维护措施。

1.1.2 信息系统建设计划

信息系统建设计划是指组织关于信息系统建设的行动安排和纲领性文件，内容包括信息系统建设的目的用途、资源的需求、系统建设的成本估算、工程进度安排和相关的事项计划等。

1. 目的用途

信息系统建设计划的第一个任务就是确定信息系统建设的目的用途，即信息系统的意义和对系统的要求。主要包括系统的功能、性能、接口和可靠性等四个方面。计划人员必须使用管理人员和技术人员都理解的无二义性的语言描述工作范围。

系统的功能描述应尽可能具体化，提供更多的细节，因为这是系统的成本和进度估算的主要依据。

系统性能是指系统应到达的技术要求，比如信息存取响应速度、数据处理精度要求、信息涉及的范围、数据量的估计、关键设备的技术指标和系统的先进性等。一般来说，进行成本和进度估算，需要将功能和性能联合考虑。

接口（Interface）一般分为硬件、软件。硬件指运行信息系统的网络硬件环境，包括服务器、交换机、工作站、外围设备和连接线路等。软件指信息系统运行和开发必须的系统软件和支持软件，如操作系统、数据库管理系统和开发工具等。此外软件还包括构成信息系统的一些成熟的商品化应用软件。

系统可靠性是系统的质量指标，包括硬件系统和软件系统的质量。一方面是指系统对信息的存储、加工和分析处理的误差不影响管理人员决策，另一方面是指系统安全性高、故障率低或可恢复性强等。

必须指出，系统建设离不开人的参与，包括系统开发人员和系统使用人员。系统开发人员指系统分析人员、系统设计人员、程序员、网络施工人员、设备安装人员和测试人员等；系统使用人员指系统维护人员、操作员和利用系统获取信息及辅助决策的管理人员。

2. 资源需求

目的用途明确以后，接下来就是确定所需要的资源。信息系统建设对资源的需求由低级到高级可以用金字塔图形来描述，如图1-1所示。底层是支持开发和运行软件系统的硬件环境（计算机网络）；中间层是开发和运行应用软件的支撑环境（系统软件和支持软件）；高层是最重要的资源——人员。无论哪种资源都需要描述三个属性。首先是关于人、软件和设备的描述，如需要哪种水平的人，什么样的硬件和软件；第二是开始时间；第三是持续时间。后两个特征可以看作是时间窗口。

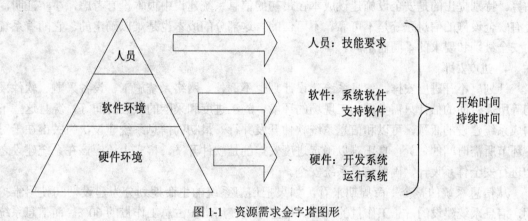

图1-1 资源需求金字塔图形

信息系统建设，尤其是大型信息系统建设，人员是最重要的资源。在系统建设过程中，不同阶段，不同人员参与的程度不同，其分布如图1-2所示。

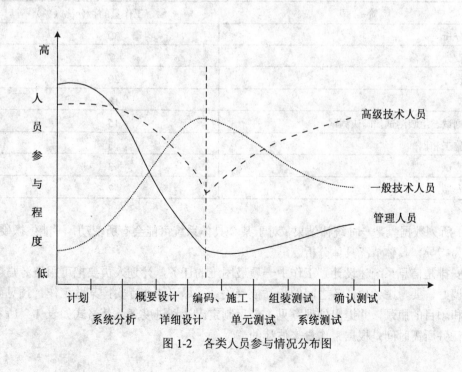

图1-2 各类人员参与情况分布图

3. 费用预算

信息系统建设计划中的一项非常重要的内容就是建设费用预算，预算以成本估算为基础。信息系统的建设成本主要包括网络环境建设成本、软件购置成本、应用软件开发成本和安全设施建设成本。网络环境建设成本和软件购置成本依据系统建设的技术方案和市场行情以及国家的工程施工费用计算标准，易于估算。而软件开发的费用预算相对比较困难，国内外对此都有许多研究成果，但尚未形成一套完整的标准。因为影响软件成本的因素太多，如人、技术、环境、时间、市场和政治因素等。软件成本估算的关键是对软件开发工作量进行估算。特别提出的是安全设施建设成本在最初的信息系统建设中根本没有考虑，事实证明，没有安全设施的信息系统是不可靠、不可信的，这部分的成本也是难以确定的，它随着系统的安全级别和要求的不同而不同。

4. 进度安排

计划离不开进度安排，信息系统建设计划也不例外。网络系统施工、设备采购、软件采购等所需时间的估计只需考虑施工现场的环境、施工进度和采购的供应时间等，况且这些不构成系统建设的瓶颈，可以和信息系统软件开发并行。最初的信息系统建设认为关键在于对各环节所需时间的估计，真正难以确定进度安排的是软件开发。事实上还应该在系统建设之初进行安全体系设计，确保信息系统安全。

从信息系统的整个生命周期来看，如果把信息系统的生命期划分为建设期和使用维护期，信息系统建设约占总工作量的40%，信息系统使用维护占总工作量的60%。而信息系统建设期的各阶段工作量分配从统计学角度来看如表1-1所示。

表1-1　　　　　　　　信息系统建设各阶段的工作量分配

阶　　段	工作量的百分比（%）
系统分析	30
概要设计	7
详细设计	20
编码	18
单元测试、组装测试和确认测试	15
网络施工和调试	5
系统测试	3
系统安装	2

表1-1所列数据只是一种统计结果，对于某个具体系统可能会有所变动，不能生搬硬套，但可依此为指导，具体情况具体分析。

进度安排是信息系统建设计划工作中一项最困难的任务，计划人员要把可用资源与项目工作量协调好，要考虑各项任务之间的相互依赖关系，尽可能并行安排某些工作，预见可能出现问题和项目的瓶颈，并提出处理意见。最后制定出计划进度表，其格式如表1-2所示，其中完成任务所需时间是根据工作量来估计的。

表 1-2　　　　　　　　　　　　　计划进度表

任务＼时间	1	2	3	4	5	6	7	8	9	…	m
任务 1	■							■			
任务 2		■									
任务 3				■	■		■				
⋮											
任务 n						■		■			■
工作量总计	■	■	■	■	■	■	■	■	■	■	■

1.1.3 软件开发工作量和时间估算

软件开发工作量估算是软件成本估算的重要部分，软件开发的总时间和总工作量的估算策略有两种。一种是自顶向下，即首先对整个项目的总开发时间和总工作量进行估算，然后分解到各阶段、步骤和工作单元。另一种是自底向上，即首先估计各工作单元所需的时间和工作量，然后相加，得到各步骤和阶段直至整个项目的总工作量和总时间。无论采取哪种思路，都必须使用一定的方法，有以下三种常用的方法：

（1）专家估算法

专家估算法依靠一个或多个专家，对要求的项目做出估计，其准确程度取决于专家对估算项目的定性参数的了解和经验。该方法适宜于自顶向下的策略。

（2）类推估算法

对于自顶向下策略，类推估算法是将要估算的项目的总体参数与类似项目进行直接比较从而获得结果。对于自底向上策略，类推估算法是将具有相似条件的工作单元进行比较，获得估算结果。

（3）算式估算法

经验表明，软件开发的人力投入 M 与软件项目的指令数 L 存在如下关系：

$$M = L/P \tag{1-1}$$

其中 P 为常数，单位为指令数/人·日。使用该公式，必须用专家估算法和类推估算法估算指令数 L 和 P 值。而且其中 L 是源指令数还是目标指令数、是否包含未交付的试验指令、P 值如何选择、是否包括系统分析、是否包括质量保证和项目管理等问题难以界定。因此式（1-1）实际使用存在许多困难。大量的研究发现，对式（1-1）稍作修改，得：

$$E = rS^c \tag{1-2}$$

式（1-2）与实际统计数据一致，该式被称为幂定律算法。其中 E 为到交付使用为止的总的开发工作量，单位为人·月；S 为源指令数，不包括注释，但包括数据说明、公式或类似的语句；常数 r 和 c 为校正因子，若 S 的单位为 10^3 条，E 的单位为人·月，则 $r \in [1,5]$，$c \in [0.9, 1.5]$。

1.1.4 开发进度估算

前面介绍的内容,重点是对软件工作量的估算。这里着重讨论开发时间与工作量之间的关系,进而安排工作进度。

假设开发工作量估算值为 E,如果在规定的 T 时间内完成,则和需要投入的人力 M 之间应满足 $M = E/T$。但是,软件项目的工作量和开发时间往往不能相互独立,这种现象的最极端情况是为计划不合理的项目增加人员只会越增越乱,甚至会使进度更慢。

研究人员发现,开发时间和开发工作量之间满足:

$$T = aE^b \tag{1-3}$$

其中 a 和 b 为经验常数,习惯上 E 的单位为人·月,T 的单位为月,$a \in [2,4]$,$b \in [0.25, 0.4]$。

由式(1-3)可以看出,软件开发时间和软件开发工作量的 0.25 到 0.4 次幂成正比,就是说要花很高的代价才能使开发时间稍有缩短,其下限是 $b = 1/4$,表明无论增加多少人员,也不能提高太多的开发进度。因为增加的这一部分工作人员的工作量都消耗在保持项目人员之间通信的开销上了。

1.2 常见信息安全问题

信息是社会发展的重要战略资源,信息技术与信息产业是经济发展的重要增长点。信息技术推动社会发展的同时带来了诸多的信息安全问题。信息安全问题已不可小视的渗透到社会生活的各个领域,影响到社会的稳定、发展及国家的兴亡。信息安全已成为信息系统应用和发展的普遍需求。

影响信息正常存储、传输和使用,以及不良信息散布的问题均属于信息安全问题。

1.2.1 信息安全问题的层次

信息安全问题可划分为以下三个层次:
(1)信息自身的安全
这个层次说明信息的保密性、完整性、可控性、可用性、不可否认性等存在的问题。
(2)信息系统的安全
信息从产生到应用经历的存储、传输和处理等过程的安全问题,这些过程的载体构成了信息系统。
(3)信息自身的安全与信息系统的安全相互关联
这里有两个方面的含义,一是信息系统的损坏直接影响信息自身的安全;二是信息自身安全问题也会波及信息系统的安全。

1.2.2 信息系统的安全问题

保障信息安全的任务不是仅仅依靠技术就可以实现的,它是自然科学、社会科学的融合。随着全球信息化飞速发展,大量的信息系统成为国家关键基础设施,它们已成为国家、社会稳定和谐发展的重要支撑。然而,信息系统在建设、运行、维护各个过程都面临着严峻的安全威胁,存在各种各样的安全问题。

1. 自然破坏带来的安全问题

自然破坏是不可抗拒的自然事件，如地震、洪灾、雪灾和火灾等各种自然灾害。这类威胁发生的概率相对较低，与一个机构、组织或部门所处自然环境密切相关。

2. 人为操作带来的安全问题

通常人为带来的安全事件发生的概率高、带来的损失大。可以将其分为：意外性安全问题与有意性安全问题。

意外性安全问题是由诸多不确定因素（如人员疏忽大意带来的程序设计错误、误操作、无意中损坏和无意中泄密等）偶发产生。信息系统建设需要经历调研、规划、设计、选型、实施和验收等过程，在哪一个环节稍有大意都会给系统安全带来意外的威胁，如系统调研、规划阶段由于没有全面考虑安全因素而带来的系统安全设计缺陷；程序设计开发过程中的"BUG"所带来的安全问题。在系统的使用与维护过程中，由于工作人员的使用不当及维护不全面，同样也会带来一些潜在的意外威胁。如系统配置错误带来的安全隐患，它给黑客及病毒入侵带来了便利。

有意性安全问题是攻击者利用系统弱点主动攻击、破坏系统而产生。无论是信息系统建设过程，还是其运用、维护过程，都面临各种各样主动攻击。

3. 网络安全

网络是信息系统的重要组成部分。网络安全问题越来越多的成为方方面面关注的焦点问题。从根本上说，网络的安全隐患都是利用了网络系统本身存在的安全弱点，在使用、管理过程中的失误和疏漏更加剧了问题的严重性。

不同的人对网络安全的定义不同，一般上网的使用者关心的是连上任何一台服务器时，客户端的计算机会不会被入侵或是资料被窃取的问题。而网站管理员则是关注处理服务器端的网络安全问题，如何避免或延缓黑客的阻断攻击行为或是如何保护网站使用者资料不被窃取。对进行信息流通的企业之间，以及经营电子商店的企业和上网消费的使用者之间所关心的，则是如何有效运用安全的交易平台与加密解密技术，来避免文件资料被窃取以及网络欺诈等行为的发生。

1.2.3 信息安全问题分类

1. 按安全问题产生的来源

（1）内部攻击问题

它包括内部人员窃取秘密信息、攻击信息系统等。

（2）外部攻击问题

它包括外部黑客攻击、信息间谍攻击等。

2. 按安全攻击类型

（1）冒充攻击

冒充是一个实体假装成另一个不同实体的攻击。它常与其他攻击形式一起使用，获取额外权限。例如，冒充主机欺骗合法主机及合法用户；冒充系统控制程序套取及修改使用权限，以及越权使用系统资源、占用合法用户资源。

（2）重放攻击

攻击者为了非授权使用资源，截取并复制信息，在必要时候重发该信息。例如，非授权实体重发授权实体身份鉴别信息，证明自己是授权实体以获得合法用户权限。

（3）篡改攻击

非法改变信息流的次序、时序及流向，更改信息的内容及形式，破坏信息的完整性。

（4）抵赖攻击

发信者、接收者事后否认曾发送或接收过消息。

（5）非法访问

未经授权使用信息资源。

（6）窃取攻击

攻击者非法偷窃秘密信息。

（7）截收攻击

攻击者通过搭线或在电磁波辐射范围内安装截收装置等方式截获秘密信息，或通过对信息流量和流向、通信频率等参数分析推断有效信息。

（8）特洛伊木马攻击

特洛伊木马程序是一种实际上或表面上有某种有用功能的程序，它内部含有隐蔽代码，当其被调用时会产生一些意想不到的后果，例如获取文件的访问权限、非法窃取信息等。

（9）拒绝服务攻击

当一个实体不能执行正常功能，或其行为妨碍其他实体正常功能时，便产生拒绝服务。拒绝服务攻击破坏系统的可用性，使合法用户不能正常访问系统资源、服务不能及时响应。

（10）计算机病毒攻击

计算机病毒是以自我复制为明确目的的代码，它附着于宿主程序，试图破坏计算机功能或毁坏数据，进而影响计算机的使用。

3. 按照网络安全问题的成因

（1）软件本身设计不良或系统设计上的缺陷

- 软件本身设计不良

也就是俗称的软件有漏洞，例如使用 IE 浏览器，因为其本身设计上的疏失，使得别人很容易就可以取得一些关于你的重要信息。这也就是为什么大家常常会在 Microsoft Windows Update 网站上看到某某软件的修正程序，或是像 Windows NT Server 常常会推出所谓的 Service Pack 的原因。

- 系统设计上的缺陷

应用程序或系统毕竟是人写出来的，所谓"智者千虑，必有一失"，软件工程师想得再怎么严密，系统工程师再怎么严谨，实际应用在充满陷阱和恶意入侵的互联网络上时，仍难免会给黑客有机可乘的空隙。因此，在系统设计时需特别注意，并配合其他防护措施，以确保网络的安全性。

（2）使用者习惯及方法不正确

- 口令设置不合理

很多 MIS 或网管人员在设定 UNIX 中的 root 与 NT 中的 administrator 的口令时，通常采取不设口令或用很简单、很好记的口令，像是 abc，123 或是公司名称等，这使得保护系统的第一层使用者认证，有跟没有一样，而系统管理者的读写权限又较一般使用者大，一旦被入侵后果不堪设想。

- 轻易开启来历不明的档案

收到来历不明的人寄的电邮附件，也不管是什么档案就开启执行。有些附件是计算机病毒的隐藏，一旦执行，后果不堪设想；有时则是档案本身藏有特洛伊木马程序，入侵者轻轻松松的进入被侵系统，透过这个程序便可以从远程掌控被侵计算机，只要该机联网在网络上，黑客便随时可以把系统中重要的信息窃走。

（3）网络防护不严谨

除了网际网络与计算机系统本身的安全威胁外，经营者对网际网络的认识不足，往往也会让系统出现安全漏洞而不自觉。比如在公司的网站和内部网络间没有架设防火墙，或是企业经营者由于不了解网络技术，认为只要装设防火墙便可安全无虞，那么就有可能忽略其他安全上的问题。事实上，防火墙对于单纯的网络安全应用或许足够，但并非绝对安全，尤其是当网站服务越来越多时，安全漏洞也将接踵而至。

面对纷繁的信息安全问题，各种信息安全技术相继出现。为了降低安全攻击带来的损害，人们不断用各种技术封堵系统漏洞。然而，这样做并不能从根本上解决问题，急需从安全体系的整体高度开展研究工作。宏观安全体系研究能够为解决我国信息安全问题提供整体的理论指导和基础构件支撑，并为信息安全工程奠定坚实基础。

1.3 信息安全工程概念

信息安全的概念经历了一个漫长的历史。从信息的保密性（保证信息不泄露给未经授权的人）拓展到信息的完整性（防止信息被未经授权的篡改，保证真实的信息从真实的信源无失真地到达真实的信宿）、信息的可用性（保证信息及信息系统确实为授权使用者所用，防止由于计算机病毒或其他人为因素造成的系统拒绝服务，或为敌手可用）、信息的可控性（对信息及信息系统实施安全监控管理）和信息的不可否认性（保证信息行为人不能否认自己的行为）等。从早期的安全就是杀毒防毒，到后来的安全就是安装防火墙以及购买系列安全产品，直至开始重视安全体系的建设，人们对安全的理解正在一步一步地加深，将信息安全保障问题作为一个系统工程来考虑和对待的工作正在逐步开展。

信息安全需要"攻、防、测、控、管、评"等多方面的基础理论及技术。信息安全保障问题的解决既不能只依靠纯粹的技术，也不能靠简单的安全产品的堆砌，它要依赖于复杂的系统工程——信息安全工程。信息安全工程是系统工程的一个子集，系统工程的原理适用于信息安全工程的开发、集成、运行、管理、维护和演变。

国际标准化组织（ISO）将信息安全定义为："为数据处理系统建立和采取的技术和管理的安全保护，保护计算机硬件、软件和数据不因偶然和恶意的原因而遭到破坏、更改和显露。"

从以计算机为核心的信息系统形态和运行过程出发，可把信息安全分为实体安全、运行安全、数据安全和管理安全四个方面：

- 实体安全是指保护计算机设备、设施（含网络）以及其他媒体免遭地震、水灾、火灾、有害气体和其他环境事故（如电磁污染等）破坏的措施、过程。
- 运行安全是指为保障系统功能的安全实现，提供一套安全措施（如安全评估、审计跟踪、备份与恢复、应急措施等）来保护信息处理过程的安全。
- 数据安全是指防止数据资源被故意或偶然的非授权泄露、更改、破坏，或使敏感数据被非法系统辨识、控制和否认，即确保信息的完整性、保密性、可用性、可控性和不可否认性。
- 管理安全是指以有关的法律法令和规章制度以及安全管理手段，确保系统安全生存和运营。管理手段是对安全服务和安全机制进行管理，把管理信息分配到有关的安全服务和安全机制中去，并收集与其操作有关的信息。

信息安全工程是基于以上基本概念，采用工程的概念、原理、技术和方法，来研究、开发、实施与维护信息系统安全的过程，是将经过实践考验证明是正确的工程实施流程、管理技术和当前能够得到的最好的技术方法相结合的过程。

信息安全工程具有清晰的研究范畴，具体包括信息安全工程的目标、原则与范围，信息安全风险分析与评估的方法、手段、流程，信息安全需求分析方法，安全策略，安全体系结构，安全实施领域及安全解决方案，安全工程的实施规范，安全工程的测试与运行，安全意识的教育与技术培训，应急响应技术、方法与流程等。

既然是系统工程，那么就要用系统工程的观点、方法来对待和处理信息安全问题。安全体系结构的设计与安全解决方案的提出必须基于信息安全工程理论。因此，对信息系统建设部门来说，在建立与实施企业级的信息与网络系统安全体系时，必须考虑信息安全的方方面面，必须兼顾信息网络的风险评估与分析、安全需求分析、整体安全策略、安全模型、安全体系结构的开发、信息网络安全的技术标准规范的制定、信息网络安全工程的实施与监理、信息网络安全意识的教育与技术的培训等各个方面；对工程实施单位来说，必须严格按照信息安全工程的过程、规范进行实施；对管理部门来说，建议采用信息安全工程能力成熟度（SSE-SSM）对信息系统建设部门安全工程的质量、安全工程实施单位的实施能力进行评估。只有这样才能实现真正意义上的信息系统的安全。

随着人类信息化的飞速发展，信息革命和计算机在社会各个层面的引入使人类生活发生了翻天覆地的变化。信息已成为代表综合国力的战略资源，信息安全已成为保证国民经济信息化进程健康有序发展的基础，直接关系到国家的安全，影响重大。站在信息安全工程的高度上来全面构建和规范信息安全，将大大地加强新建和已建的信息系统安全，进而保障国家信息资源的安全。

1.4 信息安全工程建设流程

所谓工程是将自然科学的理论应用到具体工农业生产部门中形成的各学科的总称或用较大而复杂的设备来进行的工作，例如水利工程等。

1. 一般意义的工程建设应该具备的流程
- 编制工程建议书或项目任务书；
- 组织工程项目建设的可行性研究，提出可行性研究报告，并按规定报计划部门；
- 确定工程项目建设监理单位；
- 进行初步设计，经费超过一定数目的项目的初步设计也应该按招标方式确定设计单位，初步设计方案应该经审核并抄送计划部门；
- 确定开发方（承建商）单位，编制工程项目方案；
- 工程实施建设；
- 工程验收及维护等过程。

2. 信息安全工程建设的流程

信息安全工程也是一种复杂的工作、一种重要的工程，同样包括复杂的建设过程。它是一项涉及产品或系统整个生命周期的安全工程活动，包括概念定义、需求分析、设计、开发、集成、安装、运行、维护和终止等过程。信息安全工程建设包括风险分析评估、安全需求分析、制定安全策略、安全体系设计、安全工程实施、安全工程监理等过程,如图1-3所示。

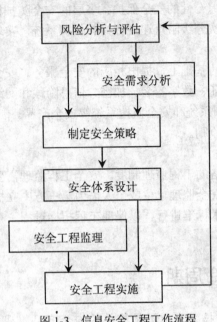

图1-3　信息安全工程工作流程

（1）风险分析与评估

安全风险是一种潜在的、负面的东西,处于未发生状态。信息系统安全风险是指信息系统存在的脆弱性导致信息安全事件发生的可能性及其造成的影响。信息安全风险评估就是对信息系统及其处理、传输和存储信息的保密性、完整性及可用性等安全属性进行科学识别和评价。

风险评估可从对现行信息系统风险分析入手,采用有效的风险分析方法,明确系统保护的资产,找出系统弱点及威胁,度量安全风险。其中,明确保护的资产、资产的位置及重要性是安全风险分析的关键。基于对关键资产的确认,系统管理员、操作者及安全专家对系统脆弱性进行评估,识别风险。明确存在的弱点及漏洞的风险级别,分析资产面临的威胁、发生的可能性及造成的影响,并对其进行量化分析。

（2）安全需求分析

安全需求是为保护信息系统安全对必须完成的工作的全面描述,是详细、全面、系统的工作规划。安全需求是系统设计、建设、使用、评估和监管的标准和依据。安全需求的提出应针对风险分析的结果,参照国家标准、行业标准,并遵循有关法律、法规及政府部门文件。安全需求是不断更新的。安全需求分析过程与系统同步发展。

（3）制定安全策略

安全策略是为发布、管理及保护敏感信息资源而制定的法律、法规及措施的综合,是对信息资源使用及管理规则的正式描述,是内部成员必须遵守的规则。安全策略的制定者根据对信息系统风险分析的结果,结合安全目标及安全需求,提出系统的安全策略,它可以包括物理安全策略、网络安全策略、应用安全策略及管理安全策略等。安全策略必须包括安全保护的内容、方法及手段，安全保护的责任、分工，出现安全问题所采取的应对措施及后果处理方法。安全策略应简洁、可实施、可操作。

（4）安全体系设计

信息系统应有全方位、综合性的安全保护。多层的安全防护构成整体安全框架。但系统受到侵害时，各安全防御层次分级阻止违规行为、保护系统，实现一体化安全系统。

（5）安全工程实施

在设计的安全体系框架的基础上，提出相应的安全服务、安全机制，及所要采用的安全技术及产品。例如，身份认证、数字签名、加密、信息隐藏和网络监测及隔离等技术；防火墙、身份认证系统、访问控制系统和安全监控系统等安全产品。信息安全工程实施遵从经济、高效与公开、公正、公平的原则。

（6）安全工程监理

工程的实施过程需要严格的工程监理制度。安全工程监理需要从工程的规范、流程、进度等方面进行监督和检查。安全监理单位或个人需为第三方中立机构或个人，这样才能保证项目真正按照合理流程与技术标准进行，以保证工程招标过程、项目实施过程的公正性及科学性。

1.5 安全工程的生命周期

信息安全既不是纯粹的技术，也不是简单的安全产品堆砌，而是一项复杂的系统工程——信息安全工程。

安全工程的生命周期主要包括以下阶段：

1. 发掘信息保护需求

依据用户单位的性质、目标、任务以及存在的安全威胁确定安全需求，例如支持多种信息安全策略需求、使用开放系统需求、支持不同安全保护等级需求、使用公共通信系统需求等。信息系统安全工程师要帮助客户理解用来支持其业务或任务的信息保护的需求。信息保护需求说明可以在信息保护策略中记录。

2. 定义系统安全要求

信息系统安全工程师要将信息保护需求分配到系统中。系统安全的背景环境、概要性的系统安全以及基线安全要求均应得到确定。

3. 设计系统安全体系结构

信息系统安全工程师要与系统工程师合作，一起分析待建系统的体系结构，完成功能的分析和分配，同时分配安全服务，并选择安全机制。信息系统安全工程师还应确定安全系统的组件或要素，将安全功能分配给这些要素，并描述这些要素间的关系。

4. 开展详细的安全设计

信息系统安全工程师应分析设计约束和均衡取舍，完成详细的系统和安全设计，并考虑生命周期的支持。信息系统安全工程师应将所有的系统安全要求跟踪至系统组件，直至无一遗漏。最终的详细安全设计结果应反映出组件和接口规范，为系统实现时的采办工作提供充分的信息。

5. 实现系统安全

信息系统安全工程师要参与到对所有的系统问题进行的多学科检查之中，并向认证与认可过程活动提供输入，例如检验系统是否已经针对先前的威胁评估结果实施了保护；跟踪系统实现和测试活动中的信息保护保障机制；向系统的生命周期支持计划、运行流程以及维护培训材料提供输入。

6. 评估信息保护的有效性

信息系统安全工程师要关注信息保护的有效性——系统是否能够为其任务所需的信息提供保密性、完整性、可用性、可控性和不可否认性。

1.6 安全工程特点

信息安全工程特点带来了信息安全工程的诸多特性。

1. 全面性

信息安全问题需要全面考虑，系统安全程度取决于系统最薄弱的环节。信息安全的全面性带来了安全工程的全面性。

2. 过程性与周期性

信息安全具有过程性或生命周期性：一个完整的安全过程至少应包括安全目标与原则的确定、风险分析、需求分析、安全策略研究、安全体系结构的研究、安全实施领域的确定、安全技术与产品的测试与选型、安全工程的实施、安全工程的实施监理、安全工程的测试与运行、安全意识的教育与技术培训、安全稽核与检查和应急响应等，这一个过程是一个完整的信息安全工程的生命周期，经过安全稽核与检查后，又形成新一轮的生命周期，是一个不断往复的不断上升的螺旋式安全模型。

3. 动态性

信息安全工程具有动态性：信息技术在发展，黑客水平也在提高，安全策略、安全体系、安全技术也必须动态地调整，在最大程度上使安全系统能够跟上实际情况的变化发挥效应，使整个安全系统处于不断更新、不断完善、不断进步的动态过程中。

4. 层次性

信息安全工程具有层次性：需要用多层次的安全技术、方法与手段，分层次地化解安全风险。

5. 相对性

信息安全具有相对性，信息安全工程也具有相对性：安全是相对的，没有绝对的安全可言。安全措施应该与保护的信息与网络系统的价值相称。因此，实施信息安全工程要充分权衡风险威胁与防御措施的利弊与得失，在安全级别与投资代价之间取得一个军事信息系统建设部门能够接受的平衡点。这样实施的安全才是真正的安全。

6. 继承性

信息安全工程具有继承性：网络的普及凸显了信息安全的重要性，然而在网络普及之前信息安全问题早已存在，是人们关心的热点。在计算机以外的其他领域积累了许多从系统工程角度出发维护信息安全的方法与经验，在情况复杂的信息时代，信息安全内涵不断扩展，方法与经验不断继承与发展。

信息系统安全工程涉及一个综合的系统工程环境中的各个方面，它不是一个独立的过程，而是集成在信息系统生命周期内的各个阶段。通过对信息系统生命期中各个安全工程活动的确认、评估，消除（或控制）已知的或假定的安全威胁可能引起的系统风险，最终将得到一个可以接受的安全风险等级。希望我们的研究对信息系统安全工程的研究人员有一定的指导作用。

本 章 小 结

本章着重介绍了信息安全、信息安全工程等基本概念，从信息系统建设及其存在的信息安全问题出发，阐述了提出信息安全工程的重要性，并分析了信息安全工程建设流程、生命周期及信息安全工程特点。本章介绍的信息安全工程基本概念、基本理论为后续内容的学习奠定了基础。

习 题 一

1. 什么是信息安全？什么是信息安全工程？
2. 从安全工程的角度出发，分析如何构建一个安全信息系统。
3. 对比分析信息系统建设生命周期和安全工程的生命周期。
4. 结合信息系统建设及信息安全保障的特点，分析安全工程特点。
5. 结合目前面临的信息安全问题，分析在信息建设中应该注意哪些问题。

第二章　系统安全工程能力成熟度模型

【学习目标】
- 了解 CMM 的概念及其每个级别的内涵；
- 知道 SSE-CMM 的域维和能力维的意义；
- 知道应用 SSE-CMM 进行过程改进；
- 了解系统安全工程能力评估过程。

2.1　概述

随着社会对信息依赖程度的增长，信息的保护变得越来越重要。网络、计算机、业务应用甚至企业间的广泛互联和互操作特性正在成为产品和系统安全的主要驱动力。安全的关注点已从维护保密的政府数据，到更广泛的应用，如金融交易、合同协议、个人信息和互联网信息。因此，非常有必要考虑和确定各种应用的潜在安全需求。潜在的需求实例包括信息或数据的机密性、完整性和可用性等直至系统安全的保障。

安全关注点的动态变化性，提高了信息安全工程的重要地位。信息安全工程正日益成为重要的学科，并将成为多种学科和协同作业的工程组织中的一个关键性部分。信息安全工程原理适用于系统和应用的开发、集成、运行、管理、维护和演变。这样，信息安全工程就能够在一个系统、一个产品或一个服务中得到体现。

信息系统安全工程是美国军方在 20 世纪 90 年代初发布的信息安全工程方法。其重点是通过实施系统工程过程来满足信息保护的需求。主要包括：
- 发掘信息保护需求；
- 定义信息保护系统；
- 设计信息保护系统；
- 实施信息保护系统；
- 评估信息保护系统的有效性。

2.1.1　安全工程

安全工程是一个正在进化的项目，当前尚不存在业界一致认可的精确定义。目前只能对安全工程进行概括性的描述。

安全工程的目标如下：
① 获取对企业的安全风险的理解。
② 根据已识别的安全风险建立一组平衡的安全要求。
③ 将安全要求转换成安全指南，将其集成到一个项目实施的活动中和系统配置或运行的

定义中。

④在正确有效的安全机制下建立信心和保证。

⑤判断系统中和系统运行时残留的安全脆弱性对运行的影响是否可容忍（即可接受的风险）。

⑥将所有项目和专业活动集成到一个可共同理解系统安全可信性的程度。

2.1.2 CMM 介绍

1. CMM 概念

CMM 是 Capability Maturity Model 的缩写，是能力成熟度模型。该模型用来确定一个企业的软件过程的成熟程度以及指明如何提高该成熟度的参考模型。

一个组织或企业从事工程的能力将直接关系到工程的质量。国际上通常采用 CMM 模型来评估一个组织的工程能力。CMM 模型是建立在统计过程控制理论基础上的。统计过程控制理论指出，所有成功企业都有共同特点，即具有一组定义严格、管理完善、可测量的工作过程。CMM 模型认为，能力成熟度高的企业持续生产高质量产品的可能性很大，而工程风险则很小。

开发和维护软件及其相关（中间）产品时所涉及的各种活动、方法、实践和改革等，即软件的开发过程。

为了获得利润，软件企业要建立并且必须保障产品的信誉。包括提高产品本身的品质；提高产品满足需求的程度；严格产品的工期要求；降低产品的成本等。因此，产品的高质量与生产过程的高要求是获得利润的关键。

在软件开发过程中，企业的产品本身主要存在不能满足用户的需求、质量难以满足预定要求、bug 过多等问题；过程方面则存在成本和工期不可测、成功的软件开发经验过于依赖于个人而不可重复等问题。归根到底的原因是过程的不规范（不成熟）。

美国国防部指定 CMU（卡内基-梅隆大学）的软件工程研究所 SEI（Software Engineering Institute）研究一套过程规范——CMM。

2. CMM 概述

为企业的发展规定过程成熟级别，分为 5 级（Version 1.0）：

初始级（Initial）：一般企业皆具有。

可重复级（Repeatable）：成功经验可以重复。

定义级（Defined）：一套完整的企业过程，人员自觉遵守（培训）。

管理级（Managed）：过程与产品可度量和控制。

优化级（Optimizing）：过程持续改进。

从无序到有序、从特殊到一般、从定性管理到定量管理、最终达到动态优化。

3. CMM 的概念模型

如图 2-1 所示，CMM 的一个成熟级别指示了这个级别的过程能力，它包含许多关键过程域（KPA）。每个 KPA 代表一组相关的工作（活动），每个 KPA 都有一个确定的目标，完成该目标即认为过程能力的提高。

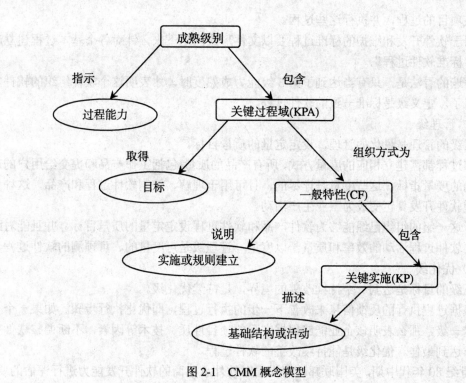

图 2-1　CMM 概念模型

每个 KPA 的工作以组织方式细化为一般特性 CF（Common Features）。每个 CF 都对实施或规则的建立进行说明，它是由若干个关键实施（KP）组成，KP 是软件过程的基础结构或活动。

4. CMM 的五个级别

（1）初始级

该级别处于混沌的阶段。此时不具备稳定的环境用于软件开发和维护；缺乏健全的管理惯例，其软件过程能力无法预计；软件过程是一片混沌；软件过程总是随着软件开发工作的推进而处于变更和调整之中。

（2）可重复级

软件开发的首要问题不是技术问题而是管理问题。因此，可重复级的焦点集中在软件管理过程上。一个可管理的过程则是一个可重复级的过程，一个可重复级的过程则能逐渐进化和成熟。该级管理过程包括了需求管理、项目管理、质量管理、配置管理和子合同管理五个方面。项目管理分为计划过程和跟踪监控过程两个过程，通过实施这些过程，从管理角度可以看到一个按计划执行的且阶段可控的软件开发过程。

（3）定义级

定义级的每个阶段内部活动可见，共有 7 个 KPA，分别是机构过程关注（Organization Process Focus）、机构过程定义（Organization Process Definition）、培训计划（Training Program）、集成软件管理（Integrated Software Management）、软件产品工程（Software Product Engineering）、组间协调（Intergroup Coordination）和对等审查（Peer Reviews）。

将这些标准集成到企业软件开发标准过程中去。所有开发的项目需根据这个标准过程，剪裁出该项目的过程，并执行这些过程。

对用于软件开发和维护的标准过程要以文件形式固定下来，针对各个基本过程建立起文件化的"标准软件过程"。

较普遍的看法是，只有当达到了第3级能力成熟度时，才表明这个软件组织的软件能力"成熟"了。定义级是标准一致的软件过程。

（4）管理级

第四级的管理是量化的管理，设定定量的质量目标。

所有过程都需建立相应的度量方式，所有产品的质量(包括工作产品和提交给用户的产品)需有明确的度量指标。这些度量是详尽的，且可用于理解、控制软件过程和产品，这种量化控制将使软件开发真正变成为工业生产活动。

处于这一级的组织已经能够为软件产品和软件过程设定定量的质量目标，并且能对跨项目的重要软件过程活动的效率和质量予以度量。管理级是可度量的、可预测的软件过程。

（5）优化级

第五级的目标是达到一个持续改善的境界，是持续优化级。

可根据过程执行的反馈信息来改善下一步的执行过程，即优化执行步骤。如果一个企业达到了这一级，那么表明该企业能够根据实际的项目性质、技术等因素，不断调整软件生产过程以求达到最佳。优化级是能持续改善的软件过程。

20世纪80年代中期，美国联邦政府提出对软件承包商的软件开发能力进行评估的要求。在 Mitre 公司的帮助下，1987年9月，美国卡内基-梅隆大学软件工程研究所发布了软件过程成熟度框架，并提供了软件过程评估和软件能力评价两种评估方法和软件成熟度提问单。

1991年8月，SEI将软件过程成熟度框架进化为软件能力成熟度模型（Capability Maturity Model For Software，简称SW-CMM）。SEI发布了最早的SW-CMM v1.0。经过两年的试用，1993年SEI正式发布了SW-CMM v1.1。从1995年，CMM又进入了另一个修改的高峰期。美国政府和软件业界大力支持和积极参与下，SEI先后发表了CMM 2.0版的A版，B版和C版草案；1997年，CMM 2.0C版草案停止推进。SEI宣布，CMM 1.1版和CMM 2.0C版草案都有效，并且SEI及其授权的机构为这两种版本提供相应的服务。自CMM 1.1版发布起，SEI相继研制并发布了"人员能力成熟度模型"（P-CMM），"软件访问能力成熟度模型"（SA-CMM）和"系统工程能力成熟度模型"（SE-CMM）及其支持文件。

2.1.3 安全工程与其他项目的关系

完整的安全工程包括如下活动：
- 前期概念；
- 开发和定义；
- 证明与证实；
- 工程实施、开发和制造；
- 生产和部署；
- 运行和支持；
- 淘汰。

安全工程活动与许多其他项目息息相关，包括企业工程、系统工程、软件工程、人力因素工程、通信工程、硬件工程、测试工程和系统管理等。

因为运行安全的保证和可接受性是在开发者、集成商、买主、用户、评估机构和其他组织之间建立的，所以安全工程活动必须要与其他外部实体进行协调。也正是因为存在这些与其他部分的接口并贯穿于组织的各个方面，所以安全工程比其他工程更加复杂。

2.2 SSE–CMM 基础

为了将 CMM 模型引入到系统安全工程领域，1994 年，美国国家安全局、美国国防部、加拿大通信安全局以及 60 多家著名公司共同启动了面向系统安全工程的能力成熟度模型（SSE-CMM，System Security Engineering Capability Maturity）。

SSE-CMM 确定了一个评价安全工程实施的综合框架，提供了度量与改善安全工程学科应用情况的方法，也就是说，对合格的安全工程实施者的可信性，是建立在对基于一个工程组的安全实施与过程的成熟性评估之上的。

2.2.1 系统安全工程能力成熟度模型简介

系统安全工程是系统工程的一个子集，而信息系统安全工程是系统安全工程的一个子集，其安全体系和策略必须遵从系统安全工程的一般性原则和规律。

SSE-CMM 是一种衡量系统安全工程实施能力的方法，是一种使用面向工程过程的方法。SSE-CMM 模型抽取了这样一组"好的"工程实施并定义了过程的"能力"。SSE-CMM 主要用于指导系统安全工程的完善和改进，使系统安全工程成为一个清晰定义的、成熟的、可管理的、可控制的、有效的和可度量的学科。

SSE-CMM 模型是系统安全工程实施的度量标准，它覆盖了：
- 整个生命期，包括工程开发、运行、维护和终止。
- 管理、组织和工程活动等的组织。
- 与其他规范如系统、软件、硬件、人的因素、测试工程、系统管理、运行和维护等规范并行的相互作用。
- 与其他组织（包括获取、系统管理、认证、认可和评估组织）的相互作用。

1. SSE–CMM 发展

1994 年 4 月启动的 SSE-CMM 项目，力求在原有 CMM 的基础上，通过对安全工作过程进行管理的途径将系统安全工程转变为一个完好定义的、成熟的、可测量的先进学科。1996 年 10 月，模型第一版问世，主管单位随即选择了五家公司对模型进行了长达一年的试用，并依据试用经验，将模型进行了几次更新。1998 年 10 月，SSE-CMM 的 2.0 版本公布使用，稍后提交国际标准化组织申请作为国际标准。2002 年，国际标准化组织正式公布了系统安全能力成熟度模型的标准，即 ISO/IEC 21827-2002《Information Technology-Systems Security Engineering-Capability Maturity Model（SSE-CMM）》。

SSE-CMM 确定了一个评价安全工程实施的综合框架，提供了度量与改善安全工程学科应用情况的方法。SSE-CMM 项目的目标是将安全工程发展为一整套有定义的、成熟的及可度量的学科。SSE-CMM 模型及其评价方法可达到以下几点目的：
- 将投资主要集中于安全工程工具开发、人员培训、过程定义、管理活动及改善等方面。
- 基于能力的保证，也就是说这种可信性建立在对一个工程组的安全实施与过程成熟性的信任之上的。

- 通过比较竞标者的能力水平及相关风险,可有效地选择合格的安全工程实施者。

SSE-CMM 描述的是,为确保实施较好的安全工程,过程必须具备的特征,SSE-CMM 描述的对象不是具体的过程或结果,而是工业中的一般实施。这个模型是安全工程实施的标准,它主要涵盖以下内容:

- 它强调的是分布于整个安全工程生命周期中各个环节的安全工程活动,包括概念定义、需求分析、设计、开发、集成、安装、运行、维护及更新。
- 它应用于安全产品开发者、安全系统开发者及集成者,还包括提供安全服务与安全工程的组织。
- 它适用于各种类型、规模的安全工程组织,如商业、政府及学术界。

尽管 SSE-CMM 模型是一个用以改善和评估安全工程能力的独特的模型,但这并不意味着安全工程将游离于其他工程领域之外进行实施。SSE-CMM 模型强调的是一种集成,它认为安全性问题存在于各种工程领域之中,同时也包含在模型的各个组件之中。

SSE-CMM 适用于开发者、评估者、系统集成者、系统管理者、各类安全专家等。根据目标读者的不同,可选择使用该标准已定义的一组安全工程实施过程。换句话说,SSE-CMM 模型适用于所有从事某种形式安全工程的组织,可以不必考虑产品的生命周期、组织的规模、领域及特殊性。这一模型通常以下述三种方式来应用:

- 过程改进——可以使一个安全工程组织对其安全工程能力的级别有一个认识,于是可设计出改善的安全工程过程,这样就可以提高他们的安全工程能力。
- 能力评估——使一个客户组织可以了解其提供商的安全工程过程能力。
- 保证——通过声明提供一个成熟过程所应具有的各种依据,使得产品、系统、服务更具可信性。

目前,SSE-CMM 已经成为西方发达国家政府、军队和要害部门组织和实施安全工程的通用方法,是系统安全工程领域里成熟的方法体系,在理论研究和实际应用方面具有举足轻重的作用。

中国信息安全产品测评认证中心在对信息系统和信息安全服务资质进行测评认证时,结合我国信息安全服务提供商的总体水平和安全意识,根据 GB/T 18336-2001《信息技术 安全技术 信息技术安全性评估准则》和 ISO/IEC 21827-2002《系统安全工程能力成熟度模型》,制定了《信息系统安全保障通用评估框架》和《信息安全服务评估准则》。

2. SSE-CMM 的用户

安全的趋势是从保护要害部门的保密数据转向涉及更广泛的领域,其中包括金融交易、合同、个人信息和互联网。因此用于维护和保护这些信息的产品、系统和服务开始迅速发展。这些安全产品和系统进入市场一般有两种途径:通过长周期且昂贵的评定后进入市场或者不加评估就进入市场。对于前者,安全产品无法及时进入市场来满足用户安全需求,当进入到市场后,产品所具有安全功能就解决的威胁而言已经过时。对于后者,购买者和用户只能依赖于产品或系统开发者或操作者的安全说明,这造成市场上的安全工程服务都将基于这种空洞的无法律依据的基础。

这种情况要求组织以一个更成熟的方式来实施安全工程。特别地,在安全系统和安全产品生产和操作过程中要求以下特性:

- 连续性 ——以前获得的知识将用于将来;
- 重复性 ——保证项目可成功重复实施的方法;

- 有效性——可帮助开发者和评价者都更有效工作的方法；
- 保证——落实安全需求的信心。

为了达到这些要求，需要有一个机制来指导组织机构去理解和改进其安全工程实施。SSE-CMM 正是出于这个目的，用于改进安全工程实施的现状，以达到提高安全系统、安全产品和安全工程服务的质量和可用性并降低成本的目的。

SSE-CMM 描述了一个组织的系统安全工程过程必须包含的基本特性，这些特性是完善系统安全工程的保证，也是系统安全工程实施的度量标准，同时还是一个易于理解的评估系统安全工程实施的框架。

如前所述，SSE-CMM 标准适用于可信产品或系统整个生命期的安全工程活动，其中包括概念定义、需求分析、设计、开发、集成、安装、运行、维护和终止；也可用于安全产品开发者、安全系统开发者、集成商和提供安全服务和安全工程的组织机构；还可应用于所有类型和大小的安全工程机构，如商务机构、政府机构和学术机构。概括起来，SSE-CMM 主要适用于安全的工程组织（Engineering Organizations）、获取组织（Acquiring Organizations）和评估组织（Evaluation Organizations）。

工程组织包含系统集成商、应用开发商、产品提供商和服务提供商等。工程组织使用 SSE-CMM 对工程能力进行自我评估，从而使组织：

- 通过可重复和可预测的过程和实施来减少返工、提高质量与降低成本；
- 获得真正的工程能力认可；
- 可度量组织的资质（成熟度）；
- 非常明确过程和实施中不断的改进方法。

获取组织包含采购系统、产品，以及从外部/内部资源和最终用户处获取服务的组织。

获取组织使用 SSE-CMM 来判别一个供应者组织的系统安全工程能力，识别该组织供应的产品和系统的可信任性，以及完成一个工程的可信任性，从而达到：

- 减少选择不合格投标者的风险（包括性能、成本、工期等风险）；
- 有了工业标准的统一评估，减少争议；
- 在产品生产或提供服务过程中，建立起可预测和可重复的可信度；
- 有可重用的标准的提案请求（RFP，Request for Proposal）语言，以便对供应者迅速而准确地提出需求；
- 有可重用的标准的评估方法。

评估组织包含认证组织、系统授权组织、系统和产品评估组织等。

评估组织使用 SSE-CMM 作为工作基础，以建立被评组织整体能力的信任度。这个信任度是系统和产品的安全保证要素。

评估组织使用 SSE-CMM 的目的是：

- 获得独立于系统或产品的可重用的过程评定结果；
- 获得能力表现的可信度，减少评估工作量；
- 建立系统安全工程中的可信任度；
- 建立系统安全工程集成于其他工程中的可信任度。

3. SSE-CMM 的项目组织

SSE-CMM 项目进展来自于安全工程业界、美国国防部办公室和加拿大通信安全机构积极参与和共同的投入，并得到 NSA 的部分赞助和配合。SSE-CMM 项目结构包括一个指导组、评定方法组、模型维护组、生命期支持组；轮廓、保证和度量组；赞助、规划和采用组以及关键人员评审和业界评审。SSE-CMM 项目结构如图 2-2 所示。

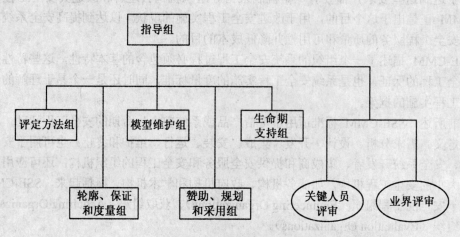

图 2-2　SSE-CMM 项目组织

指导组在促进 SSE-CMM 被广泛接受和采纳的同时，监督指导 SSE-CMM 的工作过程，产品定义和项目进展。

评定方法组负责维护 SSE-CMM 的评定方法（SSAM），其中包括开发第三方的评定方法。当需要时，评定方法组还负责计划、支持和分析一个实验程序来测试第三方的评定方法。

模型维护组负责维护模型。这包括确保过程区覆盖所有业界内的安全活动，将 SSE-CMM 与其他模型的冲突减少到最少，在模型文档中精确描述 SSE-CMM 与其他模型的关系。

生命期支持组负责开发和建立一个评定者资格和评定组织可比性机制；负责设计和实现一个数据库，用于维护评估数据以及准备和发布如何解释和维护这些数据的指南。

轮廓、保证和度量组的任务是调查和确认轮廓的概念，确定并文档化 SSE-CMM 实施保证的作用，鉴别和验证安全相关于使用 SSE-CMM 的安全和过程的度量方式。

赞助、规划和使用组负责贯彻赞助选择（在需要时，包括为一个组织进行计划和定义以维护 SSE-CMM）；开发和维护完整的项目时间表，促进和促使各种感兴趣的团体对使用和采用 SSE-CMM。

关键人员评审提供正式评审责任承诺并按时提供对 SSE-CMM 项目工作产品的评审意见。业界评审也可以评审工作产品，但无须正式的责任承诺。

成员组织以赞助参与者的方式来支持工作组。SSE-CMM 项目的发起人 NSA，在国防部和通信安全军事组织的支持下，提供技术转移、项目帮助和技术支持的资助。

SSE-CMM 是由一些在开发安全产品、系统和提供安全服务方面有长期成功经验的公司合作开发的。关键评审者是从大量具有安全工程专业背景的专家中选出的，这些专业背景对模型的作者经验是一个补充。

2.2.2　系统安全工程过程

SSE-CMM 将系统安全工程过程划分为风险过程（Risk process）、工程过程（Engineeing process）和保证过程（Assurance process）三个基本的过程区（如图 2-3 所示）。它们相互独立，但又有着有机的联系。粗略地说来，风险过程识别出所开发的产品或系统的危险，并对这些危险进行优先级排序。针对危险所面临的安全问题，系统安全工程过程要与其他工程一起来确定和实施解决方案。最后，由安全保证过程建立起解决方案的可信性并向用户转达这种安全可信性。

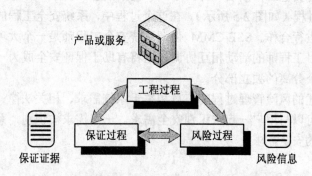

图 2-3　系统安全工程过程的组成部分

总的来说，这三个过程共同实现了系统安全工程过程结果所要达到的安全目标。

（1）风险

系统安全工程的一个主要目标是降低风险。风险就是有害事件发生的可能性及其危害后果。出现不确定因素的可能性取决于各个系统的具体情况。这就意味着这种可能性仅可能在某些限制条件下才可预测。此外，对一种具体风险的影响进行评估，必须要考虑各种不确定因素。因此大多数因素是不能被综合起来准确预报的。在很多情况下，不确定因素的影响是很大的，这就使得对安全的规划和判断变得非常困难。

一个有害事件由威胁、脆弱性和影响三个部分组成。脆弱性包括可被威胁利用的资产性质。如果不存在脆弱性和威胁，则不存在有害事件，也就不存在风险。风险管理是调查和量化风险的过程，并建立组织对风险的承受级别。它是安全管理的一个重要部分。风险管理过程如图 2-4 所示。

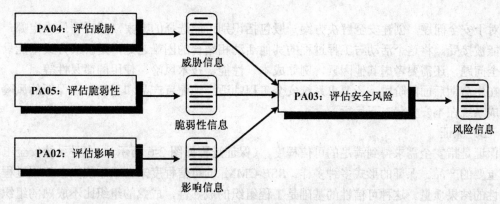

图 2-4　风险管理过程

安全措施的实施可以减轻风险。安全措施可针对威胁和脆弱性自身。但无论如何，不可能消除所有威胁或根除某个具体威胁。这主要是因为消除风险所需的代价，以及与风险相关的各种不确定性。因此，必须接受残留的风险。在存在很大不确定性的情况下，由于风险度量不精确的本质特征，在怎样的程度上接受它才是恰当的，往往会成为很大的问题。SSE-CMM 过程区包括实施组织对威胁、脆弱性、影响和相关风险进行分析的活动保证。

（2）工程

系统安全工程与其他工程活动一样，是一个包括概念、设计、实现、测试、部署、运行、维护、退出的完整过程（如图 2-5 所示）。在这个过程中，系统安全工程的实施必须紧密地与其他的系统工程组进行合作。SSE-CMM 强调系统安全工程师是一个大项目队伍中的组成部分，需要与其他科目工程师的活动相互协调。这将有助于保证安全成为一个大项目过程中一个部分，而不是一个分离的独立部分。

使用上面所描述的风险管理过程的信息和关于系统需求、相关法律、政策的其他信息，系统安全工程师就可以与用户一起来识别安全需求。一旦需求被识别，系统安全工程师就可以识别和跟踪特定的安全需求。

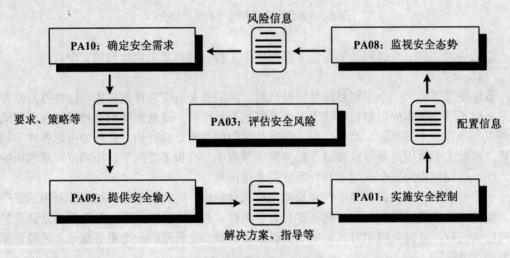

图 2-5　系统安全工程过程

对于安全问题，创建安全解决方案一般包括识别可能选择的方案，然后评估决定哪一种更可能被接受。将这个活动与工程过程的其他活动相结合的困难之处，是解决方案不能只考虑安全问题，还需要考虑其他因素，例如成本、性能、技术风险、使用的简易性等。

在生命期后面的阶段，还要求系统安全工程师适当地配置产品和系统以确保新的风险不会造成系统在不安全状态下运行。

（3）保证

保证是指安全需求得到满足的可信程度（保证过程如图 2-6 所示）。它是系统安全工程非常重要的产品。保证的形式多种多样。SSE-CMM 的可信程度来自于系统安全工程过程可重复性的结果质量。这种可信性的基础是工程组织的成熟性，成熟的组织比不成熟的组织更可能产生出重复的结果。不同保证形式之间的详细关系是目前正在研究的课题。

安全保证并不能增加任何额外的对安全相关风险的抗拒能力，但它能为减少预期安全风险提供信心。安全保证也可看做是安全措施按照需求运行的信心。这种信心来自于措施及其部署的正确性和有效性。正确性保证了安全措施按设计实现了需求，有效性则保证了提供的安全措施可充分地满足用户的安全需求。安全机制的强度也会发挥作用，但其作用却受到保护级别和安全保证程度的制约。

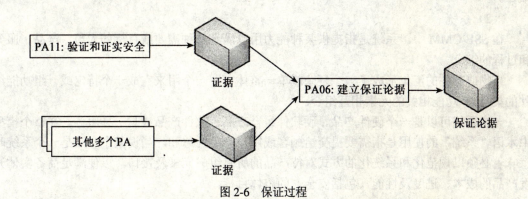

图 2-6　保证过程

安全保证通常以安全论据的形式出现。安全论据包括一系列具有系统特性的需求。这些需求都要有证据来支持。证据在系统安全工程活动的正常过程期间获得，并被记录在文档中。

SSE-CMM 活动本身涉及到与安全相关证据的产生。例如，过程文件能够表示开发是遵循一个充分定义的成熟度工程过程，这个过程需加以持续改进。安全验证和证实在建立一个可信产品或系统中起到主要作用。

过程区中包括的许多典型工作产品可作为证据或证据的一部分。现代统计过程控制理论表明，如果注重产品的生产过程，则可用较低的成本重复地生产出较高质量和安全保证的产品。工程组织实施活动的成熟能力将会对这个过程产生影响和提供帮助。

2.2.3　SSE-CMM 的主要概念

在描述系统安全工程能力成熟度模型体系结构之前，先介绍一些该模型中最主要也是最重要的术语以及它们在该模型中的含义。

（1）组织和项目

组织和项目这两个术语在 SSE-CMM 中使用的目的在于区分组织结构的不同方面。其他结构的术语如"项目组"也存在于商务实体中，但缺乏在所有商务组织共同可接受的术语。之所以选择这两个术语，是由于大多数期望使用 SSE-CMM 的人们都在使用并理解它们。

组织就 SSE-CMM 而言，组织被定义为：公司内部的单位、整个公司或其他实体（如政府机构或服务分支机构）。在组织中存在许多项目并作为一个整体加以管理。组织内的所有项目一般遵循上层管理的公共策略。一个组织机构可能由同一地方分布的或地理上分布的项目与支持基础设施所组成。

术语"组织"的使用意味着一个支持共同战略、商务和过程相关功能的基础设施。为了产品的生产、交付、支持及营销活动的有效性，必须存在一个基础设施并对其加以维护。

项目是各种实施活动和资源的总和，这些实施活动和资源用于开发或维护一个特定的产品或提供一种服务。产品可能包括硬件、软件及其他部件。一个项目往往有自己的资金，成本账目和交付时间表。为了生产产品或提供服务，一个项目可以组成自己专门的组织，或是由组织建立成一个项目组、特别工作组或其他实体。

在 SSE-CMM 的域中，过程区划分为工程、项目和组织三类。组织类与项目类的区分是基于典型的所有权。SSE-CMM 的项目是针对一个特定的产品，而组织结构拥有一个或多个项目。

（2）系统

在 SSE-CMM 中，系统是指提供某种能力用以满足一种需要或目标的人员、产品、服务和过程的综合。

事物或部件的汇集形成了一个复杂或单一整体（即一个用来完成一个特定或一组功能组件的集合。）功能相关的元素相互组合。

一个系统可以是一个硬件产品、硬软件组合产品、软件产品或是一种服务。在整个模型中术语"系统"的使用是指需要提交给顾客或用户产品的总和。当说某个产品是一个系统时意味着必须以规范化和系统化的方式对待产品的所有组成元素及接口，以便满足商务实体开发产品的成本、进度及性能（包括安全）的整体目标。

（3）工作产品

SEE-CMM 中的工作产品（Work Product）是指在执行任何过程中产生出的所有文档、报告、文件、数据等。SSE-CMM 不是为每一个过程区列出各自工作产品，而是按特定的基本实施列出其"典型的工作产品"，其目的在于对所需的基本实施范围可做进一步定义。列举的工作产品只是说明性的，目的在于反映组织机构和产品的范围。这些典型的工作产品不是"强制"的产品。

（4）顾客

顾客是为其提供产品开发或服务的个人或实体组织，顾客也包括使用产品和服务的个人和实体组织。SSE-CMM 涉及的顾客可以是经商议的或未经商议的。经商议是指依据合同来开发基于顾客规格的一个或一组特定的产品。未经商议是指市场驱动的，即市场真正的或潜在的需求。一个顾客代理如面向市场或产品代理也代表一种顾客。

为了语法上表述的方便，SSE-CMM 在大多数场合下顾客使用单数。然而，SSE-CMM 并不排除多个顾客的情况。

注意在 SSE-CMM 环境中，使用产品或服务的个人或实体也属于顾客的范畴。这是和经商议的顾客相关的，因为获得产品和服务的个人和实体并不总是使用这些产品或服务的个人或实体。SSE-CMM 中术语"顾客"的概念和使用是为了识别安全工程功能的职责，这样需要包括使用者这样的全面顾客概念。

（5）过程

一个过程（Process）是指为了达到某一给定目标而执行的一系列活动，这些活动可以重复、递归和并发地执行。有的活动将输入工作产品转换为输出工作产品提供给其他活动。输入工作产品和资源的可用性以及管理控制制约着允许的活动执行顺序。

从"过程"派生出来的有关术语有"充分定义的过程"、"已定义过程"和"执行过程"。充分定义的过程包括对每个活动的定义，每个活动输入的定义和控制活动执行机制的定义。

已定义过程就是被组织正式描述的过程，也是该组织在其安全工程中要使用的过程。这个描述可以包含在文档或过程资产库中。

执行过程是安全工程师们实际在执行中的过程。它指明安全工程师实际在做什么。

（6）过程区

一个过程区（PA，Process Area）是一组相关安全工程过程的性质，当这些性质全部实施后则能够达到过程区定义的目的。

一个过程区由基本实施（BP，Base Practices）组成。这些基本实施是安全工程过程中必须存在的性质，只有当所有这些性质完全实现后，才可说满足了这个过程区规定的目标。

SSE-CMM 包含三类过程区：工程、项目和组织三类。组织类与项目类过程区的差别仅仅是所有权的不同，项目过程区只针对一个特定的产品，而组织过程区则含有一个或多个项目。

（7）角色独立性

SSE-CMM 过程区是实施活动组，当把它们结合在一起时，会达到一个共同目的。但实施组合的概念并不意味着一个过程的所有基本实施必须由一个个体或角色来完成。所有的基本实施均以动-宾格式构造（即没有特定的主语），以便尽可能减少一个特定的基本活动属于一个特定的角色的理解。这种描述方式可支持模型在整个组织环境中广泛地应用。

（8）过程能力

过程能力（Process Capability）是通过跟踪一个过程能达到期望结果的可量化范围。SSE-CMM 评定方法（SSAM）是基于统计过程控制的概念，这个概念定义了过程能力的应用。SSAM 可用于项目或组织内每个过程区能力级别的确定。SSE-CMM 的能力维为域维中安全工程能力的改进提供了指南。

一个组织的过程能力可帮助组织预见项目达到目标的能力。位于低能力级组织的项目在达到预定的成本、进度、功能和质量目标上会有很大的变化，而位于高能力组织的项目则完全相反。

（9）制度化

制度化是建立方法、实施和步骤的基础设施和组织文化。即使最初定义的人已离开，制度化仍会存在。SSE-CMM 的过程能力维通过提供实施活动、量化管理和持续改进的途径支持制度化。按照这种方式，SSE-CMM 声称组织明确地支持过程定义、管理和改进。制度化提供了通过完善的安全工程性质获得最大益处的途径。

（10）过程管理

过程管理是一系列用于预见、评价和控制过程执行的活动和基础设施。过程管理意味着过程已定义好（因为无人能够预见或控制未加定义的东西）。注重过程管理含义是项目或组织需在计划、执行、评价、监控和校正活动中既要考虑产品相关因素，也要考虑过程相关因素。

（11）能力成熟模型

一个像 SSE-CMM 这样的能力成熟模型（CMM），当过程定义、实现和改进时，描述了过程进步的阶段。CMM 模型通过确定当前特定过程的能力和在一个特定域中识别出最关键的质量和过程改进问题，来指导选择过程改进策略。一个 CMM 可以以参考模型的形式来指导开发和改进成熟的和已定义的过程。

一个 CMM 也可用来评定已定义的过程的存在性和制度化，该过程执行了相关实施。一个能力成熟模型覆盖了所有用以执行特定域（如安全工程）任务的过程。一个 CMM 也可用于覆盖确保有效的开发和人力资源使用的过程，以及产品及工具引入适当的技术来加以生产的过程。

2.3 SSE-CMM 的体系结构

SSE-CMM 体系结构的设计，可在整个安全工程范围内决定安全工程组织的成熟性。这个体系结构的目标是清晰地从管理和制度化特征中分离出安全工程的基本特征。为了保证这种分离，该模型采用两维设计，其中的一维被称为"域（Domain）"，而另一维被称为"能力（Capability）"。

值得指出的是，SSE-CMM 并不意味着在一个组织中的任何项目组或角色必须执行这个模型中所描述的任何过程，也不要求使用最新的和最好的安全工程技术和方法论。然而，这个模型要求一个组织要有一个适当过程，这个过程应包括这个模型中所描述的基本安全实施。组织可以任何方式创建符合他们业务目标的过程以及组织结构。

SSE-CMM 也并不意味着执行通用实施的专门要求。一个组织一般可随意以他们所选择的方式和次序来计划、跟踪、定义、控制和改进其过程。然而，由于一些较高级别的通用实施依赖于较低级别的通用实施，因此组织在试图达到较高级别之前，应首先实现较低级别通用实施。

2.3.1 基本模型

域维或许是两个维中较容易理解的，这一维仅仅是汇集了定义安全工程的所有实施活动，这些实施活动称为"过程区"。

能力维代表组织能力。这一维由过程管理和制度化能力构成。这些实施活动被称做"公共特性"，可在广泛的域中应用。执行一个公共特性是一个组织能力的标志。

通过设置这两个相互依赖的维，SSE-CMM 在各个能力级别上覆盖了整个安全活动范围。

例如，在图 2-7 中"评估脆弱性"过程区（PA05）显示在横坐标中，它代表了所有涉及到安全脆弱性评估的实施活动。这些实施活动是安全风险过程的一部分。"跟踪执行"公共特性显示在纵坐标上，代表了一组涉及到测量的实施活动。这些测量相对于可用计划的过程实施活动。

因此安全过程区和公共特性的交叉点表示组织跟踪执行脆弱性评估过程的能力。图中每一个方框表示一个组织执行一些安全工程过程的能力。

通过按这个方式收集安全组织的信息，可建立执行安全工程能力的能力轮廓。

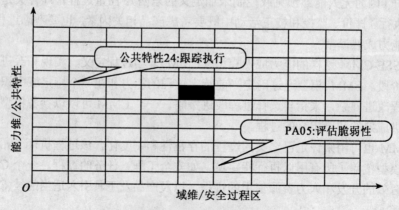

图 2-7 执行每一个过程区的组织能力模型

2.3.2 域维/安全过程区

SSE-CMM 包括 6 个基本实施，这些基本实施被组织成 11 个安全工程过程区，这些过程区覆盖了安全工程所有主要领域。安全过程区的设计是为了满足安全工程组织广泛的需求。划分安全工程过程区的方法有许多种。典型的做法之一就是将实际的安全工程服务模型化，即原型法，以此创建与安全工程服务相一致的过程区。其他的方法可以是识别概念域，它们将识别的这些域形成相应的基本安全工程构件模块。SSE-CMM 当前的过程区集合是这些执行目标竞争比较的折中。

每一个过程区包括一组表示组织成功执行过程区的目标，每一个过程区也包括一组集成的基本实施（BP，Base Practice），基本实施定义了获得过程区目标的必要步骤。

一个过程区：
- 汇集一个域中的相关活动，以便于使用。
- 就是有关有价值的安全工程服务。
- 可在整个组织生命期中应用。
- 能在多个组织和多个产品范围内实现。
- 能作为一个独立过程进行改进。
- 能够由类似过程兴趣组进行改进。
- 包括所有需要满足过程区目标的 BP。

由于一些本质相同的活动有不同的名字，因此识别安全工程的 BP 变得很复杂。一些识别 BP 的活动是在生命期后期进行的，在不同抽象层次或由不同角色的个人来执行。SSE-CMM 忽略这些差别，而只是识别基本的、好的安全工程所需要的实施集。

因此，如果一个组织仅仅在设计阶段或在单一抽象层上工作，则不"执行"BP。

基本实施的特性包括：
- 应用于整个企业生命期。
- 和其他 BP 互相不覆盖。
- 代表安全业界"最好的实施"。
- 不是简单地反映当前技术。
- 可在业务环境下以多种方法使用。
- 不指定特定的方法或工具。

由基本实施组成的 11 个安全工程过程区列举如下。安全工程过程是信息安全服务能力最核心的部分，体现着一个服务提供组织的技术水平和信息安全工程的实力。SSE-CMM 共有 11 个安全工程过程。

（1）安全工程过程

①管理安全控制

其目的在于保证集成到系统设计中的预期的系统安全性确实由最终系统在运行状态下达到。包括四个方面：明确安全职责、管理安全配置、管理培训教材、管理安全服务及控制机制。

②评估影响

目的在于识别对系统有关的影响，并对发生影响的可能性进行评估。影响可能是有形的，也可能是无形的。应对影响系统的因素进行优先级排序并实时监控影响的变化。

③评估安全风险

识别某一给定环境中涉及到对某一系统有依赖关系的安全风险，评估暴露的风险，对风险进行优先级排序并监视风险的变化特征。

④评估威胁

目的是对系统安全的威胁和特征进行识别并标识，评估威胁的影响，并监视威胁的特征变化。

SSE-CMM 将安全工程的公共特征分为五个能力级别，表示依次递增的组织能力。

⑤评估脆弱性

本过程首先要识别脆弱性，收集相关证据，然后评估各种脆弱性对系统的影响，进而监视脆弱性的特征变化趋势。

⑥建立保证论据

本过程包括确定保证目标、定义保证策略、提供保证证据、控制保证论据等多个方面。

⑦协调安全

目的在于保证所有相关方都有参与安全工程的意识。这种协调工作涉及到保证所有相关组织之间的开放式交流和沟通。

⑧监视安全态势

目的在于识别出所有已发生和可能发生的安全违规，监视可能影响系统安全的内、外环境因素。

⑨提供安全输入

目的在于为系统的策划者、设计者、实施者或用户提供所需的安全信息。这些信息包括安全体系结构、安全设计和安全实施多个方面。

⑩指定安全要求

目的在于明确地识别出与系统安全相关的要求，包括顾客的要求、法律法规的要求等，并最终达成安全协议。

⑪验证和证实安全性

目的在于确保解决安全问题的办法已得到验证和证实。应该确定目标、选择方法、收集证据、执行验证并得到结论。

SSE-CMM 还包括 11 个与项目和组织实施有关的过程区，这些过程区是从 SE-CMM 修改过来的。项目和组织管理过程是实现安全工程过程必不可少的保证措施。

（2）项目和组织管理过程

①质量保证

它不仅指工作产品的质量，而且也包含系统工程过程的质量。应确保全员参与并及时采取纠正措施和预防措施。

②管理配置

目的是维持已确定的配置单元的数据和状况，并对系统及其配置单元的变化进行分析和控制。管理系统配置包括为开发者和客户提供准确的和当前的配置数据和状况。

③管理项目风险

管理风险的目的是标识、评估、监视和降低风险。此过程要贯穿整个工程生命周期，其范围包括系统工程活动和全部技术项目活动。

④监控技术活动

此过程将根据项目策划、承诺和计划的文档来指导、跟踪和复查项目的完成情况、结果和风险，必要时采取适当的修正行为。

⑤规划技术活动

目的是根据项目特点建立项目实施计划，这些计划能为组织开展技术活动提供指导和参考。

⑥定义系统工程过程

目的是创建和管理组织的标准系统工程过程，这些过程允许根据具体系统工程情况做出适当的裁减。

⑦改进系统工程过程

在特定的工程环境下，根据组织对过程的理解，确定改进目标并付诸实施。

⑧产品持续改进

目的是通过引进服务、设备和新技术以达到产品、费用、进度和执行的最佳收益。

⑨管理系统工程支持环境

目的在为开发产品和执行过程提供所需的技术环境。该环境可裁减、可维护、可更新、可监视、可改进。

⑩提供不断发展的技能和知识

目的在于确保组织内拥有必要的知识和技能来达到组织的目标。此过程可以通过在组织内进行培训，也可以及时地从外部来源中获得知识。

⑪与供应商协调

目的是识别组织的需求，并采取适当的措施评价、选择合格的供应商。供应商可以是销售商、分包商、合伙人等。协调的内容可以是交付件的质量、期限等其他合同要求。

2.3.3 能力维/公共特性

通用实施（Generic Practices，GP），由被称之为"公共特性"的逻辑域组成，公共特性分为五个级别，依次表示增强的组织能力。

与域维基本实施不同的是，能力维的通用实施按其成熟性排序，因此高级别的通用实施位于能力维的高端。

公共特性设计的目的是描述在执行工作过程（此处即为安全工程域）中组织特征方式的主要变化。每一个公共特性包括一个或多个通用实施。通用实施可应用到每一个过程区（SSE-CMM 应用范畴），但第一个公共特性"执行基本实施"例外。

其余公共特性中的通用实施可帮助确定项目管理好坏的程度并可将每一个过程区作为一个整体加以改进。通用实施按执行安全工程的组织特征方式分组，以突出主要点。

下面的公共特性表示了为取得每一个级别需满足的成熟的安全工程特性。

- 执行基本实施；
- 规划执行；
- 规范化执行；
- 确认执行；

- 跟踪执行；
- 定义标准过程；
- 执行定义的过程；
- 协调过程；
- 建立可测量的质量目标；
- 客观地管理执行；
- 改进组织范围能力；
- 改进过程有效性。

2.3.4 能力级别

将通用实施划分为公共特性，将公共特性划分为能力级别有多种方法。下面的讨论涉及到这些公共特性。

公共特性的排序得益于对现有其他安全实施的实现和制度化，特别是当实施活动有效建立时尤其如此。在一个组织能够明确地定义、裁剪和有效使用一个过程前，单独执行的项目应该获得一些过程执行方面的管理经验。例如，一个组织应首先尝试对一个项目规模评估过程后，再将其规定为这个组织的过程规范。有时，当把过程的实施和制度化放在一起考虑可以增强能力时，则无须要求严格地进行前后排序。

公共特性和能力级别无论在评估一个组织过程能力还是改进组织过程能力时都是重要的。当评估一个组织能力时，如果这个组织只执行了一个特定级别的一个特定过程的部分公共特性时，则这个组织对这个过程而言，处于这个级别的最底层。例如，在 2 级能力上，如果缺乏跟踪执行公共特性的经验和能力，那么跟踪项目的执行将会很困难。如果高级别的公共特性在一个组织中实施，但其低级别的公共特性未能实施，则这个组织不能获得该级别的所有能力带来的好处。评估组织在评估一个组织个别过程能力时，应对这种情况加以考虑。

当一个组织希望改进某个特定过程能力时，能力级别的实施活动可为实施改进的组织提供一个"能力改进路线图"。基于这一理由，SSE-CMM 的实施按公共特性进行组织，并按级别进行排序。

对每一个过程区能力级别的确定，均需执行一次评估过程。这意味着不同的过程区能够或可能存在不同的能力级别。组织可利用这个面向过程的信息，作为侧重于这些过程改进的手段。组织改进过程活动的顺序和优先级应在业务目标里加以考虑。

业务目标是如何使用 SSE-CMM 模型的主要驱动力。但是，对典型的改进活动，也存在着基本活动次序和基本的原则。这个活动次序在 SSE-CMM 结构中通过公共特性和能力级别加以定义。

能力识别代表工程组织的成熟度级别如图 2-8 所示，其中，SSE-CMM 包含了 5 个级别。将 5 个级别的基本内容概述如下：

1 级：非正规实施级

这个级别着重于一个组织或项目只是执行了包含基本实施的过程。这个级别的能力特点可以描述为："必须首先做它，然后才能管理它。"

2 级：规划和跟踪级

这个级别着重于项目层面的定义、规划和执行问题。这个级别的能力特点可描述为："在定义组织层面的过程之前，先要弄清楚与项目相关的事项。"

3级：充分定义级

这个级别着重于规范化地裁剪组织层面的过程定义。这个级别的能力特点可描述为："用项目中学到的最好的东西来定义组织层面的过程。"

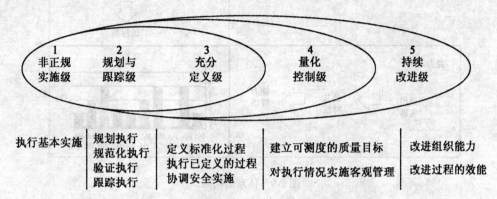

图 2-8　能力级别代表安全工程组织的成熟度级别

4级：量化控制级

这个级别着重于测量。测量是与组织业务目标紧密联系在一起的。尽管在以前的级别上，也把数据收集和采用项目测量作为基本活动，但只有到达高级别时，数据才能在组织层面上被应用。这个级别的能力特点可以描述为："只有知道它是什么，才能测量它"和"当被测量的对象正确时，基于测量的管理才有意义"。

5级：持续改进级

这个级别从前面各级的所有管理活动中获得发展的力量，并通过加强组织的文明保持这种力量。这一方法强调文明的转变，这种转变又将使方法更有效。这个级别的特点可以描述为："持续性改进的文明需要以完备的管理实施、已定义的过程和可测量的目标作为基础。"

2.3.5 体系结构的组成

已经简单地介绍了域维和能力维中的实施活动，现在来描述它们怎么组成模型体系结构，以及能力轮廓。

体系结构的横坐标为过程区（即域维）、纵坐标为能力级别（即能力维），这是一个平面坐标系（体系结构图如图 2-9 所示）。

图 2-9 右下角图为某个组织的能力轮廓。这个图中纵坐标体现了能力的 5 个级别，横坐标中包含了 10 个过程区。这个能力轮廓说明了这个组织的能力并不成熟，它有 4 个过程区只有 1 级，PA03 过程区根本没有实施，过程区中执行较好的只有 PA02，PA04 和 PA08，为能力级别 3。

有关这个模型的问题、模型发展最新的信息，模型相关的联系人信息以及使用该模型进行实验性认定项目的联系人可通过 SSE-CMM 的 WEB 站点 http：//www.sse-cmm.org 查询。

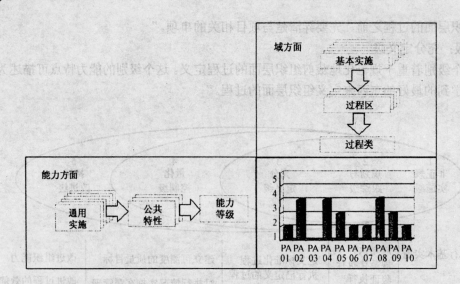

图 2-9 体系结构图

2.4 SSE-CMM 应用

2.4.1 SSE-CMM 应用方式

SSE-CMM 提供了一套业界范围内（包括政府及工业）的标准度量体系，其目的在于建立和促进安全工程成为一种成熟的、可度量的科目。SSE-CMM 模型及评定方法确保了安全是处理硬件、软件、系统和组织安全问题的工程实施活动后得到的一个完整结果。该模型定义了一个安全工程过程应有的特征。这个安全工程对于任何工程活动均是清晰定义的、可管理的、可测量的、可控制的并且是有效的。

1. SSE-CMM 适用范围

有各类组织从事安全工程，其中包括产品开发者，服务提供者，系统集成者，系统管理者，直至安全专家。其中部分组织处理高层问题（如与处理运行使用或系统体系结构有关的问题），部分组织处理底层问题（如机制选择和设计），还有一部分组织涉及这两个层面。某些组织可能专长于某些特殊技术或某些特殊环境（如在海上）。

SSE-CMM 的设计可用于所有这些组织。采用 SSE-CMM 并不意味着侧重其中某一个方面优于另一个方面，也不意味着 SSE-CMM 所有方面都需采用。组织的商务侧重点不必由于使用 SSE-CMM，而发生偏离。

根据组织关注的焦点，可采用部分而不是全部的已定义安全工程实施过程。此外，组织可能会需要了解不同实施的关系来确定实施过程的适用性。

下面举例说明 SSE-CMM 实施活动如何应用于具有不同业务焦点的组织或团体。

（1）裁剪 SSE-CMM

SSE-CMM 模型所定义的元素均认为是安全工程实施的本质要素。但是，并非所有项目或组织需要实施 SSE-CMM 的所有过程区。因此，对于特定项目应该使用裁剪过程以去掉组织安全工程过程中不必要的过程区。

使用任何参考模型的任何过程改进均应支持商务目标，而不是指导商务目标。使用SSE-CMM 的组织应根据商务目标来划分过程区实施的优先顺序，并首先致力于改进最高优先级的过程区。

需要注意的是裁剪是在过程区的层面上执行的。为了达到一个过程区的目标，使用把所有的基本实施都放在适当的位置的思想来撰写工程区。

（2）安全服务提供者

为测量一个组织的从事风险评估的过程能力，会涉及多个组参与活动。在系统开发或集成期间，需要评估该组织决定与分析安全脆弱性的能力，并且评估运行的影响。在这种运行情况下，评估组织对系统安全态势监控的能力，识别并分析安全脆弱性，以及评估运行的影响。

（3）防范措施开发者

在一个组以开发防范措施为主的情况下，组织的过程能力使用 SSE-CMM 的实施组合来特征化。该模型包含的实施活动有决定和分析安全脆弱性、评估操作影响和为其他组织（如软件组织）提供输入和指南。提供开发防范措施的服务组织需要理解上述实施间的关系。

（4）产品开发者

SSE-CMM 包括致力于获得顾客安全要求的了解的实施。这些安全要求需通过与用户的交互来确定。当产品的开发独立于特定顾客时（顾客是泛指的）。在此情况下，如果需要，产品的市场部或其他部门可以作为假设的顾客。安全工程的实施者认识到产品开发的环境和方法如同产品本身一样是可变化的。然而，已知一些关于产品和项目环境的问题会影响到产品的构想、生产、交付和维护。

（5）特殊的工业部门

每个工业都自身有特殊的文化、术语和交流模式。为减少角色相关性和组织结构的影响，SSE-CMM 期望能容易地将其概念转化为所有工业部门自身的语言和文化。

2. 使用 SSE-CMM 进行评定

SSE-CMM 支持范围广泛的改进活动，包括自身管理评定，或由从内部或外部组织的专家进行的更强要求的内部评定。虽然 SSE-CMM 主要用于内部过程改进，但也可用于评价潜在销售商从事安全工程过程的能力。

（1）SSE-CMM 评定大纲

SSE-CMM 的开发是基于如下考虑的，即安全性通常在系统工程相关环境（如大的系统集成者）中实施。它也认识到安全工程服务提供者可以将安全工程作为独立的活动来实施，该活动与一个独立的系统或软件（或其他）工程活动协调。因此识别出下述评定大纲：

- 系统工程能力评定后，SSE-CMM 评定可集中于组织的安全工程过程；
- 通过与系统工程能力评定的结合，SSE-CMM 评定可被裁剪以与 SE-CMM 集成；
- 当执行独立的系统工程能力评定时，SSE-CMM 的评定应从高于安全性的角度，考虑是否存在支持安全工程的过程项目和组织基础。

（2）SSE-CMM 评定方法（SSAM）

在 SSE-CMM 评定中并不要求使用任何特殊的评定方法。然而为了在评定过程中最大程度地发挥 SSE-CMM 模型的功效，SSE-CMM 项目设计一个评定方法。SSE-CMM 评定方法（SSAM）和进行评定的一些支持材料在"SSE-CMM 评定方法描述"[SSECMM97]文件中有全面的描述。这份文档列举了评定方法的基本前提，以提供有关如何将该模型用于评定的背景范围。

SSAM 是组织层面或项目层面的评定方法。该方法的特征是采用多重数据收集方法,从选择组织机构中或从选择作为评定的项目中,获取过程实施方面的信息。SSAM 第一个发布版本中的确定目的为:

- 收集组织或项目内与安全工程相关实际实施的基线或基准;
- 创建或支持组织结构的多层次改进动力。

SSAM 可被剪裁以适用于组织或项目需要。SSAM 描述文档中提供了一些剪裁方面的指南。

数据收集由三方面组成:

①直接反映模型的内容问卷;
②一系列有组织或随机的与涉及过程实施的关键人员的会谈;
③审阅生成的安全工程的证据。

涉及人员无须正式任命为"安全工程师",SSE-CMM 并不要求此角色。SSE-CMM 应用于具有安全工程活动执行责任的人员。

多重反馈会议由评定参与者召开,最终是向所有参与者和发起人通报情况。简报包括被评定的不同过程区的能力级别,也包括以强弱划分优先级的集合,以支持基于组织评定目标的过程改进。

(3) 决定实施安全工程过程的能力

图 2-10 中说明过程区(基本实施)和公共特征(基本实施)如何用于决定安全工程过程的过程能力。对每个过程区,可确定能力级别 0~5。

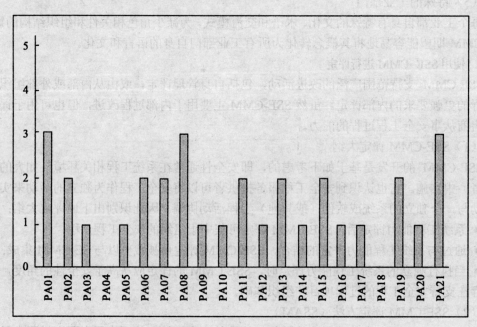

图 2-10 确定过程能力

(4) 为评定定义安全工程相关性

评估一个组织机构的第一步是决定该组织安全工程实施环境。安全工程可在任何工程环境下实施，尤其是系统、软件、和通信工程等环境。SSE-CMM 期望适用于所有环境。环境的确定是为了决定：哪个过程区适用于这个组织？怎样解释过程区（如开发相对于运行环境）？哪个人员需要参与评定？

注意，SSE-CMM 不意味独立安全工程组织的存在，其目的在于针对组织中负责执行安全工程任务的人。

（5）在评定中使用结构的两个方面

建立一个组织从事安全工程过程轮廓的第一步是通过他们的执行过程，确定在组织内是否实现了基本安全工程过程（所有基本实施）。第二步是按照通用实施，考察基本实施，以评估所实现过程的管理和制度化（基本实践）情况。通过考虑基本实施和通用实施，可产生过程能力轮廓，它能够帮助组织决定适用于其商务目的的最有效的过程改进活动。

一般而言，评定由针对通用实施的每一个过程区评价组织，基本实施应被视为提出主题基本方面的指南，相关的通用实施涉及将基本实施应用于项目，牢记对每个过程区通用实施的应用将产生对主体过程区的唯一解释。

（6）序列

在项目生命期执行组织过程时，许多过程区将多次被使用。当需要把一个过程区的目的结合到项目或组织的过程中时，就实施而言过程区应视为一个源。在评定中，总是记住 SSE-CMM 不意味着一个序列，序列应根据组织或项目所选择的生命期和其他商务参数决定。

SSE-CMM 模型和使用的方法（即评定方法）建议如下：

- 作为工程组织的工具，用于评价安全工程实施活动，并定义它们的改进。
- 作为顾客评价一个供应商的安全工程能力的标准机制。
- 作为安全工程评价机构（如系统认证机构，产品评定机构等）的工作基础，用于建立基于整体组织能力的信任度（这个信任度可作为系统或产品的一个安全保证要素）。

如果这个模型及其评定方法的使用者能够完全理解模型的适用范围和它固有的局限性，那么这个评定技术可以适用于自我改进和选择供应商。

2.4.2 用 SSE-CMM 改进过程

1. 改进过程

首先是分析组织环境，组织在第一次定义过程时经常忽视许多内部的过程或产品和/或中间的过程或产品。不过，对于一个组织在第一次定义安全工程过程时并不需要考虑所有的可能性。一个组织应通过适当的精确性来将当前的过程状态确定为基线。基线建立的过程最好在六个月到一年之间，随着时间该过程可以得到改进。

组织必须有一个稳定的基线用以决定未来的变化是否包括过程的改进，对于不实际实现的过程改进是没有意义的。在基线过程中包含当前的"延迟"和"队列"是有用的，在随后的过程改进中，这些是缩短周期的良好开端。

安全工程组织可以由工程师职责作为着眼点来定义过程。这可能包括与系统工程、软件工程、硬件工程及其他科目的接口。

设计符合组织商务要求过程的第一步是，理解当过程实现时需考虑的商务、产品、和组织环境。在使用 SSE-CMM 设计过程以前，需要回答的问题是安全工程如何在组织中实施？使用什么样的生命期作为过程框架？如何设立组织中的机构来支持项目？如何控制支持功能（如由项目或由组织）？织中谁是管理者，谁是实施者？过程对组织的成功起着怎样的关键性作用？

显然，理解 SSE-CMM 被应用的文化和商务环境，是成功进行过程设计的关键。

然后是增加角色和结构信息，图 2-11 说明了设计一个可实行和可支持的过程，需要对 SSE-CMM 过程区和公共属性的添加因素。为了创建完善的、将来可合理改进的组织层面过程，需要考虑组织机构的环境因素。这些因素包括角色定义、组织结构、安全工程工作产品以及在 SSE-CMM 通用实施和基本实施指南下定义的生命期。

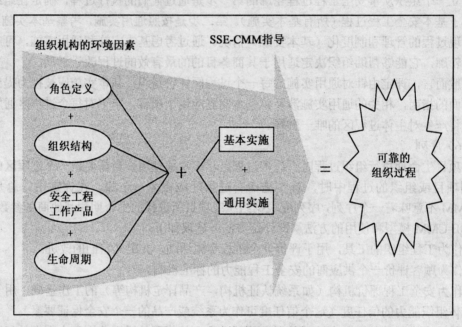

图 2-11 成功的过程设计因素

过程是为了一个指定的目标而执行的一个步骤序列。它是任务、支持工具、涉及产品和某些最终结果（如产品、系统）更新的有关人员组成的系统。由于认识到过程是产品成本、进度和质量的决定性因素之一（其他决定因素为人员和技术），因此各种各样的工程组织开始关注改进它们生产产品过程的途径。

（1）过程能力涉及一个组织的潜在能力

它是一个组织能达到的能力范围。过程性能是项目实际结果的测量，但对于一个特定的项目测量结果有可能落入或不落入到这个范围内。以下是 W. Edwards Deming《走出危机》一书的例子论点："在一个制造工厂，一个经理观察到一个产品生产线的问题。他知道生产线上的人员制造了大量有缺陷的零件。他的第一个做法可以是请求工人更快更努力的工作。但他另一个选择是收集数据并绘制次品比例图。图表显示每天的次品数量及变化是可预知的。"这表明一个系统是处于统计过程的控制中。也就是说，一个特定的范围定义了能力，而且变化的限度是可预知的。存在一种稳定生产有缺陷产品的系统。这个例子表明一个处于统计过程控制的系统并不意味着次品的消失。然而，它意味着以差不多同样的方式重复工作会产生差不多同样的结果。一个重要观点是需要建立一个过程的统计控制以确定在哪方面可以进行对缺陷的改进。许多组织已经使用各种 CMM 作为帮助他们实现统计过程控制的指南。

（2）过程成熟性表明一个特定过程被清晰定义、管理、测量、控制的程度及有效性

第二章 系统安全工程能力成熟度模型

过程成熟性意味着能力增长潜力,并表明一个组织过程的丰富以及在整个组织应用的一致性。Deming 与日本人的工作是将统计过程控制的概念应用到工业上。在《刻画软件过程:一个成熟性框架》一书中,Watts Humphrey 描述了一个软件过程成熟性框架,此框架解释了如何将 Deming 的工作成果应用到软件开发过程中。Humphrey 认为"虽然有一些重要差异,这些适用于汽车,照相机,手表及钢铁业的概念也同样适用于软件。一个在统计控制下的软件开发过程将在预期成本、进度及质量范围内,产生出期望的结果。"Humphrey 把统计过程控制的概念应用到软件过程,他描绘了过程成熟性的级别,这些级别指导组织以小的、渐增的步骤来改进他们的过程能力。这些级别构成了对 SEI(软件工程研究所)CMM 的基础。CMM 是一个框架,它用于将一个工程组织从一个特定的,组织不善、效率不高的状态,进化成高度结构化的且高效的状态。使用这样一种模型是一个组织将他们的活动制约于统计过程控制下的手段,其目的在于提高他们的过程能力。通过使用软件的 CMM,许多软件组织都在成本、生产力、进度以及质量上显示了良好的结果。SSE-CMM 的开发也是基于这样的期望,即在安全工程中使用统计过程控制概念以促进在预期的成本、进度及质量范围内开发出安全系统和可信产品。

2. 期望结果

基于对软件与其他行业的对比,过程和产品的改进的一些结果是可预见的。具体分析如下:

(1)改进可预见性

随着组织的成熟,第一个可期待的改进是可预见性。随着能力的提高,项目目标与实际结果之间的差异将会减少。例如,处于 1 级的组织通常会很大程度地延误他们项目原始计划的交付日期,而当组织处于较高能力级别时,它应能够以较高的精确度预见项目成本和进度的结果。

(2)改进可控制性

随着组织的成熟,第二个可期待的改进是可控制性。随着过程能力的提高,增加的结果将被用于建立更准确地修订目标。对不同的修正活动的评估可基于当前过程经验和其他项目过程结果,以便选择最好的控制测量应用。因此,具有高能力级别的组织将在可接受的范围内,更有效的控制性能。

(3)改进过程有效性

随着组织的成熟,第三个可期待的改进是过程有效性。目标结果随着组织成熟性的提高而改进。随着组织逐渐成熟,产品开发成本降低,开发时间缩短,生产率和质量提高。低级组织,由于有大量的为纠正错误而重做的工作,因此开发时间会变长。相反,较高成熟级别的组织,通过增加过程的有效性和减少昂贵的重复工作,可缩短整个开发时间。

3. 常见误解

下面列举的是一些常见的对使用 CMM 模型的错误观点。

(1)CMM 定义了工程过程

一个通常的错误概念是 CMM 只定义了一个特殊的过程。而实际上 CMM 对于组织机构而言是一个如何定义过程,如何随着时间不断改进所定义的过程的指南。无论执行什么特殊的过程都可使用这个指南。对于过程定义、过程管理监控及组织机构的过程改进,CMM 给出了什么活动是必须执行的,而不是精确地指定这些特定的活动应如何执行。

面向特定科目 CMM(如 SSE-CMM),要求执行某些基本的过程活动。这些基本的过程活动是科目中一个部分，但这些模型并不精确地指定这些工程活动应如何执行。

CMM 内在基本哲学是让工程组织开发、改进对它们最有效的工程过程。这基于的是一种能力，即在整个组织内定义、文档化、管理和标准化这些工程过程。这个哲学并不注重于任何特定的开发生命期、组织结构或工程技术。

（2）CMM 是手册或培训指南

CMM 目的在于为组织机构改进他们所执行的特定过程能力（如安全工程）提供一个指南，而不是用来帮助个人改进他们特定的工程技巧的手册或培训指南。CMM 的目标是通过采纳 CMM 中描述的思想和使用 CMM 中定义的技术指南，来达到组织机构对工程过程的定义和改进。

（3）SSE-CMM 是产品评价的替代

用 CMM 来评价组织级别来代替产品的评估或系统认证是不太可能的。但是，CMM 模型无疑能够采取由第三方对 CMM 评价认为脆弱的方面进行分析。在统计过程控制下的过程并不意味着没有缺陷，而是缺陷是可预见的。因此，抽取一些产品作为样本进行分析仍是必要的。

任何期望通过使用 SSE-CMM 而获益，都是基于使用软件 SEE-CMM 经验的理解。为了能使得 SSE-CMM 起到评价与认证的作用，安全工程业界需要就安全工程中成熟性的含义达成共识。如同软件的 SEI CMM，当 SSE-CMM 在业界继续使用时，评价与认证需不断地研究。

（4）需要太多的文档

当阅读一种 CMM 时，很容易被过多的隐含过程及计划所淹没。CMM 模型包括要求对过程和步骤的文档化，并要求保证执行文档化的过程和步骤。CMM 模型要求一些过程，计划以及其他类型的文档，但它并没有明确要求文档的数量或文档的类型。一个简单的安全计划可能适合许多过程区的需要。CMM 模型仅仅指明必须文档化的信息类型。

4. 获得安全保证

SSE-CMM 设计用于衡量和帮助提高一个安全工程组织的能力，但是否可用于提高该组织所开发的系统或产品的安全保证呢？

（1）SSE-CMM 项目保证目标

SSE-CMM 项目的目标中的三个相对于顾客要求而言特别重要：

- 为将顾客安全要求转化为安全工程提供可测量并可改进的方法，以有效地生产出满足顾客要求的产品。
- 为不需要正式安全保证的顾客提供了一个可选择的方法。正式安全保证一般通过全面的评价、认证和认可活动来实现。
- 为顾客获得其安全要求被充分满足的信心提供一个标准。

对顾客的安全功能和安全保证要求的精确记录、理解、并转化为系统的安全和安全保证需求至关重要。一旦生产出最终产品，用户必须能够检验其是否反映和满足了他们的要求。SSE-CMM 特别包括实现这些目标的过程。

（2）过程证据的角色

不成熟的组织可能会生产出高安全保证的产品；一个非常成熟的组织可能由于市场不支持高成本的高安全保证产品而决定生产低安全保证的产品。

无法依据广泛多样的关于产品或系统，满足顾客的安全要求的声明和证据而为安全工程提供保证。组织的 SSE-CMM 表示产品或系统的生命期遵循特定的过程。这种"过程证据"

可被用于证明产品的可信度。

某些类型的证据较另一些证据可更清晰地建立它们支持的声明。与其他类型的证据相比较时，过程证据常常作为支持性的和间接的角色。但是，过程证据可用作为广泛和多样论据，因而其重要性不可低估。进一步说，一些传统形式的证据和这些证据支持的声明之间的关系，也并非如其所说的那样有力，关键在于为产品和系统建立一个综合的论据体系，以确信为什么这些产品和系统是充分可信的。

至少，成熟组织更可能在同等时间和资金的条件下，可生产出适当安全保证程度的产品。成熟组织也更可能更早地识别安全问题，因而避免在发现问题后的实际解决方案不切实际时，牺牲安全保证要求，将安全需求同其他需求一样看待可使作为组织过程整体部分来执行的可能性大大增加。

2.4.3 使用 SSE–CMM 的一般步骤

任何一个过程改进的启动都需要一个系统的方法以理解组织内这些过程的角色。SSE-CMM 模型提供了一个框架，通过该框架可以理解安全的重要性和不断改进安全相关的过程。下面的几个步骤是作为 SSE-CMM 的"用户指南"来设计的，它提供一个结构化的方法，给感兴趣的任何组织的组成部分或实施安全工程的某些方面。这几个步骤概述如下：

过程自身的改进和过程改进的本身是一个持续的生命期策略，这个生命期由五个主要的阶段构成。这五个阶段包括：识别、承诺、分析、待补充、实现和再评价。此外，支持性管理成分贯穿于所有各个阶段。

1. 启动

对于任何过程改进活动的第一步是明白为什么要这样做。在安全工程情况下，促进因素可能是来自于潜在客户对安全过程能力的具体级别的要求，可能是顾客需要安全产品能够反映和满足他们要求的保证，也可能仅仅是安全工程师厌恶在最后时刻要求其将安全引入已存在的产品，而不是将这项工作作为整个开发生命期的一个整体部分，或者还有大量的其他原因。无论哪种情况，按照安全要求正确地理解检查过程的目的，对任何开发或改进都是至关重要的。

实施启动的商务环境越复杂，要求过程作为一个整体的承诺越强烈。商务目标或利益能与安全过程的开发或改进相结合，则管理层对改进有更大的支持。正如以前所述，管理在过程的检查和实施中将起到核心的作用。特别在这个模型中，管理在启动阶段的支持将为整个过程改进活动确定基调。

在第一阶段活动安排和管理安排确立后，组织必须配置一个机构来管理应用 SSE-CMM 模型的复杂问题。该机制的规模、结构和状况的特殊性将依特定组织的需求不同而不同。但这个机构要负责文档化工作并负责明确改进所期待的目标。

第一阶段是开发/改进生命期后面阶段的基础。如果不执行这个阶段，那么则很可能忽略一些重要问题从而导致该模型无效或不当的使用。

2. 诊断

过程改进（包括从没有过程到创建过程）基于组织当前状况和所期望的结果的理解。为了进行改进活动，需要对当前状况做某种形式的分析。通过系统安全工程，可感觉到应用 SSE-CMM 模型或者评定，是获得 SSE-CMM 项目的最佳方法。虽然，没有为 SSE-CMM 的评定规定特殊方法，但 SSAM 是一种由"项目"开发出的最有效的模型（SSE-CMM）设计出来的评定方法，是可用的。无论采用哪种方法论，所有参与者应该熟悉用于获得组织当前状态的过程。

理解组织所处的安全过程后，须提出如何改进的建议。一般情况下，这将由一个小组来完成，这个小组成员具备关于安全工程、安全分析和实现相关的专业技能、知识和经验。这些专家的建议和忠告通常对管理者继续改进的决策起很大的作用。因而对人员选择应该非常小心并且考虑对 SSE-CMM 的知识和熟悉程度。

3. 评价

分析阶段在本质上是组织的安全过程的基准，在此阶段之后，必须对所推荐的改进提出接收和实现的计划。这些计划必须包括设定优先级、开发实现方法以及过程改进实现的实际计划。

设定优先级时必须考虑资源限制（项目费用），各种提议改进之间的内部依赖性（产品开发初期集成安全功能可能导致初始版本的延误），以及组织整体商务策略的关系（顾客愿意为附加的安全保证费用）。设定优先级与开发步骤或实现策略也是相互关联的。

4. 应用

在一定条件认可后，应提出详细的实现计划。此计划包括组织要求的所有成分、资源、任务、里程碑等。

该阶段的适当的管理对第二部分生命期是关键的，尤其是优先级设定和方法确定方面。管理在裁决竞争目标和组织内部处于最好的位置。同样，由于管理层掌握对组织总体情况，可对商务方向不同的变化有更好的把握（例如试图完成更高的整体级别与巩固配置管理）。在计划阶段，过程改进生命期还包括分配完成计划所需要的资源。

在实际实现阶段，改进组织需将前三个阶段确立的改进投入实施。这是十分耗费时间和资源的，没有良好的计划和有力的管理支持是不能够完成的。

在这个阶段点，特定的过程改进和从建议到实际转换开始实施。这是新旧知识，技能，工具和信息的结合。需要再次指出的是，与管理的协调以确保计划的解决方案与整体商务目标结合是至关重要的，包括具有 SSE-CMM 知识的专家也被证明是关键的。

5. 学习

解决方案确定后必须加以测试。当新的或不同的过程会产生有广泛的影响时，缓慢地以有组织的方式逐步实施方案是重要的。组织机构应意识到解决方案可能有未预料到的影响，第一轮的方案/过程理论上可以解决问题但可能在实际的世界上实现时不能够完成预想的目标，因而需要调整。记住没有"完美"的方案，但有可接受的方案。仅当调整的过程真正可接受后才可应用于到整个组织，总之，所使用的方法论不仅依赖于过程的性质而且也依赖于组织自身的性质。

在新的过程实现之后或旧的过程改进之后，组织应该将改进的过程作为整体考察，并且分析是否达到了最初的目标及其代价如何，教训也应该被收集、分析和归档以备将来的过程改进实践使用。这也是 SSE-CMM 的一个必须的步骤。

必须强调安全工程是一个独特的科目，需要独特的知识、技能和过程来创建一个专用于安全工程的 CMM。这与安全工程将在系统工程方式下进行并不冲突。事实上，有明确定义和易于接受的活动可以使安全工程能够在各种情况下更有效地加以实施。

现代统计过程控制理论表明通过强调生产过程的高质量和在过程中组织实施的成熟性可以低成本地生产出高质量产品。对于安全系统和可信产品的开发，如果增加所需的成本和时间，就可保证更有效的过程。安全系统的运行与维护也依赖于联系人员和技术的过程。通过强调所使用过程的质量和蕴涵在这些过程中的组织实施的成熟性，可以更低成本地管理这些相互依赖性。

2.5 系统安全工程能力评估

在 SSE-CMM 模型描述中，提供了对所基于的原理、体系结构的全面描述；模型的高层综述；适当运用此模型的建议；包括在模型中的实施以及模型的属性描述。它还包括了开发该模型的需求。SSE-CMM 评定方法部分描述了针对 SSE-CMM 来评价一个组织的安全工程能力的过程和工具。

本节讨论系统安全工程能力成熟度模型评估方法（SSE-CMM Appraisal Method，SSAM），介绍指导评估所需要的基本知识。SSAM 包括指导评估按照 SSE-CMM 定义组织机构的系统安全工程过程能力成熟程度所需要的信息和说明。

2.5.1 系统安全工程能力评估

1. 阶段划分

安全评估可分为规划（Planning）、准备（Preparation）、现场（On-site）和报告（Reporting）4 个阶段。每个阶段由多个步骤组成，而且必须在下一阶段开始之前实行。包括目的、主要参与者、持续时间、可裁剪的参数及工作结束准则。图 2-12 列出了安全评估的 4 个阶段以及每个阶段包含的主要步骤。表 2-1 对评估过程的各阶段进行了说明。

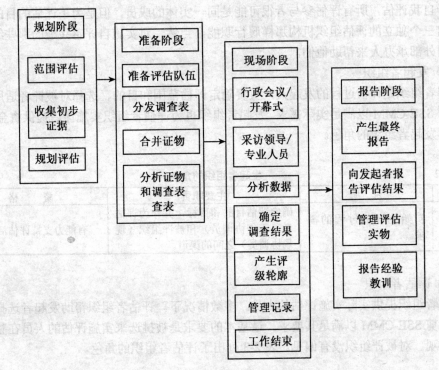

图 2-12 安全评估的 4 个阶段

表 2-1　　　　　　　　　　　　评估过程的各个阶段

阶　段	说　　　明
规　划（Planning）	为评估实施建立框架及为现场阶段作后勤准备
准　备（Preparation）	为现场活动准备各评估小组及通过调查表实施数据的初步采集和分析
现　场（On-site）	探索初步数据分析结果，以及为被评实体的专业人员提供参与数据采集和证实过程的机会
报　告（Reporting）	小组对在此前三个阶段中采集到的所有数据进行最终分析，并将调查结果呈送发起者（sponsor）

2. 安全评估的结果

安全评估的主要工作成果是调查结果简报和评估报告。调查结果简报包括评分轮廓和调查结果列表。评分轮廓表明机构每一个 PA 的能力等级，调查结果说明被评机构的强项和弱项，通常它是为发起者而开发的，但是在发起者的要求下也可交给被评估的组织机构。评估报告只写给发起者，其中包括有关每个调查结果的附加细节，以及发起者所需的调查结果暗示的问题。此外，应按照发起者的要求分发最终报告。

3. 评估参与者的角色和说明

与评估工作有关的组织为评估参与者（Participant），可以根据所起的作用分为发起者（Sponsor）、评估者（Appraiser）和被评者（Appraised）三种类型。每一个组织在确保满足评估目标中都将担任重要角色。下面的一些表格列出了主要参与者、他们的资格和在评估中典型的职责。注意一个组织内的每个个体都可以履行多种职能。

对于自我评估，所有评估参与者很可能是同一实体的成员，但是为了评估的目的，他们要像来自三个独立的评估组织机构那样履行职能。当然，对实施自评感兴趣的那些组织机构也可雇用外部承办人来帮助他们。

（1）发起者组织

发起者组织是评估过程的发起人，负责确定评估范围和目的、选择对被评者适用的项目以及裁剪 SSE-CMM 以满足实际需求。发起者组织也为评估者组织实施评估提供资金。表 2-2 中列出了发起者组织的角色。

表 2-2　　　　　　　　　　　　发起者组织的角色

名　称	说　明	主要职责	资　格
发起者	初始化评估过程的需求	确定评估目的和目标，并作为评估者（工作协调员）和被评组织（现场协调员）之间的渠道	有能力支持评估活动

（2）评估者组织

评估者组织提供实际实施评估的人员。多数情况下，评估者组织帮助发起者选择合适的项目和裁剪 SSE-CMM 以满足其要求。最基本的要求是被挑选来实施评估的人员在整个过程中保持客观、对被评组织没有偏见。表 2-3 列出了评估者组织的角色。

表 2-3 评估者组织的角色

名称	说明	主要职责	资格
评估小组（Appraisal Team）	参与评估工作的所有评估者组织的成员。	分发调查表；实施采访；分析数据和证据；产生结果和评分报告。	具有 SSE-CMM 知识；具有安全评估工作经验。
协理（Facilitators）	兼任评估小组的领导工作；评估小组的无表决权成员	确保评估正确地进行；与发起者组织（发起者）协调各项活动；制定评估进度表和保证评估进度。	具有 SSE-CMM 专业技能；具有多年安全评估工作经验。
证据保管人（Evidence Custodian）	保持对一系列证据的监管	确定、请求、收集、保护及处理由被评组织提供的证据。	很强的配置管理技巧。
表决成员（Votingmembers）	评估小组的决策人。	鉴别和分析数据和事件；产生调查（finding）和评级（rating）报告。	具有 SSE-CMM 专业技能；具有多年安全评估工作经验。
观察员（Observer）	评估小组的无表决权的成员。	协助表决成员和协理；获得使用 SSAM 的经验。	具有 SSE-CMM 知识；具有 SSAM 知识。

（3）被评组织

被评组织就是接受评估的实体。它可以是一个大组织机构中的一个单位，也可以是整个组织机构本身。究竟是哪一种，通常在宣布评估要求时由发起者决定，或由对有关提议进行投标的组织机构决定。表 2-4 列出了被评组织的角色。

表 2-4 被评组织的角色

名称	说明	主要职责	资格
现场人员	被评组织中与评估工作有关的所有成员	参加简要报告会；回答采访中提问。	被评组织的雇员。
现场协调员	联系人	在评估过程中协调被评组织的活动；联系评估者组织（工作协调员）发起者组织（发起者）。	具有被评组织结构、功能、政策及程序方面的知识；可能的话，是作出与评估成果密切相关决定的权威。
领导层	在被评组织中有高度权威的人	表示对评估的支持。	有能力迫使雇员参与评估。
领导层发言人	做领导层的发言人	在开幕会上向现场人员致辞。	被评组织的领导层。
工程主管	负责项目活动和人员	完成安全；评估调查表；回答采访中的提问。	对一个已批准项目的安全工程方面的疏漏负有责任的人。
专业人员	项目队伍的成员	回答采访中的提问。	直接或间接支持相关项目。

（4）人力需求

表 2-5 为一次评估的人力要求，它给出了一个完整评估（即用于三个项目的全部 SSE-CMM 过程区）对人力资源的典型需求。

表 2-5　　　　　　　　　　　一次评估的人力要求

评估角色	要求的人数	每人的小时数	角色总小时数
发起者（Sponsor）*	1	80	80
协理（Facilitators）	2	160	320
表决组成员（Voting team members）	4	80	320
观测员（Observer）	1	80	80
现场协调员（Site coordinator）	1	100	100
工程主管（Project leads）	每项目 1 人	10	30
专业人员（Practitioners）	每项目 6 人	4	72
总计	30	N/A	1002

*发起者的人力要求应视其在规划和准备评估阶段的参与程度而定。

4. 评估类型

（1）为获取而评估

SSAM 的制定是为了促进由第三方实施的评估，但也包含解释自评方法的指南。具体的评估目的将随评估提出人或发起者的需求而变化，这些目的将影响被评项目的选择和评估工作成果所表达出的信息，取决于实施第三方评估的理由，包括：合同考虑的资格；有资格的卖方的独立比较分析；为监视目的对现有卖方进行评价；保证客户的需要得到理解和满足；通过了解供应商的薄弱环节，对项目风险实行管理。

（2）为自身改善而评估

为自身改善而实施 SSE-CMM 评估，使组织能够洞察自身实施安全工程的能力。一般来说，为自身改善实施评估的目标包括：获得有关域问题的理解；了解新的组织实施的部署；确定组织的总体能力；确定过程改善活动的进程。

虽然评估要求对资源有实质性承诺，并承担给被评组织不可避免的带来的一定程度的干扰，但是，建立一个好的基本评估理论可以帮助发起者得到必要的合作来源和资源保证，这种基本理论也可以通过划定适当范围和规划来形成有效率的和有价值的评估成果的基础。

SSE-CMM 过程区和能力等级的选择、评估最终期限、报告结果的方式和评估中将包含的项目都会受到由发起者建立的目标影响。例如，如果一次评估的初步目标是要改善他们提供保证的能力，评估也许会把重点放在质量和证物的完备性上而不是放在整个过程改善的实施上。

总之，无论是顾客，还是供应商都对改进安全产品、系统和服务的开发感兴趣。安全工程领域已有一些被充分接受的原则，但目前仍缺少一个易于理解的评估安全工程实施的框架。SSE-CMM 正是这样一个框架，它为安全工程原则的应用提供了一个衡量和改进的途径。

2.5.2 SSE-CMM 实施中的几个问题

1. 评估安全风险

评估安全风险的目的在于识别出一给定环境中涉及对某一系统有依赖关系的安全风险。这一过程区着重于确定一些风险，这些风险是基于对运行能力和可用资源在抗威胁方面的脆弱程度的已有理解上的。这一工作特别涉及对出现暴露的可能性进行识别和评估。"暴露"一词指的是可能对系统造成重大伤害的威胁、脆弱性和影响的组合。在系统生命期的任何时候都可进行这一系列活动，以便支持在一已知环境中开发、维护和运行该系统有关的决策。也就是：

- 获得对在一给定环境中运行该系统相关的安全风险的理解。
- 按照给定的方法论优先考虑风险问题。

安全风险多为将会出现不希望事件的影响的可能性。当其论及与费用和进度有关的项目风险时，安全风险特别涉及对一系统的资产和能力的影响。

风险总是包括一种依赖于某一特定情况而变化的不确定因素。这就意味着安全风险只能在某一限度内被预测。此外，对某一特定风险进行的评估也会具有相关的不确定性，例如，不希望事件并不一定出现。因此，很多因素都具有不确定性，例如对与风险有关的预测的准确性就不确定，在许多情况下，这些不确定性可以很大，这就使得安全的规划和调整非常困难。

可以降低与特定情况相关的不确定性的任何措施都具有相当重要性，有鉴于此，保证是重要的，因为它间接地降低了该系统的风险。

由本过程区产生的风险信息，取决于来自 PA01 的威胁信息，来自 PA02 的脆弱性信息和来自 PA03 的影响信息。当涉及收集威胁、脆弱性和影响信息的活动分别组合成单独的 PA 时，它们是互相依存的。其目标在于寻找认为是足够危险的威胁、脆弱性和影响的组合，从而证明相应行动的合理性。这一信息形成了在 PA01 中定义安全需要的基础以及由 PA02 提供的安全输入。

由于风险环境要经历变化，因此必须对其进行定期监视，以保证由本过程区生成的风险理解始终得以维持。

实施清单包括：

- BP.03.01 选择用于分析、评估和比较给定环境中系统安全风险所依据的方法、技术和准则。
- BP.03.02 识别威胁/脆弱性/影响三组合（暴露）。
- BP.03.03 评估与出现暴露相关的风险。
- BP.03.04 评估与该暴露风险相关的总体不确定性。
- BP.03.05 排列风险的优先顺序。
- BP.03.06 监视风险频谱及其特征的不断变化。

2. 评估威胁

评估威胁过程区的目的在于识别安全威胁及其性质和特征。也就是对系统安全的威胁进行标识和特征化。

许多方法和方法论可用于进行威胁评估。确定使用那一种方法论的重要考虑因素是该方法论如何与被选定的风险评估过程中其他部分所使用的方法论进行衔接和工作。

本过程区产生的威胁信息与脆弱性信息和影响信息一起使用。当这些涉及收集威胁、脆弱性和影响信息的工作已组合成单独的 PA 时，它们是相互依存的。其目的在于寻找被认为是足够危险的威胁、脆弱性和影响的组合，从而证明相应行动的合理性。因此，搜索威胁就根据现有的相应脆弱性和影响进行某些延伸。

由于威胁可能发生变化，因此必须定期地对其进行监视，以保证由本过程区所产生的安全理解始终得到维持。

基本实施清单包括：
- 识别由自然因素所引起的适当威胁。
- 识别由人为因素所引起的适当威胁，偶然的或故意的。
- 识别在一特定环境中合适的测量块和适用范围。
- 评估由人为因素引起的威胁影响的能力和动机。
- 评估威胁事件出现的可能性。
- 监视威胁频谱的变化以及威胁特征的变化。

3. 评估影响

评估影响的目的在于识别对该系统有关系的影响，并对发生影响的可能性进行评估。影响可能是有形的，例如税收或财政罚款的丢失；或可能是无形的，例如声誉和信誉的损失，也就是对该系统风险的安全影响进行标识和特征化。

影响是意外事件的后果，对系统资产产生影响，可由故意行为或偶然原因引起。这一后果可能毁灭某些资产，危及该 IT 系统以及丧失机密性、完整性、可用性、可记录性、可鉴别性或可靠性。间接后果可以包括财政损失、市场份额或公司形象的损失。对影响是被允许在意外事件的结果与防止这些意外事件所需安全措施费用之间达成平衡。必须对发生意外事件的频率予以考虑，特别重要的是，即使每一次影响新引起的损失并不大，但长期积累的众多意外事件的影响总和，则可造成严重损失。影响的评估是评估风险和选择安全措施的要素。

当涉及与收集威胁、脆弱性和影响信息有关的活动被综合成单个 PA 后，它们是相互依存的。目的在于寻找认为是有足够风险的威胁、脆弱性和影响的组合，以证明新采取的措施是合理的。因此，对影响的搜索应通过现有相应的威胁和脆弱性进行一定延伸。

由于影响要经历变化，必须定期进行监视，以保证由本过程区产生的理解始终得到维持。

基本实施清单包括：
- BP.02.01　对系统操纵的运行、商务或任务的影响进行识别、分析和优先级排列。
- BP.02.02　对支持系统的关键性运行能力或安全目标的系统资产进行识别和特征化。
- BP.02.03　选择用于评估的影响度量标准。
- BP.02.04　对选择的用于评估的度量标准及其转换因子（如有要求）之间的关系进行标识。
- BP.02.05　标识和特征化影响。
- BP.02.06　监视所有影响中的不断变化。

4. 管理安全控制

管理安全控制的目的在于保证集成到系统设计中的已计划的系统安全，确实由最终系统在运行状态下达到。

其目标是恰当地配置和使用安全控制。

本过程区描述了管理和维护开发环境和运行系统的安全控制机制所需要的那些活动，这个过程区进一步有助于保证在整个时间内不降低安全级别,一个新设备的控制管理应该集成到现有设备的控制中去。

基本实施清单包括:
- BP.01.01:建立安全控制的职责和责任并通知到组织中的每一个人。
- BP.01.02:管理系统控制的配置。
- BP.01.03:管理所有的用户和管理员的安全意识、培训和教育大纲。
- BP.01.04:管理安全服务及控制机制的定期维护和管理。

本 章 小 结

随着社会对信息依赖程度的增长,信息的保护变得越来越重要。安全的关注点已从维护保密的政府数据,到更广泛的应用,如金融交易、合同协议、个人信息和因特网信息,而信息或数据的机密性、完整性、可用性、可记录性、私有性直至系统安全的保障都必须要考虑和确定。因此,系统安全工程应运而生。系统安全工程原理适用于系统和应用的开发、集成、运行、管理、维护和演变,以及产品的开发、交付和演变。国际上通常采用能力成熟度模型(CMM,Capability Maturity Model)来评估一个组织的工程能力。而 SSE-CMM 确定了一个评价安全工程实施的综合框架,提供了度量与改善安全工程学科应用情况的方法,也就是说,对合格的安全工程实施者的可信性,是建立在对基于一个工程组的安全实施与过程的成熟性评估之上的。本章从 SSE-CMM 的基础出发,给出了其关键概念、体系结构,分析了 SSE-CMM 的应用和系统安全工程评估方法。

习 题 二

1. 什么是系统安全工程?
2. 什么是系统安全能力成熟度模型?
3. 简述系统安全的三个过程。
4. 简述 SSE-CMM 的体系结构。
5. 系统安全能力评估分哪几个阶段?有哪些类型?
6. 什么是过程改进?如何使用 SSE-CMM 改进过程?
7. 收集国内外有 SSE-CMM 的最新动态。

第三章　信息安全工程实施

【学习目标】
- 了解信息安全工程对安全特性的贡献；
- 熟悉信息安全工程生命周期；
- 熟悉信息安全工程小组职责；
- 掌握信息安全工程对应的环节。

本章的目的是介绍与信息安全工程工作相关联的基本概念和各种典型活动，这些活动是一般系统工程中的特殊的线程或子进程。概括性地描述每项活动，并不打算把它们描述到一个完整的系统工程或信息系统安全指南的深度。每一项重要功能都包含一系列高深的技术性和特殊的活动。这些活动必由拥有足够经验和专门技能的系统工程和安全专业人员来指导和完成。

3.1 概述

信息安全工程涉及一个综合的系统工程环境中与信息系统安全工程实践有关的各个方面。

1. 信息安全工程重要性

①信息系统大量用于政府、国防、民用部门和个人。

②信息系统存在弱点和漏洞，使用者存在偶然或故意的违规操作行为，使得信息系统资源随着访问的增加而增加了被非法访问或使用的可能性。因此必须对政府、国防、民用部门和私人的信息与信息系统进行保护。处理、传输和存储信息的系统的复杂性和网络化，要求信息系统安全的方法和措施要有革命性的变化。

③技术的发展使得信息系统的获取方式正逐渐从专用系统向集成商用现货设备（COTS，Commercial-off-the-Shelf）和政府现货设备（GOTS，Goverment-off-the-Shelf）的新方向转移。在这种方式下，系统的开发、集成、部署要预先考虑费用、时间、技术诸多因素。信息系统安全专业工作者与客户、开发人员、系统集成人员密切合作就变得越来越重要。

2. 信息安全工程与系统工程关系

为了使信息系统安全具有可实现性并有效力，必须把信息系统安全集成在系统生命周期的安全工程实施过程中，并与业务需求、环境需求、项目计划、成本效益、国家和地方政策、标准、指令保持一致性。这种集成过程将产生一个信息安全工程过程，这一过程能够确认、评估、消除（或控制）已知的或假定的安全威胁可能引起的系统风险，最终得到一个可以接受的安全风险等级。在系统设计、开发和运行时，应该运用科学的和工程的原理来确认和减少系统对攻击的脆弱度或敏感性。信息安全工程并不是一个独立的过程，它依赖并支持系统工程和获取过程，而且是后者不可分割的一部分。信息安全工程过程的目标是提供一个框架，每个工程项目都可以对这个框架进行裁剪以符合自己特定的需求。信息安全工程表现为直接与系统工程功能和事件相对应的一系列信息系统安全工程行为。

信息安全工程是系统安全工程（SSE，Systems Security Engineering）、系统工程（SE，System Engineering）和系统获取（SA，System Acquisition）在信息系统安全方面的具体体现，如图3-1所示。

信息安全工程过程的目的是使信息系统安全成为系统工程和系统获取过程整体的必要部分，从而有力地保证用户目标的实现，提供有效的安全措施以满足客户的需求，将信息系统安全的安全选项集成到系统工程中去获得最优的信息系统安全解决方案。

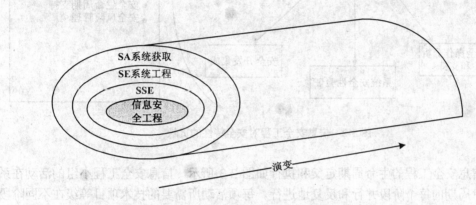

图 3-1　信息安全工程与系统获取和系统工程的集成与同步演变示意图

信息安全工程是对系统工程的一种约束：它需要逐步获得发展，并对集成的、生命期均衡的、满足客户信息系统安全需求的一系列系统产品和过程进行验证的解决方案。信息安全工程列出系统的安全风险，并使这些风险减至最少或得到控制。

下列事项说明了信息安全工程的定义和相关的信息安全工程过程。

- 业务所必需的安全需求；
- 满足客户、认可者和最终用户可接受的风险等级需求；
- 对信息安全工程进行精心的裁剪以满足客户的需求；
- 在实施时尽早把安全结合到系统工程过程中；
- 在对诸如费用、进度、适用性和有效性等的综合考虑中，平衡考虑安全风险管理和其他的信息安全工程考虑；
- 将信息系统安全的有关选项和能力需求与其他各种限制条件同时考虑并进行折中；
- 与客户的系统工程和获取过程进行集成；
- 使用标准的系统工程和获取文档；
- 应用产品和过程的两种解决方案；
- 在现场部署之后，继续进行安全生命期的支持。

3. 信息安全工程的贡献

信息安全工程对安全特性的贡献如图 3-2 所示，信息安全工程小组参与下列活动：系统总体规划，分析和控制，要求分析，设计，开发／集成，验证，运行和对有安全需求的系统提供生命期支持。

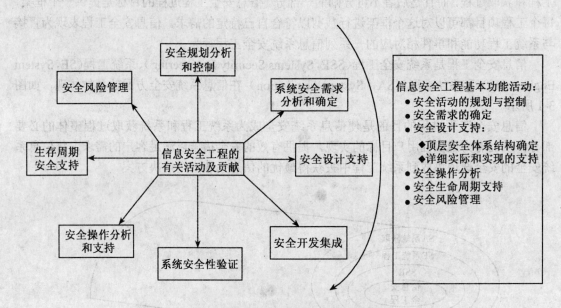

图 3-2 信息安全工程对安全特性的贡献

基本信息安全工程的生命周期定义和执行如图 3-3 所示,信息安全工程小组的活动在系统整个生命周期的每个阶段并行和反复地进行。每项活动所需要的技术项目等级在不同阶段

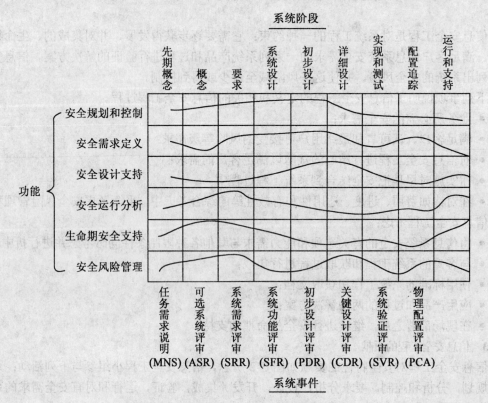

图 3-3 基本信息安全工程的生命周期和定义

各不相同。当活动的实质涉及证明和开发出作为活动成果的信息或概念时，除生命期运行和支持活动外，多数活动在这个阶段的开始就要求付出极大的努力和巨大的资源开销。早在过程的中期阶段，信息被提炼和更新，并变换为可以实现的系统方案；过程中间阶段的前期，信息或概念得到实现、验证并证实有效之后即投入长久的运行使用；在过程中期阶段的后期，信息或概念被使用、支持，并在必要时得到修改，最后进行部署。虽然安全运行和生命周期支持活动，始于过程早期和中期阶段的预期工程和获取程序级（acquisition program-level）的工程（即对获取程序本身安全需求的支持），但是运行和生命周期支持功能的大量工作项目一般出现在后期阶段。该阶段需要进行运行部署、使用、监控、支持和为了提供合适的系统安全特性而进行有效的测试修改。

信息安全工程过程包括了一系列与系统工程的各个阶段和事件相对应的安全工程功能。各种功能间的相互协调是反复运用图 3-3 的基本过程来实现的。图 3-3 中的每一竖格代表生命周期的一个阶段，每一横格代表了一个基本的信息安全工程功能。该图中两者的纵横交叉表明在系统的任一阶段，信息安全工程的任何一个功能都应考虑到。

虽然不同项目中的每一个阶段所花时间和精力可能不同，但一般统计情况是系统生命期中 85%的时间和精力开销是在系统开发的前 5%的时间内确定的，也就是说大量的精力花在生命期开发之后，花在系统的运行和支持阶段，花在大大小小的修改当中。这些统计数字说明了系统的各种有关人员应尽早一起讨论分析贯穿系统生命期的有关问题。系统工程流程和信息安全工程过程的目的就是找到解决问题的工程办法。

图 3-3 的信息安全基本功能的活动包括：
- 对安全活动进行规划和控制；
- 安全需求定义；
- 安全设计支持（包括顶层体系定义和对详细设计实现的支持）；
- 安全运行分析；
- 生命期安全支持；
- 安全风险管理。

在系统获取和系统工程生命期的每一个阶段和事件中，以上活动都是并行的，同时各个活动之间是互相影响的。在系统开发的不同阶段，涉及信息安全工程过程各功能的程度也是不一样的。每个信息安全工程功能至少有以下三种模式：为功能实现作准备；实现功能；当系统发生变动时或有新情况出现时，对功能作出相应的改动。例如，图 3-3 中的安全设计支持功能，在早期阶段包括为实现系统最终目标而制订计划、制造原型机或模型、进行模拟仿真和设计可行性研究等。对安全设计支持功能而言，在早期作业以后，紧接着出现了一个作业高峰。此时大量信息安全工程过程活动是实质性的设计工作，即完成系统功能和体系的定义，包括其中的安全措施和属性。当作业高峰过去后，系统设计也就完成了，并且体现在一系列的详细实现设计当中。当系统设计成熟并进行配置后，安全设计支持功能并未停止，它还要对系统进行修改更新，以使设计不断完善。图 3-3 中的安全风险管理功能有几个"峰"；如一个"峰"在系统被激活之前，与系统的安全认可有关；一个"峰"出现在系统概念定义阶段，与规定一个各方都能接受的安全风险有关。

这些信息安全工程功能活动的输出是一些将要融入系统级文档的有关安全方面的信息，如工程管理计划、需求文件、技术评审报告、决策评审报告、设计规范、试验计划和程序等。在不断重复的安全风险评估报告中，也需要用到信息安全工程的各种功能。这样才能对过程中任何时刻的安全风险作出正确的判断。在下面的各节中，将对信息安全工程关键活动进行描述。

3.2 安全规划与控制

系统和安全项目的管理与规划活动，开始于一个机构从业务角度决定承担该工程的时候。它们是信息安全工程过程的基本部分，因此要求它们必须成功。如果安全规划做得好，就能够为系统把安全需求转换为有效的设计与实现提供坚实的基础。规划和准备活动为建立安全需求的可跟踪性、基准程序和客户认可提供了平台。

一项重要的早期活动就是要组成恰当的多学科信息安全工程小组，以便将相关学科综合和协调到规划中去。这包括在较广泛的系统工程小组内确定信息安全工程的需求，并针对这些需求来组建信息安全工程小组。其他的规划活动包括：将在该工程过程中参与协作的客户/信息安全工程执行人员组合起来，以达到系统的成本、进度和操作运行的目标，当然包括安全目标在内。有效的规划和准备能保证恰当的信息系统安全工程输入会在系统工程过程的最佳点被接收，并且提供给适合的小组成员。信息安全工程小组也必须面对未来，并提供适当的计划来适应新的或正在扩展的用户业务需求、系统发展需要和变化中的技术。

3.2.1 商业决策和工程规划

作为商业规划决策的一个结果就是要指定信息安全工程小组成员和首席信息系统安全工程师。在工程的初级阶段，作出这个正式的商业决策之前，可能由信息系统安全客户联络代表来履行信息系统安全工程师的职责。

在商业规划决策过程中，首席信息安全工程工程师首先阅读现有程序性文件，并与客户就可能的小组安排和支持需求进行讨论，然后据此准备一份参与该项目的小组人员配备预案。信息安全工程小组也应当对与支持该计划的信息系统安全元素相关的其他直接费用支出作出预估，这些费用支出可能包括下面几项：差旅费、测试设备、软件或设施费用、工程工具费用和承包商支持服务费用。

其他与工程策略相关的活动还包括进度定义，必要的合同和工程文档策略的规划，定义和应用。如果这些因素中的某些因素出现大范围的重大变化，则信息安全工程小组应当通知负责的商业决策者，由他们确定对工程协议进行必要修订。

信息安全工程小组应当进行恰当的规划，以便实现图 3-3 所示 6 项信息安全工程主要功能中的每一项功能：安全规划和控制、安全需求定义、安全设计支持、安全运行分析和生命期安全支持，安全风险管理及其相关的安全验证和证实活动。信息安全工程小组还应当考虑其同安全认证和认可（C&A）小组的关系，并知道如何参与才能取得成功的安全认证和认可。有关这方面的问题将频繁出现在下面的内容中，包括本章各部分的主要信息安全工程技术功能。

特定安全功能活动相互之间以及同非安全相关的系统工程活动之间的反馈、协调和平衡，应当通过反复应用前面解释过的基本过程以及分析和控制等概念来完成。

3.2.2 信息安全工程小组

组建多学科小组的目的是要把恰当的学科集成到满足可操作、低成本和符合进度安排目

第三章 信息安全工程实施

标的协调的信息系统安全工程，相关的功能角色及其关系如图 3-4 所示。在制定项目的总体系统工程管理计划（SEMP，Systems Engineering Management Plan）时，信息安全工程小组应当协同系统项目办事机构（SPO）和系统工程师们一道工作。总体系统工程管理计划是一份综合性文件，它描述如何管理和实施全面的综合性工程工作。

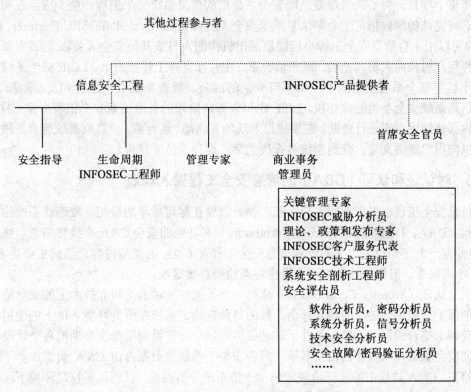

图 3-4　信息安全小组的功能角色及其关系

首席信息系统安全工程师领导着整个信息系统安全工程小组，同时也在广泛的系统工程小组内充当首席信息系统安全专家。信息安全工程小组所扮演的角色，包括充当安全指导和生命期信息系统安全工程师，并由其他小组的信息系统安全技术专家进行协助。对于较小的项目，可能要求首席信息安全工程师去充当信息安全工程小组的若干甚至是全部的功能角色。而对于非常大或急需的项目，则可能需要若干人来扮演信息安全工程小组成员的角色。信息安全工程小组成员的实际数量，基本的信息系统安全人员，以及他们各自的工作水平应根据工程项目的规模、敏感性和可用资源的相对优先权等的不同而各异。

在项目开发初期，信息安全工程小组应该做的也是最重要的事情之一就是要同客户方建立积极的工作关系和良好的通信联络。其目的是为了理解项目的目标、费用和进度参数、项目的获取和工程方法以及系统工程和获取小组结构等。一般说来，通过站点访问是必要的；在不能实现物理方法进行联络的时候，通过使用自动化和电信业务的"虚拟"方法进行联络是必不可少的。信息安全工程小组需要同客户在下面两个方面达成相互理解：一是信息安全工程小组在系统工程和获取过程中的作用；二是它应当如何与系统用户、系统开发/集成小组和 C&A 小组进行最佳的相互协作。在客户（或其承包商）尚未配备安全专员与信息安全工程小组进行相同级别讨论所有问题的情况下，双方应当共同工作以决定如何最佳地克服交流障碍。选择方案可以是提升客户和/或承包商的许可级别;也可以在必要时用批准的联络站作为中介;或者是使用在技术层面上的方式向用户或承包商提供信息,但要"清除"他们在目前尚未得到授权就可以看到的任何信息。

从完成开发直到至少是系统创立或系统具备完备的运行能力为止,信息安全工程小组都要跟随整个项目。为了提供覆盖系统整个生命期的信息系统安全工程,至少应当在初始开发周期即将完结的时候指定生命期信息系统安全工程师(Life-Cycle INFOSEC Engineer,LCIE)。LCIE 可以由来自信息安全工程小组的原派出机构的人员或其他安全人员以及/或者来自客户或最终用户机构的人员来充任。理想情况下,在并行支持工程能力上,LCIE 应当是信息安全工程小组在整个系统生命期中一个不可分割的部分。随着系统进入运行和支持阶段,LCIE 接管信息系统安全小组的领导权。LCIE 也可以像前阶段的首席信息安全工程专家一样,在需要时由其他技术专家进行协助。在系统投入现场并启动、运行后,一直到系统废弃阶段,LCIE 都可以向用户提供支持。直到系统被报废之后,这种支持才结束。

3.2.3 对认证和认可(C&A)的信息安全工程输入规划

信息安全工程小组应当同客户一起工作,以便在尽可能早的最初阶段确认系统的指定批准机构(DAA,Designated Approving Authority)和其他的安全 C&A 小组参与者,然后再同 C&A 小组一起工作以便定义和规划信息安全工程对 C&A 的支持内容。虽然主要是 SPO 同 C&A 小组联系,但信息安全工程小组也将同他们直接接触。

安全认证(Security Certification)是对一个系统在技术上的和非技术上的安全特征,以及其他保护措施综合进行的独立评估,目的是确定特定系统在所处环境条件下的使用满足指定安全需求集合的程度。理想条件下,认证活动应分布在系统整个生命期的各个阶段。安全认证同安全验证和风险评估相互联系,应当在整个系统生命期内由 C&A 负责人员不断地评审和修正。C&A 过程中的认证阶段应包括一份系统分析说明,以确认在特定环境下运行一个具有特定对抗措施的系统时可能出现的安全风险。

安全认可(Security Accreditation)的规划也应当在系统生命期的开始阶段完成。安全认可是由独立的 DAA(Designated Approving Authority)给出的正式安全声明,即声明一个系统如果是在使用指定保护措施集合的特定环境内运行,那么是获得批准的,而且认可应强调以认证期间所识别的残留安全风险为基础。DAA 对授权与安全相关的系统操作负有不可推卸的责任。由于系统的安全风险在系统的整个生命期都会有所变化,所以 DAA 必须在整个系统生命期保持积极介入。安全认可与安全证实和风险管理决策等都紧密相关。

如果 C&A 小组或 SPO 没有特别要求的话,信息安全工程小组应当努力提供 C&A 所必需的全部信息系统安全信息和产品,以成功地完成安全认证工作项目并取得有利的安全认可决策。信息安全工程小组应当意识到任何对策略驱动的安全需求的弃权或其他的"需求免除"可能造成的影响,这些需求可以是 DAA 先前同意的,或者是在合适情况下应 SPO 或系统用户的请求可以同意的。认识了独立 C&A 的作用后,信息安全工程小组应当设法同 C&A 小组一起工作,以最大限度地减少可能的重复工作,尤其是在认证分析和相关"证据"搜集方面的工作。

信息安全工程小组提供给 C&A 的东西包括:
① 安全目标和需求陈述;
② 安全保证规划;

③安全威胁分析结果；
④安全相关的设计信息，包括接口规范；
⑤与外部系统接口相互作用的信息（从对这些系统的功能、性能和安全情况的观察中得到）；
⑥需求验证可跟踪模板（Requirements Verification Traceability Matrix，RVTM）或别的相关决策数据库信息；
⑦系统安全运行计划、方案和其他分析；
⑧生命期安全支持计划；
⑨安全测试或其他验证计划和数据；
⑩安全风险评估/风险评审报告；
⑪适用的产品安全特性文件和产品安全评估报告；
⑫合适时，参与C&A相关的工作组；
⑬系统安全评估和描述判决的轮廓（只有已完成时才做）。

既然安全C&A仅仅是系统总体过渡为运行和支持中的一部分，那么信息安全工程也应当注意了解其他形式的系统验收准备与决策，并提供恰当输入。例如，除了C&A的特定安全计划之外，许多用户还可能拥有系统过渡或验收计划，包括系统运行状态和可支持性等各个方面。这些计划中的过渡时期的决策者可能是也可能不是C&A的安全DAA人员。对于不采用正式C&A管理过程的任何用户，系统总体验收机构可能会充当安全认可者的角色，安全认证活动可能由信息安全工程小组来完成（如果安全危险程度需求达到额外的安全保证，则可能需要得到独立验证和证实（Independent Verification and Validation，IV&V）小组的帮助）。

3.2.4 信息安全工程报告

1. 用户/同级小组报告

信息安全工程小组应当向客户提供一致的工作情况和进展的信息，并快速地传达那些应当进行讨论或应当提请客户注意的问题。如果没有更多要求或不需要结构性调整，则建议信息安全工程小组每月要同至少包括SPO（或者加上C&A参与者）在内的同级工程小组进行多次联系。

在合适的时候，作为定期现场访问或是工程技术评审，信息安全工程小组也需要亲自向客户定期陈述工程情况。这些将有助于在项目实施中进行修正，或提供技术信息和共同讨论问题（例如关于安全风险评估团评估简报）。

信息安全工程小组可能希望采用用户同意的技术说明方法来完成进展报告，同时也帮助自己跟踪项目进展情况。

2. 组织的管理报告

除了上述向用户提供的报告外，信息安全工程小组应当在每一次重要项目阶段评审之前为组织的管理人员整理出恰当的简报（例如：对比性系统评审，初步设计评审等），以便为他们提供相应的技术和情况的信息。简报的频度、内容和管理等级将因情况而异，并需进行合适的裁剪。信息安全工程小组也应向相应的机构管理人员提供报告，以保证管理部门拥有管理和支持信息安全工程过程所必需的信息。

没有异常安全风险或其他敏感问题的小工程项目的信息安全工程小组，有可能在重要项目技术评审之前非正式地发出近期管理简报，也许可能每周或每两周同监督人员进行一次关于进展情况的讨论,也可以使用相同的频度通过电子邮件发送非常简明扼要的书面情况报告。相反,带领由多人组成的信息系统安全小组的首席信息安全工程工程师,在实施具有较大前瞻性、敏感性和较高风险的项目时,也许会每季度或每半年才向上级主管部门提交正式的小组报告书,但同时会比较深入和比较频繁地向上级主管部门汇报情况,以期在需要的时候得到他们的支持。也可以把信息提供给更高级别的管理部门,并同一线监督员保持较紧密的联系。

简报应当证明信息安全工程小组遵循了原定的信息安全工程过程,而且应当向管理部门提供有关工作质量和成果方面的一些建议。在项目的初期,要讨论简报如何裁剪信息安全工程过程以适合客户项目需求,评审了解用户的运行和获取方面以及安全能力需求等方面的早期工作。其后的简报应当确定信息安全工程小组已经完成了的活动,并与先前简报中的工作计划进行比较。

其他的信息可能包括:
①收到的用户对有关信息系统安全支持和成果方面的反馈意见;
②系统(如高层次方框图)描述;
③建议的安全方案(即如何满足用户的安全能力需求,什么样的产品将提供哪些安全服务,已经选择了什么样的安全保证措施等);
④安全风险评估结果(包括系统的安全风险程度)以及用户/C&A 小组关于这些问题的看法和决策;
⑤进度;
⑥信息安全工程人员配置和其他资源问题;
⑦技术策略变化或根据早期简报得出的风险数据。

根据简报,管理部门在理想情况下应当能够断定经过裁剪的过程是否适用,客户是否满意信息安全工程小组的工作。

3.2.5 技术数据库和工具

1. 决策数据库

系统工程工作项目应当确定一种方法来使用和维护技术决策数据库。决策数据库是系统工程数据的集合。它提供从最初陈述的需求到现行系统产品和过程描述的审计线索。这种审计线索既可以是非正式记录,也可以是非常复杂的、由多人小组通过网络维护的在线工程数据库。这取决于工程项目的复杂性和合适的方式。决策数据库在系统需求和方案改进时将维持对它们当前状态梗概的快速记录和历史记录。另外,它为需求跟踪分析提供手段。

决策数据库应该包含如下一些因素:
①集成的系统需求并进行分配给配置项目(CI);
②接口的限制和需求;
③系统概念、初步设计和详细设计级的可选择方案;
④选定设计的全部文档;
⑤验证;
⑥决策标准;
⑦折中研究评估;
⑧原理图集;

⑨模型和仿真；
⑩设计图与详图；
⑪配置文档和变化控制手段；
⑫可跟踪审计线索。

信息安全工程小组应当按要求设法向系统决策数据库提供信息并从系统决策数据库获取信息。在理想情况下，这可能包括直接访问系统数据库。若不可行，信息安全工程小组可采用硬拷贝或电子方式交换信息。

为了方便多学科工程小组共同访问公共的和集中控制的需求数据库，给需求说明加上"标签"，以便在高层面上标明它们所属的各个功能领域或技术科目，这种做法往往很有用。例如，对软件、安全性、人机接口和系统级需求（共享的）可分别加上"SW-1"，"SEC-2"，"HMI-5"和"SYS-6"标签。

专家个人也可能需要维护非正式的工作帮助信息以分析对他们有用的需求。当从技术评审角度提供特定技术描述，或者提交如安全风险评估报告这样的专题文件时，他们也常常希望提供关于这些需求的简明摘要。然而，若选择这些节省劳动力的技巧时，专家们应共同工作以确保工程数据库的完整性得到维护。必须特别小心，不能让专家各自的工作项目附属物（有意或无意地）混入到需单独维护和非协同的系统需求子集中去。

2. 知识库的增长和"重用"

为了促使信息安全工程过程成为更有效、更正规的工程实践，信息安全工程小组应当从"信息系统安全"知识库吸取知识并给它增加知识。

信息安全工程专业人员对知识库的贡献包括通过结构性的和非结构性的知识共享渠道进行数据输入和信息反馈。这些渠道包括：

①同工作中心的同级人员、高级技术领导和管理人员可以非正式地分享信息安全工程思想、经验和输出。

②传播经过质量检查的"运用示例"。如安全需求说明、安全保证准则、系统或配置项目（CI）级的安全设计模型、设计方案和体系结构分析、安全风险评估/风险评审报告、系统和产品安全轮廓报告、安全威胁评估分析、安全评估报告、用于工作项目承包说明或数据项描述注释的语言、安全测试计划等。

③给更集中的连机（在线）资料库进行数据库输入，如输入与特定安全威胁、弱点、漏洞、应对措施和攻击等有关的数据项。

④列出参考目录和参考资源的工作帮助信息。

⑤专业技术和工具。

⑥"经验"报告（关于成功的和不成功的活动经验）。

⑦丰富信息安全工程培训课程所使用的经验和信息。

⑧张贴在电子公告牌上的非正式评注。

⑨较正式发行的关于"如何做"的指南和技术论文。

3. 工具的选择和使用

可能影响信息安全工程功能的技术规划的问题就是对自动化工程工具的选择和使用问题。

有很多的工具可以用于需求定义、设计、软件和硬件实现、测试和分析、运行方案建模、技术文档发布和工程管理等。在可能的地方，信息安全工程小组应当使用与 SPO、系统开发/集成小组直接兼容的文字处理和技术工具实现信息共享。这种兼容性可以通过使用完全相同的产品集，和/或通过使用在不同产品和环境之间的数据交换来实现。信息安全工程小组应当能够以恰当的数字格式向其他的小组成员提供信息，也应当能够接收合作伙伴的数字格式信息。

3.2.6 与获取/签约有关的规划

1. 获取/采购策略

开始建立新系统和改进现用系统必然遇到的普遍性问题，是选择一个最适合的获取策略和运行环境。基本的问题包括：组织机构是自己组织购买要获取的项目，还是通过诸如新合同、修订合同或者雇请承包商按照现有"一揽子"合同订单间接购买。各种约束条件适用于下列情况：

①在一般领域内或针对具体项目的专业技能技术支援，对组织的工作人员提供必要支持。

②独立的验证和证实（IV&V）。

③系统、子系统或组件的开发/集成。

规划工作应当仔细地检查信息安全工程小组同 SPO 所雇用的任何承包商之间的关系，以及信息安全工程小组自身可能需要承包商支持的程度。需要考虑的问题包括：

①支持 SPO 所需的技术任务，参与信息安全工程小组以及组织和承包商团队之间的折中方案。

②最合适的承包合同类型。

③信息安全工程小组在恰当的时候参与对承包合同的监控（例如，信息安全工程小组的人充当项目招标官员的代表（Contracting Officer's Representatives，COR），信息安全工程小组的人在合适时参与奖金的评估）。

④信息安全工程小组为支持承包合同相关活动所必需的差旅需求。

⑤对合同的作业陈述（Statement of Work，SOW）提供信息安全工程输入和注释的进度和方式，包括必要的信息系统安全折中方案研究、IV&V 活动或设计评审内容等方面的输入。

⑥把信息系统安全的输入提炼成合同上的系统技术规范，提供系统技术规范或 SOW 所包含的适当参考资料（例如指南、标准、准则、保证的分类定义等）。

⑦对每个相关合同或业务订单的合同数据需求的输入，包括对数据项说明和 SOW 语言的恰当补充。

⑧源识别和选择的制约。例如：

- 将信息安全工程需求导入源识别的市场调查中，因为合同活动并不受全面竞争的影响。
- （技术）"白皮书"的审核。
- 将信息安全工程需求导入到建议的准备指令中，包括对任何信息系统安全建议内容的指令，例如对支持该建议的安全设计中的安全基本原理进行展示。
- 将信息安全工程需求导入到源选择规划中，包括在信息系统安全和信息安全工程领域筛选提议者的准则（即人员资格和其他合作能力），以及评估提议者技术建议的安全方面问题的准则。
- 信息安全工程小组作为源选择委员会的成员参与工作（至少参与评估上述面向技术和

协作能力的方案选择)。

⑨将信息系统安全需求输入到技术性能的度量集合中。

⑩合同的安全技术规范需求——供承包商使用的安全分类指南,承包商个人许可证需求,保密电话和传真的能力,提供的保密存储,会议场所,系统测试或分阶段实现的实验室空间以及分类文档的生产能力等。

2. 预规划的产品改进(P^3I)策略

预规划的产品改进策略(Pre-planned Product Improvement Strategy),是对已完成系统所作的已规划的改进策略。它把具有重大风险或延误(或当时无法负担的支出)的因素推后。虽然被推迟的因素在并行或其后的工作项目中才能进行开发,但是该系统还是可以投入使用。一些预备措施、接口和可访问能力要被预先集成到基础系统的设计中去。这样,当被推迟的因素在后来变得可实现时,就可以把它非常方便地结合进来。

信息安全工程小组和 LCIE 有时需要支持用户去准备 P^3I 策略。这可能包括找到可作出若干变更以降低安全风险的情况,而降低这些安全风险的措施由于费用、进度,技术或其他限制在当前开发周期内无法使其实现。信息安全工程小组也应帮助保证实施用户 P^3I 策略项的系统,仍能符合系统安全需求能力的需要,也就是说增加的或改进的功能不会无意中使安全风险变得不可接受。

3.2.7 信息系统安全保证规划

与信息系统安全相关的保证技术,被用来把安全功能需求同相关联的可测量的强度和/或信任级别结合在一起。实现安全保证的技术包括测试、分析、过程控制、评审和其他开发以及 IV&V 实施。信息安全工程专业人员应当懂得:许多与开发方法学相关的"信息系统安全保证",都和较广泛的系统工程领域的通用技术有关。信息安全工程应当担保信息系统安全保证同系统级规划和实施,以及系统或组件开发小组的其他人的开发实施恰当地结合起来。

总之,安全保证规划应当反映一种方法,用以确定用户重视些什么,如何将它们划分等级,然后如何保证给予它们同其等级相当的保护。这种方式依赖于"统一的信息系统安全准则(Unified INFOSEC Criteria, UIC)"所作出的描述。信息安全工程小组应当帮助制定系统安全保证规划。这种安全保证规划信息应当反复地包含在恰当的系统文档中。例如,要进行的评审及其内容可以编入"程序管理计划"、SEMP 和/或软件开发计划,而需求分析可以编入技术规范和/或测试模板,过程控制项目可以编入 SOW。安全保证规划应当包含一张在系统的整个生命期都要应用的安全保证技术清单。每项安全保证技术的时间和范围应包含在这个计划内。

由于并非构成系统的所有功能都要求相同的强度和可信度,所以安全保证规划应当明确指出保证等级的级别(例如"高"、"中"、"低"的安全保证等级),并描述每个级别的相关技术集合或其他标准,还要描述集中应用该技术集合提供期望的安全强度和可信度的一个特定环境。为了确定这个安全保证等级,信息安全工程小组必须同客户一起工作以确定一个负面(即违背安全需求)的安全结果(即事件/后果)清单,对清单进行排列并将其分为若干类别,每个类别都要求有自己清晰的安全可信级别,在这个级别上负面事件将不会出现。客户所表示的优先权清单应与独立的标准进行比较,以此为客观基准点。强度和可信度等级也应当与威胁问题建立对应关系。排列好的安全保证等级应当与抵御潜在敌方可能发动进攻的等级,及其技术能力、投入资源的能力和动机相关联。

例如，要考虑下述三方面的用户需求、优先级以及客观基准。

①负面事件清单可以包括："非法泄露核武器发射程序给确定的、手段精良的敌对方"，"非法泄露机密信息给在一定程度上受到刺激的、未取得许可证的用户"，"被偶尔受到刺激的和技术上不太熟练的用户非法修改了下周午餐菜单的电子公告"等。防御这些事件的安全需求可以分类为"高"、"中"、"低"（或"无"）等安全保证级别。

②另一份负面事件清单可能包括："非法泄露绝密类情报的来源和方法"，"非法泄露5亿元以上过户账号的国际银行代码"，以及"非法泄露绝密专用的访问内部军事秘密的技术"。为防止这些与已知的、高技术的、手段精良的和极易被激发的威胁有关的后果，有关安全需求可能都会是最高级的安全保证。

③再一份负面事件清单或许包括："非法泄露可能令人难堪的个人电子邮件信息"，"非法修改私人在线约定条目"，以及"非法小规模个人使用公司的文字处理和打印设施"。在不进行特别考虑时，这些事件或许只与"低（或无）"保证级别相联系。

通用准则（Common Criteria，CC）意在提供一组适用于信息安全工程的安全保证需求和轮廓的标准。在这组标准或等效的其他现代标准可以使用之前，仍可使用具有把保证机制配置到分组类别上的一些现行通用标准（比如"橘皮书"、"可信软件开发方法学"等标准）。然而，在使用这些参考标准的过程中，信息安全工程小组应当确保为每个独立的功能性安全需求保留一份特定系统、特定用户需求信息和有关上下文环境需求信息（而不是随意地声称系统必须是"橘皮书"COMPUSEC 中的 B1 级或 TSDM（Trusted Software Development Methodology）的第4级等）。

3.3 安全需求的定义

系统特有的安全需求定义一般在两个级别上给出：从用户角度给出高级操作运行需求定义和从系统开发者或集成者的工程观点提出的更正式的需求规范定义。安全目标也可以在业务域定义或在商业企业/环境级别上定义，而忽略域中所包含的各个独立的子系统。这一节首先评述用于一般需求定义的系统工程过程和方法，然后讨论一般的安全性特有的课题，以及与安全需求定义相关的信息安全工程活动和整个系统生命期内务活动的阶段划分问题。

3.3.1 系统需求定义概述

1. 系统级运行需求定义

在一个项目生命期的先期概念阶段，将定义和文档化与新系统能力相关联的业务（或任务）需求。一个任务是一项特殊定义的作业，它需要利用某个系统并以此支持一个或多个组织的职责。相应地，业务能力需求定义可认为是描述机构的运行作业或问题，而且这些问题通过现有能力或完全使用非技术性手段在目前是无法解决的。对于这种能力上的缺陷，MNS 认为最好是建立新系统并作为解决业务能力缺陷的方案。一般说来，MNS 文件将由客户机构写出，而且应当在非常高的级别上用系统用户的语言来表达。一旦拟就草案，必须由官方来正式确认 MNS 的有效性，而且获得资金支持，才能开始进一步的开发工作。信息安全工程小组应当知道，各个 MNS 在可用资源方面存在争议，并非所有的 MNS 都可得到批准和采用。

业务需求引导"可选择系统评审"（Alternate System Review，ASR）过程中开发的一些可选择系统概念。这些需求将进一步分解为正在审核中的可选择系统概念的高级系统需求。

这些系统需求一般在用做选定系统的初始运行需求文件（Initial Operational Requirements Document，IORD）中用文档加以确认。在这个级别上，需求文档主要是有关功能和性能的文档，它们应该包含尽可能少的设计限制，而且应当避免将设计规范和实现规范作为一部分引入正式的运行需求集合中。

2. 系统级需求分析和规范

系统级需求分析和规范是为了确定系统每个主要功能的安全需求和其他需求，并用无歧义的可试验术语说明这些需求。这些术语能表征所需能力、操作适用性必须达到的性能级别以及必须满足的任何限制。需求分析也包括评审全套需求，以保证其完全性，识别相互依赖性和解决任何冲突，保持所获得的特殊系统规范的恰当平衡。过度规范的需求一般可导致降低灵活性、对潜在可行解决方案的排斥性、增加复杂性、较高的开发和支持费用、较低的可靠性，较多的定制需求和产生其他不希望有的影响。太不规范的需求则可能使系统对其预期应用不可认证，或难以按合同对开发进行管理，缺少某些必要能力（由于规范中未具体指定或存在不希望有的属性），而导致使用受到约束和限制。

需求分析的结果将通过运行需求文档（Operational Requirements Document，ORD）进行文档化，并应该在"系统规范"中以更详细的方式文档化。"系统规范"必须以用户和广大技术专家可以理解的术语清楚、准确地阐述对系统的技术和业务需求，将需求分配给重要的功能领域，用文件形式确认设计限制，定义功能领域之间或之中（系统内部的和外部）的接口。"系统规范"常常附有一个 SOW 文档，它是通过合同采购所获得系统的法律性强制执行的技术需求文件。

多数的需求定义活动一旦通过适当的阶段评审，经必要的折中决策和风险分析并得到有关决策者的批准后，便被认为已经完成。在某些情况下，连续的需求分析可能需要对先前产生的顶级需求文件作些修正。这些修正的示例可能包括一些新需求，它们可以是由于环境变化，由于正式批准的折中决策，或由于通过系统工程过程获得的对高层运行需求的更好评估而产生的。系统工程决策数据库应当保存这些变化以及它们的基本原则，同时还应对改进的需求作仔细研究，以确定它们是否导致项目进度、费用、风险或其他参数的提高（或降低）；或它们是否引入冲突或同其他系统需求产生别的相互依赖性，应当避免随意变更。在所建议的需求变化被批准纳入系统"现行"需求集合之前，这些问题必须全部得到解决。

当需求集合是完整的并被批准后，"功能基线"也就确定了。"功能基线"由最初批准的文档组成。它描述系统的功能、性能、互操作性、接口需求，以及为了说明这些具体需求的作用所需的验证。在开发工作的后期，也要为"配置项目"（CI）定义"功能基线"。

3. 系统需求定义和可跟踪性

"需求分析"被定义为对系统特有特性的确定。这种确定基于对客户需求、要求和目标、业务、人、产品和过程的预期使用环境、限制和效率等的分析。这种活动的输出应当是一组恰当的需求陈述，对用户是可理解并得到用户同意的；这组需求的陈述对广泛的阅读群是完整的、清晰的和准确的，而且是可以通过试验、论证、检查或分析（包括仿真模拟）进行验证的。需求可以是正面的，也可以是负面的，即是说它们不仅可以阐述用户期望系统要做的事，而且可以阐述用户期望系统不应显示的或不想要的行为或特性。恰当地选择和使用自动化工具，常常有助于分析者在整个系统工程过程中发现、确定、分解、管理和验证系统需求。

应当在需求验证可跟踪模板（Requirements Verification Traceability Matrix，RVTM）内保持整体层次性需求陈述的可跟踪性。对于大型需求集合，自动化工具用于跟踪数据的维护和验证；对于简单工程项目，人工维护 RVTM 就可满足要求。当需求被充分分解时，它们将被分配给功能和物理系统组件，包括正式控制的配置项和其他组件，同时也被分配给测试和评估规划，以建立工程的一致性。可跟踪分析必须保证每个原始的需求（或是对其"父系"需求进行了详细规范的"子系"需求集）被覆盖在系统验证（即测试、论证、检查、分析）的适当阶段和适当类型之中。满足了所有系统需求的系统，才被认为是有效的系统。需求的可跟踪性，尤其是对功能性和物理性设计的验证、测试程序和物理配置中的后期应用的需求可跟踪性，应当由与负责系统开发者/集成者无关的人员来认真地完成或至少是由他们进行审计。对较大型和较关键的项目，选择一个有经验的独立的系统验证和证实（IV&V）小组进行需求跟踪是合适的。

应当用一份完整的系统需求文件来考虑和定义几种类型的需求。一般说来，这些需求包括功能和性能需求、接口和互操作性需求、设计限制以及导出的需求。

（1）功能需求

表示必须完成的业务、行动或活动。

（2）性能需求

表示必须运行的业务或功能的程度，通常用质量（高低）、数量（多少）、覆盖范围（距离、范围）、及时性（怎样响应、响应的频度）或实现情况（可用性、平均无故障间隔时间）来度量。性能需求最初是利用用户需求、目标和/或需求陈述，通过需求分析和折中研究来定义的。性能需求要针对每个已识别客户（用户和供给商）的业务和每一项基本（系统工程）功能进行定义。

（3）接口需求

表示功能的、性能的、电气的、环境的、人员和物理的需求与限制，它们存在于两种或多种功能、系统元素、CI 或系统之间的共同边界上。

（4）互操作性需求

表示规定系统、单元或人员所需要的能力，他们用这种能力向别的系统、单元或人员提供服务，或从别的系统、单元或人员处接受服务，以及用这些服务进行交流以达到有效协调运行。

（5）导出的需求

一般是在初级产品或过程方案合成期间和相关折中研究与验证期间被定义的典型特征。所谓导出，是将一些显然的东西变成一些成熟的系统概念，这些概念被反复地研究、定义和评估，因此常常不可能立即通过 MNS 或 ORD 对其源需求进行直接跟踪。但是，它们却是系统实现其预定功能所必不可少的。因此，一旦确定，就必须在系统的总体需求层次内用文档进行识别。

（6）设计限制

它是开发者/集成者在分配性能需求和/或合成系统元素时必须遵守的边界条件。这些设计限制作为先前决策的结果可以是外部强加的（如安全、环境），也可能是内部强加的。这些先前的决策限制了后继的设计选择。这种限制的示例包括：形式、装配、功能、接口、技术工艺、材料、标准化、费用和时间。

3.3.2 安全需求分析的一般课题

这一节考察在安全目标、需求和要求的分析和定义中所涉及的一般性课题。

1. 安全规则和政策解释

首次信息系统安全需求分析活动，应当包括全面审查和考虑一切适用的、与有关安全标准或目标体系结构相符合的规则和政策性指令。在这一个步骤里，需要对由国家、国际机构、地方和企业发布的保护涉密的和敏感的非涉密信息的强制性和指导性的法律体、规则、机构政策与指南等进行分析和解释。政府通过国家主管部门的指令、国家标准和行业标准以及由政府授权的代理机构的规划和指导，提供保证信息系统的综合安全指南。为业务域定义的安全目标，以及为系统获取项目所开发的具体项目的需求和要求，必须保证系统所提交的强制性需求是足够的，并保证遵守适当的指南和方法论，这些强制性规定的解释同用户和指定审批机构（DAA）自己的参考和解释框架（包括 DAA 许可的任何机构）是一致的。从安全规则和政策评审中提取出的某些需求和表达的客户的操作运行安全需求是难于区别的。然而，在其他情况下，政策条款却可以给某些特定系统强加系统安全需求，因为这些特定系统不能按逻辑立即从其运行业务需求中产生出系统安全需求，这些政策性需求将是系统开发或运行的设计限制。

在根据较高层次政策和规则提取系统安全需求时，应当把这种关系保留下来作为工程决策数据库和需求验证可跟踪模板（RVTM）的一部分。

信息安全工程过程并不要求产生系统特有的"策略"或指令，而是把这些指令视为对业务环境和用户机构更合适的较高层次的管理功能。由于业务环境包含许多各不相同但可能相互连接的系统，所以管理意义上的策略最好是采用一致性的一次性（而不是分离式的）系统配置模式，以避免冲突、相互依赖性和混乱。如上所述，任何定义的业务域策略都要按符合系统工程工作项目的目标和设计限制来运行。

然而，有关安全的接口控制/设计规范（有时叫做"策略"）以及系统安全运行程序、限制和控制，都应当作为系统产品和过程方案通过整个开发周期的信息安全工程活动过程产生出来。除了要仔细研究接口对正在获得的或改进的系统的影响之外，还应分析对与之连接的外部系统的影响。建立外部接口，往往要求每一个适用的外部系统与负责的系统管理人员和/或配置控制委员会充分协调，他们应当认真地审查新接口对系统功能、性能、运行和支持模式，以及安全风险可能产生的不利影响。

2. 安全威胁评估

安全威胁被定义为：敌对方经过深思熟虑，利用那些可能对信息或系统造成损害的条件、（行为或事件的）能力、意图和方法。必须全面仔细地考虑在系统开发和系统运行期间，以及在实际或预计时间范围内可能发生的外部人员和内部人员蓄意的安全威胁。有时，也可以认为威胁包含授权用户不经意所犯下的错误、纯粹误操作或偶尔的误用，但这些因素具有偶然性和可控性的特征。

信息安全工程小组应当同用户一道工作，以帮助它们在"系统威胁评估报告"（System Threat Assessment Report，STAR）内准确全面地描述有关对信息系统安全的威胁。STAR 报告描述了规划的未来运行威胁环境、系统特有的威胁、可能影响项目决策的实际威胁，以及项目管理人员在评估针对威胁的程序时所得到的交互式分析成果。威胁评估必须提前进行，使其在系统"初始运行能力"（Initial Operational Capability，IOC）的开始阶段及延伸到其预期运行寿命结束的时间范围内都有意义。STAR 报告应当包含针对用户信息和信息系统的安全威胁，以及其他各种类型的威胁（例如：源自敌方的物理威胁或者军事破坏）。

应当针对特定业务和系统环境以及预期的运行时间框架，严密地裁剪信息系统安全的威胁信息。信息系统安全威胁信息应当包括已得到论证的威胁和可支持的设定的威胁。威胁信息的形成涉及潜在敌对方的手段、时机和动机。信息系统安全威胁信息应当以某种形式和在某个分类级别上提供给客户，以使用户和信息安全工程小组之间能够进行联系和相互理解。威胁信息将用来在系统运行需求文件，以及获取和工程管理计划中驱动相应的需求。

开发期间的相关威胁以及针对这些威胁要采取的安全对策，常常需要包括在"项目保护计划"中。"项目保护计划"涉及在试验中心、区域内、试验室、承包商设备以及部署现场中与程序相关联的活动，并按需求为获取程序提供全方位的保护措施。"项目保护计划"在"概念阶段"制定，并且应在后继的阶段加以更新。

3. 任务（业务）安全目标

为业务或商业领域定义的安全目标代表安全定义的最高等级。这些安全目标最好以绝对术语（即没有那种通常与系统特定需求说明紧密联系的相关性能或"保证"准则），进行广泛陈述。虽然随着时间阶段的推移，安全目标并非完全静止不动，但却应当以一种大范围、长时期使用的观点提出安全目标——从而可以作为许多不同系统的安全风险分析及产品和过程规划的稳定平台。这些系统可能出现在有效时间跨度内的特定业务或工作环境中。一般说来，安全目标最好是由系统用户陈述，但信息安全工程小组应当理解安全目标的细节，并且在用户需要时提供帮助。如果用户没有陈述出安全目标时，信息安全工程小组应当能够通过回溯追踪需求的层次结构，抽取出与指定获取建议最为相关的绝大部分（安全）目标，以发现客户的基本安全理由和最终安全目标。

安全目标可以适用于业务的多方面或某个部分。一个具体安全目标的理由说明，应当对那些得到安全目标支持的业务进行文档化描述。同样，当业务功能被分配到业务环境内的单个系统时，安全目标可以不同程度地适用于使用中，或在任一特定时间点获取线上该系统的多个（或只有一个独立）的子系统，甚至该系统本身。依据给定的系统获取项目的前后情况，某些安全目标可以分配给尚未计划的未来工作项目；分配给整个过程解决方案；分配给接口需求和限制，这些需求和限制与正获取系统将要工作的环境中的基础设施或其他系统相关；或分配给更间接的环境假设条件。作为今后系统能力需求和要求定义的一部分，对表述的安全目标和基本理由陈述应该建立有效的可跟踪性。

安全目标如图 3-5 所示，它显示了在开发安全目标和基本理由说明过程中业务信息、通用性威胁指南和综合安全指南之间的关系，并图解说明其基本理论，包含基于安全目标进行推理阐述和解释的信息（图中所示跨系统的业务安全目标的前后文中的许多原则，也可按迭代方式应用于以后的、更为具体的系统的需求分析）。理由说明应当提供对需要某些安全保护的理解，并抓住安全目标与如下各项之间的关系：受到安全目标支持的业务目标，激发安全目标与业务相关的威胁，不实现安全目标的后果，以及驱动或支持适用于安全目标的综合安全指南。

在以后的体系结构开发、系统设计、系统实现和安全风险管理活动期间，可以参考上述这些理由说明和关系，指导有关的安全性分析。

4. 安全服务分类

安全服务应当考虑与业务需求和威胁密切相关，其中威胁是在系统阐述安全目标和安全需求过程中的根据。对安全服务是进行单独考虑还是进行综合考虑，取决于业务需求、威胁和安全的综合指南。以下提供了可作参考的安全服务，这些安全服务的意义和配置使用应在

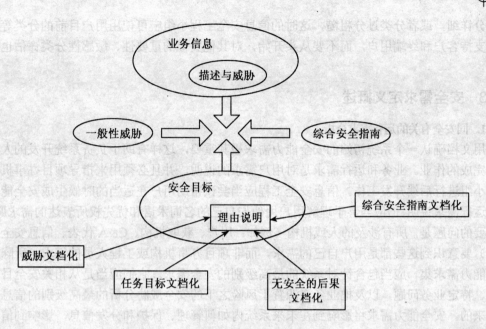

图 3-5 安全目标

适当时候参考信息安全工程小组或客户小组机构所习惯或指定的有关标准。

机密性（Confidentiality）：提供对未授权泄露的保护服务。

访问控制（Access Control）：为防止未经授权使用资源提供保护（例如：使用通信资源，读出、写入或删除信息资源和操作运行中的资源等）。

完整性（Integrity）：对抗主动威胁，确保信息准确而且无任何变化地被传送。

数据完整性（Data Integrity）：提供对不经意地篡改或销毁数据、恶意地销毁或篡改数据的保护。

系统完整性（System Integrity）：保护信息系统资源不受篡改或误用的危害。

鉴别（Authentication）：对用户、用户设备和其他实体进行有效性验证和真实性证实，或对被存储或被传输信息的完整性提供保证。

可用性（Availability）：保证信息能按用户所需的地点、时间和形式被提供。

不可抵赖性（Non-Repudiation）：向信息接收方提供源发证明以防止发送方否认发送过信息或其内容，同时也可向信息发送方提供递交证明以防止接收方否认收到过信息或其内容。

安全管理（Security Management）：这项服务关注对业务的安全方面进行支持和控制所需的操作。

5. 信息流向及功能和价值

了解系统及其所处理信息的安全临界状态也是非常重要的。应该重视由于系统资源或系统所处理信息的丧失、泄露或被修改而对业务、人的生命和开销（金钱和时间）所产生的影响。为了定义恰当的安全目标，能力需求，以及有效地表达用户所需安全的系统需求，必须识别和分析由系统处理或存储信息的功能、流向和价值。系统使用信息的途径（功能）、信息如何通过和进/出系统元素（流向）、信息对于系统运行和业务在一般情况下的机密（敏感）性和重要性（价值），所有这些在反复开发系统安全需求中都是极其重要的因素。在近期未对业务信息的安全分类进行仔细研究的地方，或者未明确对业务信息的安全进行分类，或者分类过分详细，或者分类过分粗糙，这时的信息安全工程小组宁可使用用户目前的分类等级评估来支持客户和终端用户，而不要从头开始，对其他类似的重要性、敏感性分类评估也照此办理。

3.3.3 安全需求定义概述

1. 同安全有关的运行需求分析

用文档确认一个系统初始的安全能力需求极其重要，这样有助于负责系统开发的人了解必须完成的作业。业务和运行需求是对用户需求的说明，并且必须用来指导项目办事机构和工程小组进行后续开发工作。信息安全工程应当尝试帮助用户在适当的时候生成安全能力需求和运行需求说明，但应当善于理解用户用他们自己的名词术语和优先权所表达的需求愿望。最重要的问题是，所有涉及的人或机构（例如：用户、获取机构、C&A 代表、信息安全工程小组）要意识到这些都是用户自己的需求，而非项目办事机构或工程人员的需求。所陈述的安全能力需求集，应当包含针对系统的最高级别的安全需求。它们应当是从相关安全目标和指令、特定业务问题，以及把业务资源置于风险之下的安全威胁分析的最高级别的信息中推导出来的。安全能力需求将影响到在未来系统内如何管理、保护和分发信息，影响到信息如何同其他系统接口。安全能力需求应当以与实现无关的方式，以不含专业化信息系统安全术语的方式，在适当的高等级抽象层上予以表述。

为了对来自广泛业务能力需求中与安全相关的系统运行需求进行更为充分的定义，信息安全工程小组应当对业务能力需求，国家的、本地的和商业企业的适用安全政策，业务目标/安全目标以及业务威胁进行评审。利用对业务的了解，信息安全工程小组应当注意识别在其运行环境内对系统的安全威胁。信息安全工程小组要利用为"系统威胁评估报告（STAR）"所准备的威胁信息以及其他资源（例如信息系统安全威胁专家把威胁运用到系统上时的信息），确定安全能力或防御这些威胁所必需的对抗措施。

一般说来，支持信息安全工程小组分析所必需的信息可在各种系统文件内找到，只是各具不同的详细程度、精确度、用户支持度以及作为获取进程的成熟度而已。对于 MNS，信息安全工程小组希望这些信息和对这些信息的任何分析信息，是稍微口语化并且被高度抽象的。在"概念和需求阶段"，开发工作将转入需求的进一步分解、文件编制，并以运行需求说明形式中的需求为最终需求基线和系统需求规范。随着需求的成熟和修改，提高精确度、详细度和分析的密度，规范的形式以及配置控制的维护将变得十分清楚。在确定系统的安全需求时，对可用信息的评审和分析，对政策和规则进行评审的结果，都是十分有价值的。

为了给一个系统概念定义恰当的运行安全需求，对信息安全工程小组同样重要的是理解其他适用的（非安全）能力目标，以及为满足总体能力需求而制定的获取范围（成本、进度、风险、组队方式）。为了取得成功，所有这些都必须处于平衡状态。在开始正式的工程需求分析之前，安全能力需求必须转换为一组运行功能需求和性能需求与约束。

2. 信息安全工程需求活动

在帮助客户确定安全能力需求之后，信息安全工程小组作为总体系统工程小组的一部分继续进行更加正式的需求分析。信息安全工程小组的需求分析活动应该从评审和更新先前的分析（业务、威胁等）开始，提炼出业务和环境定义，从而支持对每一项功能建立起安全需求。信息安全工程还应当理解在其他功能领域所进行的分析，比如那些与运行和支持工程功能相关的领域，以及由其他专家（例如安全工程师、软件工程师和业务应用专家等）所进行

第三章 信息安全工程实施

的分析。

随着安全需求从顶层需求向更精确的具体需求转化,必须对它们作出最充分的定义,以使系统概念和体系结构的可选择方案能够得到开发,并能在集成的并发工作过程内进行比较。由于对可选择概念已进行了研究,所以将在恰当的时候完成对每个不同概念的需求分析。从安全目标、国家政策和整个设计过程的其他输入中反复地导出系统、后继的配置项目(CI)和组件安全需求的过程,参见图3-6。

信息安全工程必须协同客户分析安全需求,从而确定这些需求是否确实是有效的需求。除了仔细研究各个需求说明外,还必须仔细地研究整个安全需求的完整性、不一致性和相互依赖性。有效的需求说明,即是对有关系统功能、性能需求的或者设计限制的简单的、非歧义的和可验证的陈述。安全需求还必须说明使需求有效的条件。除了必须确定限制外,安全需求的陈述不需说明如何实现系统产品和过程方案。正确的需求陈述对系统的验证和证实是极其重要的,它们提供了判断系统的简明而精确的尺度。安全需求是设计、实现、验证和证实的基础。对任何需要提请审批的、对安全需求和其他相互关联需求的修改,都应当仔细地研究这些修改可能对设计系统安全风险的影响。

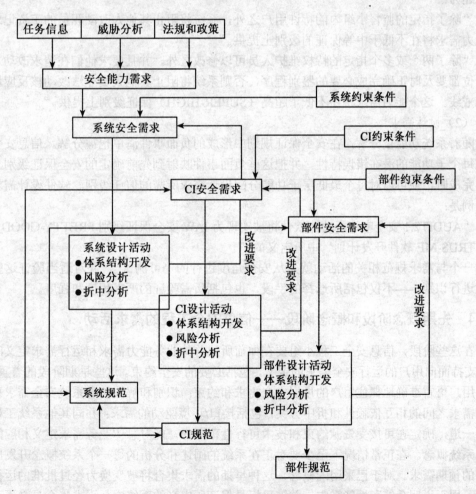

图3-6 安全需求的开发

向系统中的各种设备提供密钥的需求，即是一例经过推导所得到的安全需求：这一需求的存在是隐含的，直到为支持特定系统安全需求提供机密性服务而作出选取加密方法的决策时，这一需求才明显地被提出来。这个决策改变了系统的前后环境关系，产生了一个新的界面，一个新的数据敏感度类型（即密钥）和相关需求（例如密钥管理）。

随着系统体系结构的改进，必须不断地评审和提炼安全需求，借以确保继续有效地以安全需求的规范形式提交系统的安全需求，推动系统设计。随着系统安全需求的提炼和形式化过程的不断进行，以及系统设计的雏形出现，各个配置项目（CI）的详细安全需求也从形式化的系统级需求和规范中被提炼出来。

3. 安全性能和保障需求

信息安全工程小组还必须识别同安全功能性需求目标相关联的性能需求，这通常应当采用若干种需求表达形式：

（1）功能/性能需求（Functional/Performance Rrequirements Pairs）

对与功能性安全需求相连的性能需求，可以在条件允许情况下直接写出，或者参照初步设计过程中的与已定义安全保证类相关联的开发条款来确定。例如，合约规范中的一个需求可陈述为：

"除了指定的监督小组内的特许用户之外，系统将阻止其他人改动职员的工资记录；这一能力需求将在不低于中等保证的级别上提供。"

"除了两个或多个指定的特权维护人员可以修改之外，并且要求他们在请求改动之前，每一位都要及时正确完成必要的鉴别程序，否则系统将阻止其他人员非法改动核反应堆的安全警戒线。这个能力需求将在不低于超高（SUPER-HIGH）保证级别上提供。"

（2）设计需求

随着系统功能被分解，在安全保证规划中形成的负面事件清单也被分解。信息安全工程审视每个子功能的潜在错误特性，并把这些负面事件映射到先前确定的安全保证级别上。当分解完成时，便可以对每个最低层子功能分配设计需求所需的信任级别。软件设计需求的一个示例是：

"AUDIT2.1 安全审计子功能软件将被实现为 IAW 安全保证级别 PRETTY-GOOD，正如在 'TRUS-ME 软件开发计划'中所定义的。"

一个与需求规范相关的活动就是从安全角度进行的"可测试"，并对适当验证这些需求规范进行识别——不仅包括所选择的手段，也包括所需验证的严密程度和强度。

3.3.4 先期概念阶段和概念阶段——信息安全工程的需求活动

在这些阶段，信息安全工程小组要在如前所述总体业务能力需求和运行需求定义的范围内，支持面向用户的运行安全需求的定义，包括必要的安全约束。这些早期阶段的着重点是：使用用户语言准确地抓住用户的顶层安全需求和约束；识别和解决信息系统安全需求和其他系统需求之间的相互依赖性和折中方案，包括接口/环境驱动的需求；并同其他系统工程小组成员一道，确定在可接受资源约束和技术可行性范围内，能对总体业务需求定义相应的最恰当的系统概念。在正常情况下至少要对正在系统的阐述和分析的每一个系统概念开发出一组粗略的预期需求。对于已采用的概念，这种早期的需求集合将被变换为经过批准的运行需求文件，用于说明功能和性能需求。关键目标是保证所定义的系统安全需求集合是必不可少的和充分的（在保证系统获取和用户/发起人组织之间的相互理解和认同的级别上）。

信息安全工程小组也应当开始和交叉学科系统工程小组的其他成员协同工作，以确定和了解所有系统需求中那些将以信息安全工程小组为主导的需求子集，信息安全工程小组将要与系统工程师或与一个（或多个）非信息系统安全专家（如其他的安全、保护、人员因素或可靠性专家）分担信息安全工程合作责任的需求子集，并分担那些与信息安全工程小组的活动没有直接关系的责任。

到概念阶段完结的时候，项目的技术范围、成本范围和进度范围，粗略的系统运行概念和体系结构、ORD 运行需求文档、获取和工程管理计划、顶层验证计划（即 Test and Evaluation Master Plan，TEMP）以及后勤支持计划等，其初级形式应当全部被确定下来。

3.3.5 需求阶段——信息安全工程的需求活动

在这个阶段，系统工程师通过完成初步的正规化分析和规范来确定系统需求的基线，在"系统需求评审（SRR）"中这些需求将获得批准，并制定出系统规范草案。该需求将定义系统必须完成的功能和受到的约束。系统规范反映这些系统需求在一系列功能领域的配置，例如数据管理、安全、可靠性和可维护性、用户接口等。系统规范也可以包含这些需求在建议的子系统或组件配置项（CI）初始的顶层功能性配置。系统工程师将设置一个过程，以提供系统需求规范和早期系统运行需求及能力需求说明之间的可跟踪性。

在这个阶段期间，信息安全工程小组将为批准基线而设法准备好安全需求，并向系统规范草案提供信息系统安全相关的输入。信息安全工程小组应当评审和提炼包含在 ORD 中的安全需求，保证它们同其他的系统需求相一致和兼容。如果必要的话，信息安全工程小组应当能够审查和修正先前的分析（业务、威胁等）。完成这些活动是为 SRR（安全需求评审）做准备。

在开发给系统规范的安全输入中，信息安全工程小组应当把安全需求分配给最初的系统体系结构，并为由系统体系结构确定的内部和外部的接口及协议建立安全需求。信息安全工程小组应当审查这些安全需求，并囊括适当场合可用的安全需求集、与技术参考模型相关的设计限制，以及与正在开发的系统有关或有利的标准轮廓。标准轮廓包括文本指南（准则）以及规定数据交换格式、连网协议和类似事情的各种技术标准。在多数情况下，为了互操作性或别的原因，各种正式的或事实上的单个系统标准，一个或多个完整的标准轮廓，将由客户组织强制执行。

信息安全工程小组应当保证安全需求有效地反映客户的安全需求，并且可直接地跟踪到先前的需求层次体系（即 MNS 和 ORD）。至此，信息安全工程小组还应当识别出需要开发的新技术，开始监控新技术的开发进程，确保它们符合预期的目标，满足预期的安全需求。

3.3.6 系统设计阶段——信息安全工程的需求活动

系统工程师将在这个阶段完成系统的基本设计。这是通过把需求分配给体系结构中标识的 CI 集合来完成的。这种分配在系统规范中用文档予以确认，在"系统功能评审（SFR）"中被确认为基准并加以批准。此外，CI 规范草案也是在这个阶段产生的。

信息安全工程小组应当保证系统规范充分地表达出安全需求，这一点通过回溯规范直到规范获得批准的安全需求评审（SRR）阶段即可得到保证。信息安全工程小组还应当完成系统规范并在确认为基线之前，审查信息系统安全相关的验证和证实需求。这些活动当然都是在系统功能评审的支持下完成的。这些已被确定为基线的需求及它们的配置在 ORD2 文档中被确认。验证和证实需求在适当文档中被确认，诸如 TEMP、ORD2、系统规范或者 SOW 等文档。

信息安全工程小组应当领导和审查对 CI 的信息系统安全需求和服务的配置，以及将 CI 规范草案中对这些配置进行归档。信息安全工程小组还应当审查已完成的技术开发工作项目成果，以保证它们符合目标，满足预期的系统安全需求。

3.3.7 从初步设计到配置审计阶段——信息安全工程的需求活动

通过"初步设计评审"，应当全面定义 CI 和接口，提交 CI 和接口的安全需求以及相关联的验证条款，这是"系统配置基线"的一部分。信息安全工程小组应当仔细地研究 CI 规范和接口规范，保证整体系统在被集成进子系统和系统配置中时符合总的系统安全需求，并且协调纠纷和相互之间的依赖关系。其中的部分活动是对 CI 和接口规范中的安全需求回溯到系统级的需求。信息安全工程小组应当保证系统中的接口和协议满足它们的安全需求。信息安全工程小组在这些阶段通过 CI 和组件设计过程，跟踪这些需求，参与或密切地监控验证活动（比如设计论证和试验），以保证系统在总体上符合它的安全需求。在最后阶段（"配置审计"），信息安全工程小组应当把实现后的系统设计与系统文档进行比较，保证开发过程是成功的。

为了评估系统组件的恰当性，必须证明分配给这些功能组件和物理组件的安全需求都被满足。通过人工维护的 RVTM（需求验证可跟踪性模板）或使用自动化的需求处理工具，信息安全工程小组应能够确定分配给每个系统组件的安全需求，并仔细地研究决策线索以帮助判断在这些阶段中可能提出或需要的需求变动。这些阶段以公告系统及其 CI 的"产品基线"而宣告结束，公告应当包含每个 CI 在其被建设、试验和审计时对它的初始功能、性能和物理的需求。也可以认为"产品基线"包含基准的设计需求，即按照对产品的要求进行"建设"、"编码"和"购买"，以及"如何实施"对过程的需求。

3.4 安全设计支持

通过安全设计支持功能和更广泛的总体系统设计的前后关联，一个被选择的系统体系结构可被公式化，并转换为稳定的、可生产的和有好的经济效益的系统设计。对信息系统而言，这种转换通常包括软件开发和软件设计，还可能包括信息数据库或知识库的设计。

"安全体系结构"只是从安全的角度对整个系统体系结构的一个简单视图。它提供了对那些能满足系统需求的安全服务、安全机制和安全特性的深刻理解，以及在整个系统结构的上下文关联中，安全机制应该配置的地点建议。系统体系结构的安全视图将集中在系统安全服务和高级安全机制上，分配与安全有关的功能到系统配置项、接口和较低级的组件，确认与安全有关的组件、服务和机制之间的相互依赖性，解决它们之间的冲突。安全视图仅仅是许多信息系统体系结构视图中的一种，诸如数据管理视图，物理连接视图或网络拓展视图。

3.4.1 系统设计

1. 系统功能的目标实现

构成系统开发（不管是做还是买）的两条主线，是确定系统必须实现什么样的功能，以及确定系统怎样实现这些功能。尽管这两条线贯穿于并发工程模型的整个生命周期。但是在生命周期的不同阶段，总有一条线占支配地位。理想地说，系统工程生命周期的"先期概念"、

"概念"和"需求"阶段基本上主要解决"什么"的问题（即"需求"），而从"初步设计阶段"到"实现阶段"再到"测试阶段"则主要回答"怎样"的问题（即"实现"）。这两条线的关键性联系是在第四阶段，即"系统设计"阶段，该阶段中，设计了系统级解决方案以达到所需要的业务能力。

在现实世界，任何事情并不如此简明和清晰，实施决策有时受需求的制约，而到实施的最后一步才清楚需要一些新的需求或对设计进行修正。设计的过程是迭代和周期性的过程，它可扩展到系统的整个生命周期中诸多阶段。过程也是可变的和可调整的：设计者可用的知识越多，过程设计就更有效，即需要更少的步骤，更少的回溯。在许多情况下，一个项目虽不从最初的画线开始，但是，将对现有系统中限制设计的部分进行重大的修改。在另外一些情况下，一个工程项目建设仅仅是第一批许多系统的增值项，并将支持未来设计的一个基础体系结构。

2. 系统功能的工具实现

可以使用自动工具使设计过程更加精细，这些自动工具还允许设计师将顶层体系结构分解和提炼成更详细的设计。其中的某些工具提供对限制、模型和测试候选体系结构及设计的辨别，帮助进行折中分析。最近的研究把注意力集中在应用正规方法的原理和技术上，特别是应用于需要高等级保证的系统上，"可信软件开发方法学（Trusted Software Development Methodology，TSDM）"就是一例。

作为项目阶段的一个功能，系统设计活动将进行反复研究和阐明。

（1）系统和CI级功能体系结构

它是一种功能的体系安排，包括对它们的内部和外部功能接口、外部的物理接口、它们各自的功能和性能的需求以及它们的设计限制的分层的安排。

（2）系统和CI级物理体系结构

它是一种关于产品和过程解决方案，包括对它们的功能和性能需求、它们的内部和外部功能、物理的接口及要求、形成设计需求的基础性物理限制的分层安排。物理体系将一个或多个物理设计形成文档，以完成有效性分析、风险分析和技术过渡计划；确立物理上实现功能体系结构的可行性；识别制造、验证、支持和培训需求；编制原型配置的文档和其他测试文件；逐渐详细地定义认为是必需的解决方案。

"功能"划分可通过构造化的，面向对象的或其他方法来实现。

3.4.2 信息安全工程系统设计支持活动

在开发功能和物理体系结构期间，信息安全工程小组通过提供安全分析和建议来支持客户。这种开发在系统的整个生命期内设计到若干阶段和事件，并且通常是反复进行的过程。信息安全工程要识别"怎样"反映用客户语言表达出的系统需求。在使设计支持项目增值的任何技术阶段或问题领域，信息安全工程小组都应考虑使用仿真、建模或快速原型法迅速开发技术。

对许多设计类型的分析，将系统和CI安全需求看做与各类安全服务相关联是有益的，然后再把这些服务映射为类属的安全机制。这样做，对另外一些项目可能有帮助也可能没有帮助，例如，有些项目要求集中开发新的应用中独有的软件或硬件，而为它们选择的"可重用性"标准的安全协议和机制就很少会用到。当信息安全工程小组期待实现安全服务时，可以考虑将目标安全体系结构（Goal Security Architecture，GSA）的原理作为对系统体系结构的安全解决方案配置的指南。下面是 GSA 中可用的项目主题：
①GSA 安全需求——策略、需求，导出的需求。
②安全角度和概念。
③端系统和中继系统。
④安全管理关系和概念。
⑤传输系统主题。
⑥安全学说——提供安全服务的安全机制学说。
⑦商业现货（COTS）考虑。

信息安全工程小组将根据正在结合使用的解决方案所存在的安全风险，加上以前的经验和教训，对体系结构进行研究。信息安全工程小组活动的重点是识别正在开发的体系结构的脆弱性，并建议对抗措施和可选择方案。系统可用不同的保护措施（即机制的类型和特殊的实现方法，不管是"制造"还是"购买"）来满足安全需求。如果两个或更多个系统需要相互作用，那么必须建立接口协议和规则以允许其相互作用。当个别的系统具有不同的安全策略、安全需求和在本地社区受到运行限制时，或者当新的连接可能引起某些附加安全风险或与现有系统或基础设施有冲突时，特别需要建立接口协议和规则。在那些情况下，需要一些折中分析和协商以支持相互作用。

在系统开发之后再添加没有预先规划的保护措施或对抗措施时，实现起来一般非常昂贵和困难，而且可能并不是最有效的方法。这是因为，这些改变一般不能很理想地结合到系统中（除非通过一个计划中的递增策略）。不过，人们很难超前掌握和预料所有恰当的需求，或者在快速改变的信息系统和信息技术领域很难瞄准恰当的技术。通常，比较适当的方法是建立一个强健的基础体系结构，在此基础上开发已计划的和动态出现的修改需求。早期的原型法或仿真可能就是有用的了。

用文档化形式定义安全设计，是说明其满足需求等合理性的理由，因为这些理由不总是明明白白的，或是理所当然的。

尽管在安全 IV&V 和风险评估的前前后后，应该进行各自独立的分析，但是对系统设计小组，包括信息安全工程的参与者来说，系统地阐述系统安全状态的合理性是很重要的。这些信息可以伴随着系统设计文档以书面分析的形式出现或出现在适当的设计评审中。

1. 关键技术的识别

在任何给定时间点对安全需求的理解中，信息安全工程小组应当考虑是否有必要开发或使用任何新技术以满足那些需求。对于任何关键的和使"最有希望"的系统概念增值的信息系统安全新技术，信息安全工程小组都必须进行调查，以确保能有把握地将它们集成到系统设计中。该活动可包括原型法的应用、测试，以及早期的运行评估，以降低安全风险等级和与使用新出现的信息系统安全技术有关的预期风险。

信息安全工程小组在系统开发周期的早期考虑这些问题时，可能仅仅注意到需要什么技术。但是，事先识别出需要开发的基本关键技术却是十分重要的，以便在系统生命期的设计、实现直到后续的生产和/或 P^3I/修改阶段需要它们之前，预先将这些技术建立起来。如果满足特殊安全需求所需的技术还没得到，那么就要确认有足够的时间来完成技术研究或其他工作项目，而不与客户要求的进度发生冲突。信息安全工程小组也要保证，由于采用新技术而产生的利益要大于由于依赖它而增加的计划和技术风险。典型情况是，对新技术或未检验的产品的依赖将对整个计划引入额外的技术、费用和进度的风险。进一步说，必须仔细地和经常地监控这些新技术或产品。信息安全工程小组应该确保在将新技术包括在系统计划之前,客户完全了解其带来的所有风险和潜在的利益;信息安全工程还应该事先准备好后备产品或过程解决方案,以处理由于未曾预料的延迟或技术问题而带来的新技术不能使用的偶然事故。

使用新技术需求的一个例子是新的密码算法。算法的研究开发以及在系统内实现之前的安全性评估都需要时间和资金,这就会影响成本和进度。另一个例子是需要满足系统安全需求的一个完整的终端项目,这就会影响成本和与其他子系统的关系。这与密码算法的例子不同,密码算法或许仅仅是一个配置项目(CI)的一部分。

2. 设计的约束

信息安全工程小组要明确对影响和限制所需安全服务实现的系统设计的约束。许多因素都可决定对系统如何满足其安全需求进行约束或对系统设计过程进行约束。系统运行的环境,它的运行模式(专用的、系统高层的、系统分级的等),其业务功能的敏感性和临界点,每一个都可能是影响设计决策的约束。接口和互操作性问题也可能产生对设计的约束,例如,为了符合一个特殊的标准轮廓或特殊环境的安全政策,援引一个特殊的个别的标准需求,或排除某些解决方案选项以适应与外国政府或国际机构的互操作(或者已知需求或未来有特殊定义的可能性)的需求。

某些支持性的需求也可能约束系统设计和运行的安全状况。这些需求当然包括但不限于后勤支持需求、可移植性需求、生存性需求;个人和培训的限制,命令、控制、通信和情报接口需求;标准化和互操作需求等。

随着设计活动的开发,信息安全工程小组也要注意因设计的选择引申出来的需求。例如,选择高度机密保护的解决方案可能要求保护数据抗篡改的附加需求。这些需求将被反馈给需求定义函数,并在决策数据库与可追踪性体系中被准确定位。

3. 非技术的安全设计措施

正被获取的系统及其设计规划,将在整个系统工程周期内通过运行、支持、培训和其他系统工程功能的并发应用中被开发。信息安全工程小组将为正在进行的活动作出贡献,并从中进行学习,以改善任何系统安全解决方案的适用性和有效性。

信息安全工程小组应该从技术的和非技术两方面满足安全需求。例如,为某一特殊信息提供机密性需求,可用诸如加密技术解决方案来满足,也可使用非技术的(如隐藏或其他的物理手段)的解决方案。其他的非技术解决方案将包括过程控制,如适当的操作程序、人事的和运行的安全控制、隐瞒采购和用户身份,以及可信软件开发方法论(TSDM)的非技术要素等。

3.4.3 先期概念和概念阶段安全设计支持

安全设计支持在先期概念阶段很少用,但是在为可选择系统评审(ASR)进行准备时,系统工程和信息安全工程小组应该开发若干可供选择的概念级的系统设计。这些可选择方案是由产品和过程解决方案进行适当混合后组成的。每个可选择方案都要与在 MNS 业务需求说明中表达的高级业务能力相对应。

在可选择系统评审(ASR)时,为了进一步进行开发,要选择最好的系统方法。系统工程必须保证,对每个概念的可选择方案的体系结构进行充分的提炼和分析,以支持在 ASR 时的决策,以及为选择系统概念的可选择方案准备一组可行的系统运行需求。概念级系统策略包括早期的通常不成熟的功能和物理的结构体系草案。项目所特有的环境不同,概念级设计可以是很不正规的，也可能是非常完善的。不管哪种情况，这一阶段承担的设计等级都要比在以后的工程设计阶段（系统设计到详细设计）低得多，那时将提交一个等待正式批准和配置控制的设计文件。

在开发每个体系结构的可选择方案并反复进行相互比较的过程中，系统工程师将完成折中分析。信息安全工程小组必须保证，体系结构已做到足够的精细，以使体系结构的安全风险可被充分地进行评估，支持 ASR。

信息安全工程小组应当分解系统功能（或对象分类，取决于所选的方法），并把它们分配到较低级别的配置上，直到支持正在进行的分析和需要立即作出决策的程度。如果选择和使用得当，自动化工具是有帮助的。信息安全工程小组将首先考虑遵循客户的方法论和工具的选择原则；如果不行，信息安全工程小组应考虑上级机构的方法论和工具。

3.4.4 需求和系统设计阶段的安全设计支持

在这些阶段期间，系统小组完成系统的高层设计并按技术规范形成文档。这些活动随 SFR（系统功能评审）而告终，此时系统设计的基线已完成并被批准。应该审核可选择的与提炼的概念级策略相一致的体系方案。例如，如果概念阶段在评估后选择了广域网策略，那么，在其后续的工程设计阶段将涉及多个 WAN 技术的选择和体系结构的取舍。

前段所描述的活动在这些阶段还要继续下去。物理和功能的体系结构将继续被分解。信息安全工程小组需要保证安全服务强度，不能因为支持这些安全服务的功能被配置而受到削弱。功能分解将一直继续到每个重要的组成单元，以便作出"制造"还是"购买"的决定。

系统集成在过程的早期已经（至少在纸面上）开始。当需求的功能配置给 CI 时，就要引申出接口控制规范。信息安全工程小组应保证并且在规范下应指出通过这些接口如何实现安全服务，包括扩展到更宽范围的基础设施或业务环境的安全服务。例如，指定必要的标签体系结构，定义协议的标准等。如果系统与网络基础设施相连接，那么这些选择可以完全被确定下来，或者至少部分地被该网络环境中所用的体系结构所约束。通过指定内部和外部接口的安全需求，使得整个系统和互联的各系统之间在实现上保持一致，从而使集成业务变得更加容易。信息安全工程小组还要对系统组件进行验证，这些组件是根据它与安全相关接口的约束条件进行集成和使用的（例如，约束条件是保留可信产品的"密封"，或在与基础设施有关的标准描述的环境假设条件下，使用某一种产品、产品安全轮廓和/或供应商的文献等）。

通常，关于配置项目（CI）是制造还是购买的系统级决策，要基于可推荐产品的层次体系，其范围从优先推荐使用商业销售和得到支持的硬件、软件和固件产品起，不断降低为使用政府指定的现货（COTS）项目、修改的项目直到定制开发的项目。但很少有工程项目可以不做任何针对应用的开发。

制造/购买的决策，需要进行折中分析。信息安全工程小组必须保证总体分析中包括了所有的安全因素，保证基于运行功能和特性、费用、进度表和风险之间平衡的最全面的体系结构。例如，陈述的功能保证等级是由不成熟的 CI 所提供的，那么就应该考虑购买而不是定制开发。要考虑的因素可能包括制造环境和装运过程，以保证不降低预期的保证等级，或者根据正被开发的 CI 的敏感性能，保证制造者是经过审查的。

在这些阶段期间，将产生制造/购买的建议。但是，最终决定通常在过程之后作出。如果可能，信息安全工程小组将提供解决方案（或对策），以解决在折中分析期间未包含的负面因素。例如，如果折中分析倾向于买商用软件，但其消极的因素是可能包含潜在的病毒，信息安全工程小组可建议在软件被购进后进行病毒扫描和清除，这样将减少由购买产生的某些安全风险。

为了支持作出制造/购买的折中分析的决定，信息安全工程小组将调查现有产品目录，以确定产品是否满足 CI 或组件的需求。只要可能，都应该指明一组潜在可行的选择方案而不仅仅是一个候选方案。调查的对象包括可信产品评估目录、信息系统安全产品目录、信息系统安全知识库、供应商产品目录等。在适当的时候，信息安全工程小组也要考虑由工业界或政府先期开发的新技术和新产品，条件是它们的时间表和技术风险是系统开发可接受的。

对产品安全勾画出轮廓，是工程师作出制造/购买决策所必需的。对某些产品，安全评估报告描述了产品的功能、正确使用产品的信息以及产品已知的脆弱点。对现有产品的了解，是形成准确的信息安全工程制造/购买决策必不可少的。对某些产品，有关部门的安全评估报告可以帮助作出决策。在不能得到当前的或现代技术现货设备的安全评估时，由系统项目办事机构（SPO）将新设备或软件与估计的安全特性和风险相关值进行权衡比较后，作出是购买还是定制的决策。

3.4.5 初步设计阶段到配置审计阶段的安全设计支持

系统工程师必须通过 PDR（初步设计审查）来作最终的制造/购买决定，并反复研究 CI 和 CI 之间的接口策略在一定范围的可选择方案（为了使购买成为满足能力需求的最好选择，系统工程小组在满足最终需求的前提下，要对次要的需求规范问题进行商讨，以便取得折中方案的优势）。以前的活动集中于 CI 的设计或选择，以及建立完整的 CI 级的配置基线集上。以后的活动则集中到获取或建立 CI（如果需要的话）集成和测试系统。这些阶段以成功地实现系统验证评审和配置审计，为建立一组 CI 产品基线准备就绪而告结束接着而来的就是认可活动。

信息安全工程小组应当审查由于 CI 开发和/或集成与测试时出现的对系统设计的任何修改。如果 CI 引起对系统的附加需求的话，那么信息安全工程小组应该评估这些修改对 CI 的安全影响，并且确定附加的安全需求是否被保证。例如，为系统选择的其他有优势的 COTS，可能存在某些从安全角度看来是很脆弱的行为和特性，并引起对其他系统/CI 产品或过程的解决方案需求进行相应的修改，像对该 CI 的接口作新的限制等。信息安全工程小组将注意对 SPO 支持的有关 CI 技术的审查，并实现对那些 CI 的任何适当的信息系统安全的分析，以保证当其集成为整体系统时，CI 将满足安全需求。

3.4.6 运行和支持阶段的安全设计支持

如有必要，在系统的运行周期内，将反复进行安全设计支持，以便提出适合于次要和主要系统修改的设计方案以及预先规划的改进。系统修改的问题将进一步进行讨论。

3.5 安全运行分析

安全运行分析将影响产品，特别是过程、系统安全需求的解决方案。通过反复地进行安全运行分析，并结合安全设计支持功能，将定义出"过程"的安全解决方案。安全运行概念的分析和定义是系统工程和信息安全工程过程整体的一个组成部分，是导入安全 C&A 的关键条件。

如果客户正在使用这一分析工具，那么将安全运行分析文档包括在客户的运行概念（Concept of Operations，CONOP）文档中是合适的。如果客户没有一个系统的CONOP，那么，本节描述的运行分析、信息和活动仍然极端重要，仍然需要针对整个系统运行上下文关系中的安全问题（即并不是严格意义上地围绕安全问题）执行运行分析。大量的项目文档可能使用运行概念信息、成本和运行效能分析（Cost and Operational Effectiveness Analysis，COEA）就是其中一例。有时候除了使用已编写好的CONOP文档外，在整个工程项目生命期，运行分析也可按下列形式形成文档并提交评审：设计评审说明、培训材料和文件、人类接口需求、系统环境假设规范和条款式的"程序和策略"文档。

系统运行用户是确定安全运行信息的优选资源，用户代表实际上就是一个初级分析员。信息安全工程小组将帮助用户代表考虑安全运行、支持和管理概念，以及正在开发的系统所出现的问题。

安全运行概念、理论和过程解决方案的开发，起始于概念阶段，并作为可选择系统概念开发和折中研究的一部分；这一开发持续到配置审计阶段，验证该系统的理论与前面几个阶段开发、提练并形成基线概念的一致性；在系统进入其运行期后，这一开发仍将继续并进一步演变，理论分析最终就变成了实际的运行模式。

在系统生命期内反复进行的安全运行分析应集中在：

① 定义人、自动化联结和其他与该系统进行交互的环境元素——交互是直接进行的，还是经过整个系统与业务环境内部的远程/外部接口进行的。

② 用户扮演的角色（例如人的角色可能包括系统用户、系统维护人员、系统管理者和主管以及假定的威胁者）上。而自动化的角色可能是数据源，数据集散点，远程应用功能的操作员或网络服务命令的发出者等。

③ 确定在其业务环境中用户与运行系统交互的方式和模式。

通常，运行分析将不包括任何与系统行为和结构有关的内容，也不包括人类直接不可见的现象或外部自动化接口。计算机存储器和磁盘空间的精确配置通常与运行分析无关。运行分析与定义和审核系统运行梗概有关。自动仿真和建模的工具通常在定义、分析和提交运行梗概时很有帮助。

需要考虑的典型运行情况包括：

① 在正常和不正常条件下，系统启动和关机。
② 系统、人和对错误条件的环境反应或安全事件。
③ 系统/组成单元失灵时，在一个或多个预先计划的备用方式下维持运行。
④ 在和平时期和战争时期/其他敌对模式下维持运行。
⑤ 安全事件或自然灾祸的响应/恢复模式（例如，与病毒事件有关的系统冲突以及响应/恢复）。
⑥ 系统对关键性和常见的外部和内部事件的反应。
⑦ 若配置多个系统，那么对每个系统唯一的环境/场所梗概。
⑧ 在整个正常业务应用期间，系统行为、环境与人的相互影响以及与外部自动化的接口。

上述运行梗概，通常可采用叙述的形式——说明系统原理和正常、非正常运行活动的流程——加以说明。提炼的运行案例和程序可以包括在培训教材和系统手册中，或者其他形式中。它们也可包括在出版的标准操作程序（SOPS）中，或包括在对现场和商业企业的本地政策中，或包括在信息/基础设施域中。

为了实施关键性的安全分析，包括所有运行概念在内的因素都应考虑到。这些因素至少应包括：

①希望系统处理数据的敏感等级。

②在每个等级上大约有多大的数据处理量。

③在任何适用的主要角色（即首席操作员、业务监督员和网络系统官员等）级别上，与系统用户相关的许可证等级（包括对分区、特殊访问程序或其他需知的常规授权）、功能性权力和与系统用户有关的特权（人工的和自动的）。

④系统用户的身份。

⑤与其他系统接口有关的敏感性等级和业务重要性程度。

⑥技术的和非技术的（"产品"和"过程"）安全执行机制的相互作用，来自信息系统安全和任何其他被施加的科目（如物理安全和人事安全）联合承担日常安全的系统运行责任。

3.6 生命周期安全支持

SPO 将监督系统整个生命期各阶段的计划，包括开发、生产、现场运行、维护、培训和报废处置。在运行和维护期间，要持续运行在设计的性能水平上，只有对生命周期的"支持"进行详细、准确的规划和实施才能达到。

3.6.1 安全的生命期支持的开发方法

信息安全工程小组和 LCIE 将和客户一起作业，为系统整个生命期定义一个可理解的安全方案；在多个系统配置的情况下，对个别站点或站点类可能要开发特定方案。由于某些系统的安全需求可采用非技术的过程而不是技术产品解决方案，在获取和开发期间以及稍后的运行阶段要与负责系统安全的各种机构建立密切关系。这些机构可能有助于场地勘测、物理和管理安全分析及对策分析。

在这一活动中产生的信息，将被并入到相应的系统文件中。与预先激活的安全支持有关的信息安全工程的作用，可能需要并入到系统工程管理计划、项目保护计划和/或合同采购文件中。在系统部署开始之后，安全支持的文档多半是系统集成后勤支持计划的一部分，或者是安全管理计划的一部分。这些安全生命期支持问题对 C&A 团队来说很有意义，并且可能并行出现在系统 C&A 计划中。

信息安全工程应准备就系统开发和生产期间所适用的安全支持问题和方法，向客户提出建议。例如安全许可证等级，在开发者/集成者、操作者和系统维护者之间通常是可变的。开发者/集成者的人事和设备的许可证需求可在 SOW 中，而操作者和维护者的这种需求则可能在系统理论原则和后勤支持计划中。

隐藏系统开发者或拥有者身份的"隐蔽采购"行为，适合于某些子系统或组件。另一个例子是，安全方案中可能包括需要保护敏感信息以免泄露的若干步骤，也可能是需要监控系统生产和分配过程的各方面来保证合适的安全需求得到满足。

生命期的安全方案至少要涉及下列领域：监控系统安全、系统安全评估、配置管理、培训、后勤和维护、次要和主要的系统修改以及报废处置。早在开发期间就应该开始这些活动的规划，使系统在整个生命期内可以考虑这些领域的完整集成。主要修改通常将引起正式的再度请求系统工程和采集过程提出广泛的和价格昂贵的修改方案，并在重新设计现有系统还是代替现有系统之间进行利益平衡。

信息安全工程小组和 LCIE 将和客户与 C&A 小组共同作业,准备系统生命期的安全支持计划。信息安全工程小组应确保提供系统生命期支持的客户解决途径,使系统的安全风险不致恶化,并考虑提高安全性来对付敌对势力的能力或系统脆弱性的增加。C&A 小组在系统启动之后,要注意确定重新认证重新认可的策略:合适的阈值,由谁判定(通常是 DAA),以及在系统启动后这些策略怎样实现。信息安全工程小组考虑的领域包括:

①在开发、测试和运行使用期间,有必要对系统进行监控,以持续地与安全需求保持一致,而不增加可接受范围之外的安全风险。

②保证针对系统的培训要包括安全特性和限制,以使可能导致安全风险增加的类似操作和维护错误受到控制并可接受。

③对那些与可用规则和规章相一致的、与安全有关的组件的处理指令进行跟踪,而不增加安全风险。

④保证配置管理过程是适当的,以避免出现未经适当批准和引起安全风险上升的修改事件。

⑤定义必要的安全性应急计划,该计划与运行的应急计划相匹配,例如战时或敌对状态下的应急计划,此时可能需要接受更大(更小)的安全风险。

⑥对系统进行安全评估,找出系统中的薄弱环节,并妥善处理这些薄弱环节。

⑦保证后勤和维护支持系统中与安全有关的组成单元的需求,而不引起安全风险的增加。

生命期支持的安全方面包括,可控制的(或可信的)分配和"隐蔽采购"技术。其主要意图是避免在系统整个生命期期间非授权地了解或访问系统,并重视保证硬件、软件和数据(包括密码、密钥材料)的持续完整性。

在开发过程早期,就要开始计划并随着系统的开发变得更详细。最初的方案在 ASR 之前的先期概念和概念阶段就要作准备,这样,它就可以作为用于确定在系统开发中所使用的可选择系统概念信息的一部分。这种方案在系统设计阶段完成并且在 SFR 结束。也可要求在整个初始和详细设计以及后续阶段中追加更新的和/或附加的信息。这种信息将被放置在合适的系统文档中,通常是支持文件或系统理论原理文档。在系统开发期间,通过信息安全工程小组的支持来确定解决途径。

生命期对安全支持的主要目的,是确保系统的保护手段在运行和支持阶段依然适合其安全目标。任何引起不可接受安全风险的已知缺陷必须被明确提出来,并采取或大或小的修改措施弥补这些不足或缺陷。除了经常性地反复进行安全风险评估外,如果存在安全违规,或者安全检查或审计中揭示出安全缺陷,或现行的授权到期,都可以引发修改措施。

在对某些系统、中间环境或者更广泛的环境改变中,可能影响系统安全状态和安全解决方案实用性的,包括:

①由于业务驱动或保护政策驱动改变信息的安全临界值和/或敏感性,这种改变会引起安全需求或要求的对抗措施的改变。

②威胁的改变(即威胁动机的改变,或潜在的攻击者新的威胁能力的改变),可使系统的安全风险增加或减少。

③业务应用上的改变。这种改变要求不同的安全运行模式。

④发现新的安全攻击手段。

⑤安全缺陷、系统的完整性缺陷或异常事件或突发事件。
⑥安全审计、检查和外部评审的结果。
⑦系统、子系统或组件配置的改变或更新（例如，使用新的操作系统版本、数据管理应用程序的修改、安装新的商用软件包、硬件的升级或拔除、新的安全产品、对可能违反其安全假设的"可信"组件的接口特性的改变）。
⑧对 CI 的删除或降级。
⑨对系统过程对抗性措施（即人类接口需求或整个安全解决方案的其他原理/程序组件）的删除或降级。
⑩与任何新的外部接口的连接。
⑪运行环境的改变（例如：重新部署其他设备，改变提供保护的基础设施和环境，改变外部操作程序）。
⑫能改善安全态势或降低运行费用的新对抗技术的可用性。
⑬系统安全可信期满。

3.6.2 对部署的系统进行安全监控

理想情况下，系统安全功能在系统运行期间应被连续监控；有关的监控特性应该通过对生命期支持问题的并发分析提前设计到系统中。例如：在系统启动后，安全的监控可能涉及支持安全审计追踪的自动化分析；或者使用一个连网工作的工作站分析正在通过网络的数据包，以保证它们不以明文出现；或者可进行安全现场评估，一个系统的传输（数据）可被记录下来并进行分析，以确定是否检测出任何安全异常情况。信息安全工程小组将参与商业研究，以确定什么样的监控手段具有最好的成本-效益比，同时可提供最为可信的措施确保系统的一致性，以使可接受的安全风险遵从其安全需求。信息安全工程小组应建议有利于实现这一目标的合理措施。在开发这些建议时，指定给信息安全工程小组的安全指导代表将非常有用。如果合理的监控是在系统设计期间集成进去，而非在系统完成之后才"粘上去"的话，那么这种成本通常是非常低的。信息安全工程小组将确保在开发期间妥善解决这些问题。

3.6.3 系统安全评估

信息安全工程小组应提出系统是否应该进行安全评估的建议，但是最终作出是否评估的决定却是取决于系统拥有者和认可者，以及实际完成安全评估的评估者。在制定该建议时，要考虑许多因素，其中包括系统是否已用了被证明过的手段来满足其安全需求。如果是这样，安全评估在成本-效益上可能不划算。但是，如果用的是"新"的或可疑的手段来满足安全需求，那么安全评估就是需要的了。另一个需要考虑的因素可能是系统在其环境中要面临的威胁。如果威胁很大，安全评估可能是适当的，但是如果威胁不大，那么可能评估就不合算了。系统文档、适当的终端项目或系统本身的其他部分（如无线电设备、工作站）应该提供给安全评估人员。安全评估人员则研究系统文档和任何提供的用于测试的组件，并从敌对势力的角度试图进行"攻击"。安全评估人员应恰当报告任何脆弱性（如给系统用户和 LCIE），并决定需要采取的行动。改变物理系统本身或相应的系统理论程序可能是正确的，或者进一步计划使系统升级。信息安全工程小组的安全指导代表应该将小组的意见综合起来，以判断安全评估是否是合适并可行的。在某些情况下，可能需要就是否通过长期的、深层次的安全评估来支持系统数量和类型作出折中分析判断。

在安全的生命期支持中，某些场合下的系统安全轮廓研究也是很有用的。

3.6.4 配置管理

配置管理是一个对系统（包括软件、硬件，固件、文档、支持/测试设备，开发/维护设备）所有变化进行控制的过程。系统项目的管理者应该建立一个配置控制委员会（Configuration Control Board，CCB），用来审查或批准系统的任何修改。

在整个生命期内，实行配置管理有许多理由，其中包括：
① 在生命期内的某一给定点上维持一个基线；
② 系统在不断变化中不可能保持静止；
③ 对灾难等突发事件（自然的、人为的）进行规划；
④ 保持对所有 C&A 证据的追踪；
⑤ 对系统有限资源集合的利用，在整个系统生命期内将增加；
⑥ 配置项的识别；
⑦ 配置控制；
⑧ 配置会计学；
⑨ 配置审计。

最强的配置控制过程将包括对实际系统在其运行环境下，周期性的、物理上和功能上的审计。通常出现的改变不是已知的，也不是文件已经提供的。这些只能通过检查系统硬件、软件和常驻数据发现。

信息安全工程小组将保证管理系统配置的过程在系统生命期内都保持工作状态，并且配置管理过程将信息系统安全问题作为关键目的。信息安全工程小组，LCIE，C&A 或其他有相关知识的信息系统安全代表必须参与配置控制过程，最好作为完全的 CCB 成员参与，并找到和评估任何可能有安全影响的改变。

信息安全工程小组或 LCIE 在适当的时候将提供一种信息，该信息包括请求的改变及其对用户安全的影响，将由配置委员会来决定是否批准所请求的改变。这种安全影响信息可以指明增加或降低安全风险的系统评估等级，或提出一个在已评估的安全风险的可接受范围内进行修改的建议。应予注意的是，对系统安全态势有正面影响的变化也要明确指出，并作必要描述，因为这一信息对配置控制委员会也有用。

3.6.5 培训

并发系统工程方案内的培训功能旨在提交所要求的任务、活动和系统单元，以便达到和维持相关人员所需的知识和技能水平，使之有能力和有效地实施系统的运行和支持。

如果必要，信息安全工程小组和 LCIE 应将与安全相关的培训集成到系统生命期的培训项目中去。信息安全工程小组鼓励客户参与对系统正确配置、维护和安全特性使用的有关培训活动。这种培训可以针对端用户、系统管理员、系统维护人员、军队指挥员或机构执行官、安全官员、系统或组件开发者、安全认证者或评估者等，培训是整个系统生命期内所必需的。要对每个培训课程进行审核，以便确定培训课程是否包含有与安全相关的培训材料。LCIE 需要跟踪与安全有关的培训需求，并保证对任何修改和/或新的安全特性都要进行培训。培训用户如何使用系统的练习，要引入（允许条件下的）现场演练方法，包括适当安全功能的应用和有关威胁尝试的模拟（例如，敌方信号情报的收集、电子战、识别病毒或黑客等）。

3.6.6 后勤和维护

并发系统工程方案中的支持功能,旨在提交任务、活动和系统单元,以便提供运行、维护、后勤(包括培训)和材料管理支持。为了保证正确提供、存储和维护系统的最终项目,必须对任务、装备、技能、人员、设施、材料、服务、供应品和过程进行定义。

集成的后勤支持是管理和技术活动经过训练的、统一和反复应用的方案,这些管理和技术活动是下列活动所必需的:将后勤支持集成到系统和装备的设计中;开发一些支持需求,这些支持需求始终都是与备用项目、设计和相互之间有关的;获取必要的支持;以最小的代价在运行阶段期间提供的必要支持。集成的后勤支持(ILS)将被集成到设计过程中,以保证正在设计的系统一旦在现场进行装备时可得到充分的支持。如果没有一良好定义的过程,并持续使用合适的工程和系统分析技术,系统的质量和可靠性在运行和维护过程中可能恶化,导致维护和运行费用的增加。

信息安全工程小组应该保证后勤支持需求是在考虑了系统的安全需求后进行开发的。例如,如果 CI 或组件需要对密钥或特权管理令牌进行物理递交,信息安全工程小组应该保证这些安全需求在系统的后勤计划中被提出来。

在系统的整个生命周期内,影响系统安全态势的问题报告将由 LCIE 进行分析(如果合适,可由信息安全工程牵头进行)。LCIE 应该检查带趋势性的问题报告,这些问题报告指出系统应用中不充分的培训,或揭示出引起安全风险增加或不符合系统安全需求的系统设计错误。

3.6.7 系统的修改

1. 重大修改

有时可能需要对一个系统进行一处或多处修改,甚至完全替换一个系统。这种需求最通常是在重新请求全系统获取和工程过程时才被提出来。当需要大量新的资源、特殊或大规模采购或大规模工程人力资源时,需要改变系统的大部分或特别关键的部分时,可认为这些就是主要的或重大的修改。通常,主要修改的提议必须经适当的机构进行论证,并且要在可能引起可用资源竞争的其他系统获取的活动之前优先实施。重新计划的产品改进方案也有同样的属性。

2. 一般修改

信息安全工程小组或 LCIE 在计划和开发一般性修改时,必须和客户紧密合作。一般性修改往往是那些特别规划给该系统运行和维护基金内可以处理的小修改,或者得到机构运行资金支持的小修改。它们通常是由端用户提出或其设计支持中心提出的,此类修改不必通知获取项目办事机构或系统工程小组。

对于一般性修改,信息安全工程过程仍然是可用的和有益的。由于修改的开发活动远比系统开发规模小,所以这种修改降低了复杂性、简化了手续和缩小了范围。LCIE 应该保证,所有需求包含任何合适的安全需求,设计满足安全需求,实现也考虑到设计。通常,为了适应一般性修改,许多系统文件只要求少量的改变。信息安全工程小组将参与到这些改变中,以保证当时判定为可接受安全风险等级的系统安全状况不能因修改而降低。对于被提议的系统修改,是否应该进行深层次的安全风险评估,或者重新进行正规的安全风险审核,信息安全工程小组应该基于需求的修改特性作出判断。

3.6.8 报废处置

处置包括一些必须执行的任务、行为和活动以及系统元素，保证对那些退役的和被破坏的或不可修复的系统最终项目进行报废处置，以与分类项目的应用策略以及环境规则和指示相一致。此外，系统的报废处置，要考虑到短期和长期可能破坏环境和伤及人与动物健康的影响。系统工程处置功能还包括再生、材料恢复、废物利用，以及对开发和生产过程中副产品的处置。

信息安全工程小组应该保证为系统所作的处置计划要充分地考虑到该系统生命期的有关安全方面的问题。例如，当开发完成后，如何处理用来开发保密软件的计算机，系统的副产品和消耗品（即备用材料、计算机外部设备输出和打印机附件等），以及驻留在现场系统中已被淘汰或撤销的保密软件。LCIE 将保证处置与安全生命周期的支持计划相一致，使报废处置不会增加系统的安全风险。

3.7 信息安全工程的过程

信息安全是一个复杂的系统工程，解决信息安全问题应该从方法论、工程学的角度来考虑。一项科学的、高质量的信息安全工程应包含以下 10 个环节：

1. 风险分析与评估

风险评估是安全防御中的一项重要技术，也是信息安全工程学的重要组成部分，其原理是对采用的安全策略和规章制度进行评审，发现不合理的地方，采用模拟攻击的形式对目标可能存在的已知安全漏洞进行逐项检查，确定存在的安全隐患和风险级别。风险分析的目标包括系统的体系结构、策略指导、人员状况以及各类设备如工作站、服务器、交换机、数据库应用等各种对象。根据检查结果向系统管理员提供周密可靠的安全性分析报告，为提高信息安全的整体水平提供重要依据。

风险分析是有效保证信息安全的前提条件，有必要对网络系统的安全性进行科学的评估。只有准确地了解系统的安全需求、安全漏洞及其可能的危害，才能制定正确的安全策略，另外，风险分析也是制定安全管理措施的依据之一。风险分析与评估是通过一系列管理和技术手段来检测当前运行的信息系统所处的安全级别、安全问题、安全漏洞，以及当前安全策略和实际安全级别的差别，评估运行系统的风险根据审计报告，可制定适合具体情况的安全策略及其管理和实施规范，为安全体系的设计提供实际参考。

风险分析与评估是掌握信息与网络系统运行情况的最佳方法，是信息安全工程学的重要组成部分，也是设计安全防护体系的前提。风险分析的过程是一个不断发展完善的过程，第二次评估结果肯定比第一次准确、详细，而第三次评估结果肯定要优于第二次，所以，这个过程应该是伴随着信息系统同时存在、同步发展的。

2. 安全需求分析

安全需求是一个单位要保护自己信息系统的安全所必须做的工作的全面描述，是一个很详细、全面、系统的工作规划，是需要经过仔细研究和分析才能得出的一份技术成果。为一个企业设计一个安全体系，对企业的安全需求进行分析是必不可少的，是对企业的信息财产进行保护的依据。安全需求分析工作是在安全风险分析与评估工作的基础上进行的，是安全工程学中在风险分析与评估之后的另一个阶段的工作。

安全需求分析是实施安全防护工程的基础，必须引起人们的重视。安全需求分析也是一个不断发展的过程，不会有一个一劳永逸的分析结果，随着系统环境的发展以及外在形势的改变，安全需求也会改变，要想保持分析结果的有效性，必须保证结果时刻最新，安全需求分析的过程也得与系统同步发展。

3. 安全体系设计

安全体系是安全工程实施的指导方针和必要依据，它的质量也就决定了安全工程的质量。所以，把安全体系的设计提升到一定的高度，确保安全体系的可靠性、可行性、完备性和可扩展性。

安全体系是一种理论与实际相结合的产物，有它的理论依据和实际依据，理论依据是现有的一些制度和标准，实际依据则是信息系统的具体情况。安全体系是安全工程实施的依据方案，没有方案的工程是不可理解的，所以安全体系是为信息网络系统设计安全体系的重要环节。安全体系的设计必须以严谨的理论为指导，充分考虑系统本身的实际情况，必须经过多番论证、修补和完善，这样才能保证体系的质量。因为信息与网络的发展速度很迅猛，所以，安全体系必须随着更新、升级，因而安全体系必须有它良好的可扩展性。

4. 制定安全策略

安全策略是为发布、管理和保护敏感的信息资源而制定的一组法律、法规和措施的总和，是对信息资源进行使用管理规则的正式描述，是企业内所有成员都必须遵守的规则。保护网络信息的安全是一场没有硝烟的战争，安全策略则是这场战争的战略方针，它负责调动、协调、指挥各方的力量来共同维护信息系统的安全。如果没有安全策略进行总体规划，即使安全实力再雄厚，信息系统也还是千疮百孔。安全策略属于网络信息安全的上层建筑，是网络信息安全的灵魂和核心。安全策略为保证信息基础的安全性提供了框架，提供了管理网络安全性的方法，规定了各部门要遵守的规范及应负的责任，使得信息网络系统的安全有了切实的依据，一个信息网络系统没有安全策略是不可想象的。

安全策略是安全工程实施与正常运行的依据，它的内容包含了和信息系统有关的各个层次、方方面面，根据信息系统的分层结构，安全策略也需分层次进行开发、制定，并且还要不断地在持续的安全工作中进行修正、补充和完善。

5. 安全产品的测试和选型

要保护信息与网络系统的安全，必须购买一定数量的安全产品。有些产品的功能之间是有联系的，如果选择不好，可能会出现冲突或重复，这都是一种浪费。如何根据实际需要，选择最理想的安全产品是一项保护网络信息安全的基础工作，必须谨慎对待。

由于信息安全有着关系到国家主权和国家安全的特殊性，信息安全的测评认证体系也是不同于一般民间第三方的认证体系，而是政府授权的第三方测评认证体系，即国家信息安全测评认证体系。认证机构的存在对于规范信息安全市场，强化产品的生产者和使用者的安全意识都起着积极的作用。

对于一般用户来说，不可能知道如何去测试一个安全产品，所以，只要参考认证机构对该产品的测评结果就可以了。但是，如果了解有关的测评标准、测评程序、测评技术，那么对选择合适的安全产品会大有好处，所以，在选择安全产品之前，参考一下这些方面的资料是很有用的

选购安全产品除了要依据它的性能指标和测试结果以外，还有一些应该考虑的其他因素，它们是信息现在和将来的需求、厂商的信誉、售后服务、产品的市场占有率、产品的价

位等,这些因素从一定程度上也反应了产品的性能。安全产品的测试选型工作要严格按照信息网络系统安全产品的功能规范要求,利用综合的技术手段,对参测产品进行功能、性能与可用性等方面进行测试,为企业选出符合功能规范的安全产品。测试工作原则上应该由中立组织进行,测试方法必须科学、准确、公正,必须有一定的技术手段。测试标准应该是国际标准、国家标准与信息网络系统安全产品功能规范的综合,测试范围包括产品的功能、性能与可用性等。

6. 安全工程的实施与工程监理

为了保证安全工程的质量,有三个方面的工作必须重视:一是选择一个科学、合适的实施方案作为工程实施的指导;二是选择一个工程能力可靠的施工单位负责工程的建设;三是对工程实施的整个过程进行监理。

一个高水平的安全工程实施方案和实施单位只是一个高质量安全工程的必要条件,不是充分条件,工程实施过程中的各个环节和因素也在很大程度上影响着工程的质量。比如,所用的安全产品并非真实所定的产品,工程的实施人员并没有达到要求的能力水平,阶段任务并没有按期完成等,这很大程度取决于施工单位的责任心和职业道德。为了检验施工单位的水平和责任心,保证工程各阶段的质量,对工程的实施过程要实行工程监理制度。安全工程监理主要从工程的规范、流程、进度等方面进行监督与检查,确保每一细节的质量,避免因为某个小问题而影响整个安全工程甚至需要返工等情况的发生。安全监理单位或个人必须是第三方中立机构或个人,这样才能保证工程真正按照合理的流程与技术标准进行,才能保证项目实施的公正与科学性。

7. 信息安全组织管理体系的构建

安全工程是一个多阶段、多环节的复杂过程,要把这个过程协调好、组织好,必须组建一个科学、健全的组织管理体系对此负责,这是保证安全工程质量的重要前提,所以,安全组织管理体系是安全工程学中的重要组成部分。

由于信息安全系统的特殊性、排他性、复杂性,需要独立的组织、方法、流程、管理体系的协调。安全组织管理体系是保证安全工程质量的重要条件,所以,对于组织管理体系的构建必须重视体系的组件,必须遵循多人负责、任期有限、职责分离的原则,体系的结构必须科学合理,职能必须详细明确。

8. 安全事件紧急响应体系的构建

紧急响应的目的是处理计算机网络及信息安全紧急事件,发布安全警告,为安全服务提供技术保障,研究网络入侵行为及防护方法,普及网络安全知识,提高公众安全意识。因为各类入侵行为有很多种,涉及很多知识领域,对这些入侵行为的分析和处理还要讲究一定的策略,所以,紧急响应的过程也是一个复杂的、多层次的体系。

组建科学的紧急响应体系是有效防御各类攻击破坏行为、减少损失的必要条件,也是信息安全工程学必不可少的组成部分,体系的构建应该遵循机构合理、职责分明、程序健全的原则。

9. 安全的稽核与检查

稽核与检查工作是检验、监督信息系统的安全工作落实情况,保证统一安全策略得到贯彻实施的有效方法与手段。从安全策略上看稽核与检查工作和安全基础设施建设工作,在组织、人员、技术、设备、系统等方面应该分开,应该相互制约,只有这样才能保证稽核与检查工作的有效性,信息与网络系统的安全性才能得到维护。一个安全体系涉及从上层理论到具体细节方方面面的内容，同样，稽核与检查工作也要包括这些内容。

安全检查与稽核工作是保证安全体系安全性的有效途径，也是促进安全体系有效运转的最佳方法，它对信息安全防护体系起到了监督、促进的作用，是维护信息网络系统安全的有力保障。安全检查与稽核工作的范围、内容也有很多，要对安全政策、组织、人员、技术措施、安全意识等方面进行全面的检查，形成综合的稽核报告。安全检查与稽核工作的目的是最大限度地监督安全基础设施的建设与落实，保证信息与网络系统的安全，保证日常工作与安全生产的顺利进行。

10. 安全意识教育与技术培训

大量网络信息安全案例表明，由于用户的安全意识不强以及误操作，同样会给信息系统造成不可预测的后果。有意无意将计算机病毒、特洛伊木马程序及其他恶意代码引入信息系统，将给信息系统造成灾难性的后果，这恰恰是各类用户安全意识不强以及违背管理制度的直接结果。用户违背访问控制策略私自访问因特网或外部网络，不但可能突破系统防护的薄弱环节，绕过防火墙，将内部秘密信息泄露出去，暴露内部资源配置信息，而且会严重破坏访问控制秩序，加重网络传输负荷，造成拥塞，导致网络管理混乱。因此加强各类职员、用户的安全意识教育和安全技术培训是网络信息系统确保安全运行的预前、预后和常规性重要措施，也是一个完整的安全工程学的重要组成部分。

人员的安全意识教育和安全技术培训是信息安全工程学中必不可少的一部分，它对信息系统的安全有着重大的促进作用。由于各种信息网络环境千差万别，不同环境应该根据具体情况建立不同规模的教育培训体系，设置不同的培训课程，制定不同层次的考核方法与标准，定期组织各种形式的宣传活动，培训与教育工作要制度化与经常化，不宜走过场。

本 章 小 结

本章介绍了与信息安全工程相关的概念和各种典型活动，所有这些活动必须在信息安全工程小组或信息系统安全工程师的指导下完成。概括性地描述安全规划与控制、安全需求、安全设计支持、安全运行、生命周期安全等每项活动。安全规划与控制属于系统和安全项目的管理与规划活动，开始于一个机构从业务角度决定承担该工程的时候，它们是信息安全工程过程的基本部分；安全需求是为了确定系统每个主要功能，并用无歧义的可试验术语说明这些需求；安全设计支持提供了对那些能满足系统需求的安全服务、安全机制和安全特性的深刻理解，以及在整个系统结构的上下文关联中的建议；生命周期的规划和实施达到了安全持续运行在设计的性能水平上。

习 题 三

1. 简述信息安全工程的生命周期。
2. 分别简述信息安全工程小组和 LCIE 的职责。
3. 为什么要实行配置管理？
4. 一个科学的高质量的信息安全工程应包括哪些环节？
5. 信息安全工程小组应该给 C&A 提供哪些方面的资料？
6. 简述决策数据库的内容。
7. 简述信息安全工程中的培训应当注意的问题。
8. GSA 中可用的项目主题包含哪些方面？

第四章 信息安全风险评估

【学习目标】
- 了解风险评估的概念、特点和内涵；
- 知道风险评估的过程及应注意的问题；
- 了解如何选择恰当的风险评估方法；
- 知道典型的风险评估方法；
- 了解风险评估实施准备。

4.1 信息安全风险评估基础

4.1.1 与风险评估相关的概念

资产（Asset），任何对组织有价值的事物。

威胁（Threat），指可能对资产或组织造成损害的事故的潜在原因。例如，组织的网络系统可能受到来自计算机病毒和黑客攻击的威胁。

脆弱点（Vulnerability），是指资产或资产组中能被威胁利用的弱点。如员工缺乏信息安全意识、使用简短易被猜测的口令、操作系统本身有安全漏洞等。威胁是利用脆弱点而对资产或组织造成损害的，资产、威胁和脆弱点对应关系，如图4-1所示。

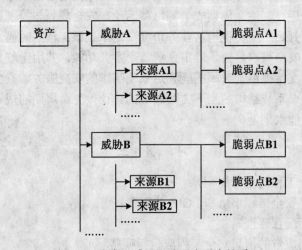

图4-1 资产、威胁和脆弱点对应关系

风险（Risk），特定的威胁利用资产的一种或一组薄弱点，导致资产的丢失或损害的潜在可能性，即特定威胁事件发生的可能性与后果的结合。

风险评估（Risk Assessment），对信息和信息处理设施的威胁、影响和脆弱点及三者发生的可能性的评估。

风险评估也称为风险分析，就是确认安全风险及其大小的过程，即利用适当的风险评估工具，包括定性和定量的方法，确定资产风险等级和优先控制顺序。

4.1.2 风险评估的基本特点

信息安全风险评估具有以下基本特点：

（1）决策支持性

所有的安全风险评估都旨在为安全管理提供支持和服务，无论它发生在系统生命周期的哪个阶段，所不同的只在于其支持的管理决策阶段和内容。

（2）比较分析性

对信息安全管理和运营的各种安全方案进行比较，对各种情况下的技术、经济投入和结果进行分析、权衡。

（3）前提假设性

在风险评估中所使用的各种评估数据有两种，一是系统既定事实的描述数据；二是根据系统各种假设前提条件确定的预测数据。不管发生在系统生命周期的哪个阶段，在评估时，人们都必须对尚未确定的各种情况做出必要的假设，然后确定相应的预测数据，并据此做出系统风险评估。没有哪个风险评估不需要给定假设前提条件，因此信息安全风险评估具有前提假设性这一基本特性。

（4）时效性

必须及时使用信息安全风险评估的结果，过期则可能出现失效而无法使用，失去风险评估的作用和意义。

（5）主观与客观集成性

信息安全风险评估是主观假设和判断与客观情况和数据的结合。

（6）目的性

信息安全风险评估的最终目的是为信息安全管理决策和控制措施的实施提供支持。

4.1.3 风险评估的内涵

1. 风险评估是信息安全建设和管理的科学方法

风险评估是信息安全等级保护管理的基础工作，是系统安全风险管理的重要环节。

风险评估是信息安全保障工作的重要方法，是风险管理理论和方法在信息化中的运用，是正确确定信息资产、合理分析信息安全风险、科学管理风险和控制风险的过程。

信息安全旨在保护信息资产免受威胁。考虑到各类威胁，绝对安全可靠的网络系统并不存在，只能通过一定的措施把风险降低到可以接受的程度。信息安全评估是有效保证信息安全的前提条件。只有准确了解系统安全需求、安全漏洞及其可能的危害，才能制定正确的安全策略，制定并实施信息安全对策。另外，风险评估也是制定安全管理措施的依据之一。

还有，客户单位业务主管并不是不重视信息安全工作，而是不知道具体的信息安全风险是什么，不知道信息安全风险来自何方、有多大，不知道做好信息安全工作要投入多少人力、财力、物力，不知道应采取什么样的措施来加强信息安全保障工作，对已采取的信息安全措施也不知道是否有效。所以我们说信息安全风险评估应该成为各个单位信息化建设的一种内在要求，各主管和应用单位应该负责好自己系统的信息安全风险评估工作。

2. 风险评估是分析确定风险的过程

风险评估是依据国家标准规范，对信息系统的完整性、保密性、可用性等安全保障性能进行科学、公正地综合评估地活动。它是确认安全风险及其大小的过程，即利用适当的风险评估工具，包括定性和定量的方法，确认信息资产自身的风险等级和风险控制的优先顺序。风险评估是识别系统安全风险并确定风险出现的概率、结果的影响以及提出补充的安全措施以缓和风险影响的过程。

3. 风险评估是信息安全建设的起点和基础

风险评估是信息安全建设的起点和基础，科学地分析理解信息和信息系统在保密性、完整性、可用性等方面所面临的风险，并在风险的预防、风险的减少、风险的转移、风险的补偿、风险的分散等之间做出决策。

所有信息系统的安全建设都应在风险评估的基础上，正确而全面地理解系统安全风险后，才能在控制风险、减少风险、转移风险之间做出正确的判断，决定调动多少资源、以什么样的代价、采取什么样的应对措施去化解、控制风险。风险评估是对现有系统安全性进行分析的第一手资料，它为降低系统安全风险、实施风险管理及风险控制提供了直接的依据。因此，风险评估是信息安全管理体系建设所必须的基础工作。

信息系统安全建设的基本原则是必须从实际出发，坚持需求主导、突出重点。风险评估正是这一原则在实际工作中的具体体现。从理论上讲不存在绝对的安全，风险总是客观存在的。安全是安全风险与安全建设管理代价的综合平衡。不计成本、片面地追求绝对安全，试图完全消灭风险或完全避免风险是不现实的。坚持从实际出发，坚持需求主导、突出重点，就必须科学地评估风险，有效控制风险。

4. 风险评估是在倡导一种适度安全

随着信息技术在国家各个领域的广泛应用，传统的安全管理方法已不适应信息技术带来的变化，不能科学全面地分析、判断网络和信息系统的安全状态，在网络和信息系统建设和运行过程中，出现了不能采取适当的安全措施、投入适当的安全经费，以达到适当的安全目标的偏差。

信息安全风险评估就是从风险管理的角度，运用科学的方法和手段，系统地分析网络与信息系统所面临的威胁及存在的脆弱性，评估安全事件一旦发生可能造成的危害程度，提出针对性抵御的防护对策和整改措施，并为防范和化解信息安全风险或者将风险控制在可接受的水平，最大限度地保障网络和信息安全提供科学依据。

风险评估在信息安全保障体系建设中具有不可替代的地位和重要作用，它是实施等级保护的前提，又是检查、衡量系统安全状况的基础工作。风险评估是分析确定风险的过程。分析确定系统风险及其大小，进而决定采取什么措施去减少、转移、避免和对抗风险，确定把风险控制在可以容忍的范围内，这就是风险评估的主要流程。

4.1.4 风险评估的两种方式

信息安全风险评估是提高我国信息安全保障水平的一项重要举措，应当贯穿于网络与信息系统建设运行的全过程。根据评估发起者的不同，风险评估可分为自评估、检查评估两种方式。自评估是信息安全风险评估的主要形式，是指信息系统拥有、运营或使用单位发起的对本单位信息系统进行的风险评估，以发现信息系统现有弱点。实施安全管理为目的的检查评估是指信息系统上级管理部门或信息安全职能部门组织的信息安全风险评估。检查评估是通过行政手段加强信息安全的重要措施。

风险评估应以自评估为主，检查评估在自评估过程记录与评估结果的基础上，验证和确认系统存在的技术、管理和运行风险，以及用户实施自评估后采取风险控制措施取得的效果。自评估和检查评估应相互结合、互为补充。自评估和检查评估都可依托自身技术力量进行，也可委托具有相应资质的第三方机构提供技术支持。

美国等发达国家，自评估工作已经运行多年，逐步形成了标准和规范，大体进入了制度化阶段。在此基础上，他们开始强调联邦一级的认证认可，即检查评估。我国开展信息安全风险评估工作，滞后于发达国家。因此，现阶段应该把自评估工作尽快开展、规范起来，打好风险评估工作的基础。

1. 自评估

自评估是风险评估的基础。要落实"谁主管谁负责，谁运营谁负责"的原则，信息系统资产的拥有者、主管者、运行者首先应通过自评估的方式对自己负责，这样才能随时掌握安全状况，不断调整安全措施，有效进行安全控制。

自评估是信息系统拥有者依靠自身力量，依据国家风险评估的管理规范和技术标准，对自有的信息系统进行风险评估的活动。信息系统的风险，不仅仅来自信息系统技术平台的共性，还来自于特定的应用服务。由于具体单位的信息系统各具特性，这些个性化的过程和要求往往是敏感的，没有长期接触该单位所属行业和部门的人难以在短期内熟悉和掌握。而且只有拥有者对威胁及其后果的体会最深切。目前的信息技术企业，通过技术平台的脆弱性分析，难以真正掌握和了解具体行业或部门的资产、威胁和风险。这些企业不但需要深入研究信息技术平台的共性化风险，还需要推动不同行业部门的个性化风险的专门研究，否则风险评估将会出现关注面的缺失。

自评估方式的优缺点非常明显，主要包括以下两点。

（1）优点
- 有利于保密。
- 有利于发挥行业和部门内的人员的业务特长。
- 有利于降低风险评估的费用。
- 有利于提高本单位的风险评估能力与信息安全知识。

（2）缺点
- 如果没有统一的规范和要求，在缺乏信息系统安全风险评估专业人才的情况下，自评估的结果可能不深入、不规范、不到位。
- 自评估中，也可能会存在某些不利的干预，从而影响风险评估结果的客观性，降低评估结果的置信度。
- 某些时候，即使自评估的结果比较客观，也必须与管理层进行沟通。

为了扬长避短，在自评估中可以采用如下改进办法：
- 发挥专家的指导作用或委托专业评估组织参与部分工作。
- 委托具有相应资质的第三方机构提供技术支持。
- 由国家建立的测评认证机构或安全企业实施评估活动。它既有自评估的特点（由单位自身发起，且本单位对风险评估过程的影响可以很大），也有第三方评估的特点（由独立于本单位的另外一方实施评估）。

委托第三方机构组织或参与自评估活动的好处在于：
- 在委托评估中，接受委托的评估机构一般拥有风险评估的专业人才。
- 风险评估的经验比较丰富。
- 对信息技术风险的共性了解的比较深入。
- 评估过程较为规范，评估结果的客观性比较好，置信度比较高。

但在委托第三方机构组织或参与自评估活动时也要考虑以下三个问题：
- 评估费用可能会较高。
- 可能会难以深入了解行业应用服务中的安全风险。
- 由于风险评估中必然会接触到被评估单位的敏感情况，且评估结果本身也属于敏感信息，因此委托评估中容易发生评估风险。

2. 检查评估

检查评估是由信息安全主管部门或业务主管部门发起的一种评估活动，旨在依据已经颁布的法规或标准，检查被评估单位是否满足了这些法规或标准。信息安全检查是通过行政手段加强信息安全的重要措施，形式有安全保密检查、生产安全检查、专项检查等。被查单位应配合评估工作的开展。

检查评估的实施可以多样化，既可以依据国家法规或标准的要求，实施完整的风险评估过程，也可以在对自评估的实施过程、风险计算方法、评估结果等重要环节的科学合理性进行分析的基础上，对关键环节或重点内容实施抽样评估。

检查评估应覆盖但不限于以下内容：
①自评估方法的检查；
②自评估过程记录检查；
③自评估结果跟踪检查；
④现有安全措施的检查；
⑤系统输入输出控制的检查；
⑥软硬件维护制度及实施状况的检查；
⑦突发事件应对措施的检查；
⑧数据完整性保护措施的检查；
⑨审计追踪的检查。

检查评估一般由主管机关发起，通常都是定期的、抽样进行的评估模式，旨在检查关键领域，或关键点的信息安全风险是否在可接受的范围内。鉴于检查评估的性质，在检查评估实施之前，一般应确定适用于整个评估工作的评估要求或规范，以适用于所有被评估单位。

被检查单位自身不能对评估过程进行干预，检查评估是由被评估方的主管机关实施的，所以其评估结果最具权威性。

但是，检查评估也有如下限制：
- 间隔时间较长，如一年一次，有时还是抽样进行。
- 不能贯穿一个部门信息系统生命周期的全过程，很难对信息系统的整体风险状况做出完整的评价。

检查评估也可以委托风险评估服务技术支持方实施，但评估结果仅对检查评估的发起单位负责。由于检查评估代表了主管机关，涉及评估对象也往往较多，因此，要对实施检查评估机构的资质进行严格管理。

4.2 风险评估的过程

4.2.1 风险评估基本步骤

风险评估方法具有多样、灵活的特点。此外，对风险评估方法的选择又可依据组织的特点进行，因此又具有一定的自主性。但无论如何，信息安全风险评估过程应包括以下基本操作步骤：

第一步：风险评估准备，包括确定评估范围、组织评估小组；
第二步：风险因素识别；
第三步：风险确定；
第四步：风险评价；
第五步：风险控制。

信息安全风险评估过程如图 4-2 所示。

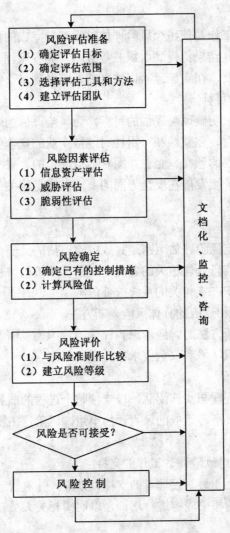

图 4-2　信息安全风险评估过程

为使风险评估更加有效,这一过程应该作为组织业务过程的一部分来看待。风险管理人员希望风险分析和评估过程能够对组织的业务目标起到积极的支持作用。需要强调的是,风险评估过程成功与否关键在其能否被组织所接受。一个有效的风险评估过程将发现组织的需求,并与组织的管理人员积极合作,共同达成组织目标。

为使风险评估能够成功进行,评估人员需要了解客户/企业管理者真正需要什么,并努力满足其需求。对一个信息安全从业人员来说,风险评估过程主要关注的是信息资源的机密性、可用性和完整性。

风险评估过程应根据组织机构的业务运作情况随时进行调整,许多时候企业的管理者都被告知需要增加一些安全控制措施,并且这些安全控制措施是审计的需要或者是安全的需要,而不是商业方面的要求。风险评估工作就是要在风险分析的基础上,帮助用户找到对业务运行有利的安全控制措施和对策。

下面对信息安全风险评估各阶段的主要任务进行详细阐述。

4.2.2 风险评估准备

良好的风险评估准备工作是使整个风险评估过程高效完成的保证。计划实施风险评估是组织的一种战略性考虑,其结果将受到组织业务战略、业务流程、安全需求、系统规模和组成结构等方面的影响。因此,在实施风险评估之前,应做到以下几点。

(1)确定风险评估的目标

在风险评估准备阶段应明确风险评估的目标,为风险评估的过程提供导向。信息系统是企业的重要资产,其机密性、完整性和可用性对维持企业的竞争优势、获利能力、法规要求和企业形象等具有十分重要的意义。企业要面对日益增长的、来自内部和外部的安全威胁。风险评估目标需满足企业持续发展在安全方面的要求,满足相关方的要求,满足法律法规的要求等。

(2)风险评估的范围

基于风险评估目标确定风险评估范围是完成风险评估的又一个前提。风险评估范围可能是企业全部的信息以及与信息处理相关的各类资产、管理机构,也可能是某个独立的系统、关键业务流程、与客户知识产权相关的系统或部门等。

(3)选择与组织机构相适应的具体风险判断方法

在选择具体的风险判断方法时,应考虑到评估的目的、范围、时间、效果、人员素质等诸多因素,使之能够与组织环境和安全要求相适应。

(4)建立风险评估团队

组建适当的风险评估管理与实施团队,以支持整个过程的顺利推进。如成立由管理层、相关业务骨干、信息技术人员等组成的风险评估小组。风险评估团队应能够保证风险评估工作的高效开展。

(5)获得最高管理者对风险评估工作的支持

风险评估过程应得到企业最高管理者的支持、批准,并对管理层和技术人员进行传达,应在组织内部对风险评估的相关内容进行培训,以明确相关人员在风险评估中的任务。

4.2.3 风险因素评估

1. 资产评估

信息资产的识别和赋值是指确定组织信息资产的范围，对信息资产进行识别、分类和分组等，并根据其安全特性进行赋值的过程。

信息资产识别和赋值可以确定评估的对象，是整个安全服务工作的基础。另外，本阶段还可以帮助客户实现信息资产识别和价值评定过程的标准化，确定一份完整的、最新的信息资产清单，这将为客户的信息资产管理工作提供极大帮助。

信息资产识别和赋值的首要步骤是识别信息资产，制定《信息资产列表》。信息资产按照性质和业务类型等可以分成若干资产类，如数据、软件、硬件、设备、服务和文档等。根据不同的项目目标与项目特点，重点识别的资产类别会有所不同，在通常的项目中一般以数据、软件和服务为重点。

资产赋值可以为机密性、完整性和可用性这三个安全特性分别赋予不同的价值等级，也可以用相对信息价值的货币来衡量。根据不同客户的行业特点、应用特性和安全目标，资产三个安全特性的价值会有所不同，如电信运营商更关注可用性、军事部门更关注机密性等。

《信息资产列表》将对项目范围内的所有相关信息资产做出明确的鉴别和分类，并将作为风险评估工作后续阶段的基础与依据。

2. 威胁评估

（1）影响威胁发生的因素

威胁是指对组织的资产引起不期望事件而造成损害的潜在可能性。威胁可能源自对企业信息直接或间接的攻击，如非授权的泄露、篡改、删除等，从而使信息资产在机密性、完整性或可用性等方面造成损害；威胁也可能源自偶发或蓄意的事件。

一般来说，威胁只有利用企业、系统、应用或服务的弱点才有可能对资产成功实施破坏。威胁被定义为不期望发生的事件，这些事件会影响业务的正常运行，使企业不能顺利达成其最终目标。一些威胁是在已存在控制措施的情况下发生的，这些控制措施可能是没有正确配置或过了有效期，因此为威胁进入操作环境提供了机会，这个过程就是我们通常所说的利用漏洞的过程。

威胁评估是指列出每项抽样选取之信息资产面临的威胁，并对威胁发生的可能性进行赋值。

威胁发生的可能性受以下两方面因素影响：

- 资产的吸引力和曝光程度、组织的知名度，这主要在考虑人为故意威胁时使用。
- 资产转化成利润的容易程度，包括财务的利益、黑客获得运算能力很强和带宽很大的主机的使用权等利益，这主要在考虑人为故意威胁时使用。

（2）威胁分析

在对威胁进行评估之前，首先需要对威胁进行分析，威胁分析主要包括以下内容：

①潜在威胁分析

潜在威胁分析是指对用户信息安全方面潜在的威胁和可能的入侵做出全面的分析。潜在威胁主要是指根据每项资产的安全弱点而引发的安全威胁。通过对漏洞的进一步分析，可以对漏洞可能引发的威胁进行赋值，主要是依据威胁发生的可能性和造成后果的严重性来对其赋值。潜在威胁分析过程主要基于当前社会普遍存在的威胁列表和统计信息。

②威胁审计和入侵检测

威胁审计和入侵检测是指利用审计和技术工具对组织面临的威胁进行分析。威胁审计是指利用审计手段发现组织曾经发生过的威胁并加以分析。威胁审计的对象主要包括组织的安全事件记录、故障记录、系统日志等。在威胁审计过程中，咨询顾问收集这些历史资料，寻找异常现象，从中发现威胁情况并编写审计报告。入侵检测主要作用于网络空间，是指利用入侵检测系统对组织网络当前阶段所经受的内部和外部攻击或威胁进行分析。在入侵检测过程中，操作人员需编写检测方案，然后部署入侵检测系统，对来自内部和外部的攻击行为进行检测。入侵检测一般需持续20天左右，入侵检测完成后，分析人员根据入侵检测系统的日志完成分析报告。

③安全威胁综合分析

安全威胁综合分析是对前两项分析结果进行的综合分析，以便给出全面的威胁分析报告。威胁分析报告的内容与信息资产存在的漏洞相对应，并对威胁进行相应的赋值。

（3）威胁评估

在威胁分析的基础上，对威胁进行评估，威胁评估主要包括以下内容：

①威胁识别与建立威胁列表

建立一个完整的威胁列表可以有许多不同的方法。例如，可以建立一个检查列表，但需要注意不要过分依赖这种列表，如果使用不当，这种列表可能会造成评估人员思路的任意发散，使问题变得庞杂，因此在使用检查列表之前首先需要确保所涉及的威胁已被确认且全部威胁得到了覆盖。

另外一种收集威胁的方法是对历史记录进行检查。看一下什么事件已经发生过且多长时间发生一次。一旦发现存在这样的威胁，那么有必要确定威胁的发生概率。此类数据可以从多个渠道获得，如对自然威胁，可以从气象中心得到相关的自然灾害发生概率；对故意威胁，可以咨询当地的法律机构；对环境威胁，可以从基础设施的管理部门得到相关的数据。

在识别和确定威胁的过程中，头脑风暴法是一种比较有效的方法。将企业内部的管理人员和有关人员集中在一起，并首先为其提供一个大体的框架，然后让他们识别出他们所能想到的所有威胁。在采用头脑风暴法的过程中，没有所谓错误的答案，应确保所有的威胁都被识别出来。在完成信息收集工作后，下一步就要对这些信息进行合并和删减。

②确定威胁发生的可能性

威胁列表建立并在评估人员中达成共识后，下一步就要确定威胁发生的可能性。对威胁发生的可能性有一种简单的定义方法：威胁发生的可能性高是指在下一年中这种威胁很可能发生；威胁发生的可能性中等是指在下一年中这种威胁可能发生；威胁发生的可能性低是指在下一年中这种威胁不太可能发生。

需要注意的是，当评估小组将这种定义确定后，一定要保证概率的时间跨度能够满足企业的需要。

③确定威胁产生的影响

确定威胁发生的可能性后，下一步就要确定威胁对企业运营可能产生的影响。在确定影响值之前，首先需要明确定义风险分析范围。对评估小组人员来说，应对所评估的信息资产的使命和目的有正确认识，明确所评估的信息资产对企业整个目标的作用和影响。

在确定风险级别（可能性与影响）时，应建立一个评估框架，通过它来确定风险情况。另外，还应考虑到已有控制措施对威胁可能产生的阻碍作用。典型的做法是：在对某个框架进行评估时，首先假设发现的威胁是在没有控制措施的情况下发生的，这样有助于风险评估小组建立一个最基本的风险基线，在此基线基础上再来识别安全控制和安全防护措施，以及评价这些措施的有效性。威胁发生概率和产生影响的评估结论是识别和确定每种威胁发生风险的等级。对风险进行等级化需要对威胁产生的影响做出定义，如可将风险定义为高、中、低等风险，也可以建立一个概率—影响矩阵，即风险矩阵，如图4-3所示。

	威胁产生的影响			
威胁发生的可能性	高	中	低	风险大小
高	高	高	中	
中	高	高	中	
低	中	中	低	

图4-3 风险矩阵

3. 弱点评估

弱点评估是指通过技术检测、试验和审计等方法，寻找用户信息资产中可能存在的弱点，并对弱点的严重性进行估值。

（1）弱点的严重性

弱点的严重性主要是指可能引发的影响的严重性，因此与影响密切相关。关于技术性弱点的严重性，一般都是指可能引发的影响的严重性，通常将之分为高、中、低三个等级，简单定义如下：

- 高等级。可能导致超级用户权限被获取、机密系统文件被读/写、系统崩溃等严重资产损害的影响；一般指远程缓冲区溢出、超级用户密码强度太弱、严重拒绝服务攻击等弱点。
- 中等级。介于高等级和低等级之间的弱点，一般不能直接被威胁利用，需要和其他弱点组合后才能产生影响，或者可以直接被威胁利用，但只能产生中等影响。一般指不能直接被利用而造成超级用户权限被获取、机密系统文件被读/写、系统崩溃等影响的弱点。
- 低等级。可能会导致一些非机密信息泄露、非严重滥用和误用等不太严重的影响。一般指信息泄露、配置不规范。如果配置不当可能会引起危害的弱点，这些弱点即使被威胁利用也不会引起严重的影响。

参考这些业界通用的弱点严重性等级划分标准，在实际工作过程中一般采用以下等级划分标准，即把资产的弱点严重性分为5个等级，分别为很高（VH）、高（H）、中等（M）、低（L）、可忽略（N），并且从高到低分别赋值为4、3、2、1、0，如表4-1所示。

在实际评估工作中，技术性弱点的严重性值一般参考扫描器或CVE标准中的值，并做适当修正，以获得适用的弱点严重性值。

弱点评估可以分别在管理和技术两个层面上进行，主要包括技术弱点检测、网络构架与业务流程分析、策略与安全控制实施审计、安全弱点综合分析等。

表 4-1　　　　　　　　　　　　弱点严重性赋值标准

赋值	简称	说　　　明
4	VH	该弱点若被威胁利用，可以造成资产全部损失或不可用、持续业务中断、巨大财务损失等非常严重的影响。
3	H	该弱点若被威胁利用，可以造成资产重大损失、业务中断、较大财务损失等严重的影响。
2	M	该弱点若被威胁利用，可以造成资产损失、业务受到损害、中等财务损失等影响。
1	L	该弱点若被威胁利用，可以造成较小资产损失并立即可以控制、较小财务损失等影响。
0	N	该弱点可能造成资产损失可以被忽略，对业务基本无损害，只造成轻微或可忽略的财务损失等影响。

（2）技术弱点检测

技术弱点检测是指通过工具和技术手段对用户实际信息进行弱点检测，技术弱点检测包括扫描和模拟渗透测试。

①扫描

根据扫描范围不同，分为远程扫描和本地扫描。

远程扫描指从组织外部用扫描工具对整个网络的交换机、服务器、主机和客户机进行检查，检测这些系统是否存在已知弱点。远程扫描对统计分析用户信息系统弱点的分布范围、出现概率等起着重要作用。在远程扫描过程中，咨询顾问首先需要制定扫描计划，确定扫描内容、工具和方法，在计划中必须考虑到扫描过程对系统正常运行可能造成的影响，并提出相应的风险规避和紧急处理、恢复措施，然后向客户提交扫描申请，征得客户同意后开始部署扫描工具，配置并开始自动扫描过程。远程扫描的时间一般视扫描范围和数量而定。远程扫描完成后，咨询顾问对扫描结果进行分析，并编制完成《远程扫描评估报告》。

本地扫描指从组织内部用扫描工具对内部网络的交换机、服务器、主机和客户机进行检查，检测这些系统是否存在已知弱点。由于大部分组织对网络内部的防护通常要弱于外部防护，因此本地扫描在发现弱点的能力方面要比远程扫描强。类似地，在本地扫描过程中，也首先需要制定扫描计划，确定扫描内容、工具和方法，以及考虑扫描过程对系统正常运行可能造成的影响，并提出相应的风险规避和紧急处理、恢复措施；然后向客户提交扫描申请，征得客户同意后开始部署扫描工具，配置并开始自动扫描过程。本地扫描完成后，对扫描结果进行分析并编制完成《本地扫描评估报告》。

扫描是信息收集的过程，信息收集分析几乎是所有入侵攻击的前提。通过信息收集分析，攻击者（测试者）可以相应地、有针对性地制定入侵攻击（检查）计划，提高入侵（检查）的成功率，对入侵者来说还能减小暴露或被发现的概率。

②模拟渗透测试

模拟渗透测试是指在客户的允许下和可控的范围内，采取可控的、不会造成不可弥补损失的黑客入侵手法，对客户网络和系统发起"真正"攻击，发现并利用其弱点实现对系统的入侵。

在进行模拟渗透测试时,工程师利用安全扫描器和其丰富的经验对网络中的核心服务器和重要的网络设备,包括服务器、交换机、防火墙等进行非破坏性的模拟黑客攻击;目的是侵入系统并获取机密信息,并将入侵的过程和细节生成报告提交给用户,由此来确定用户系统所存在的安全威胁,并及时提醒安全管理员完善安全策略,降低安全风险。

渗透测试和工具扫描可以很好地实现互相补充。工具扫描具有很好的效率和速度,但存在一定的误报率,不能发现深层次、复杂的安全问题。渗透测试需要投入的人力资源较大、对测试者的专业技能要求较高(渗透测试报告的价值直接依赖于测试者的专业技能),但可以发现逻辑性更强、更深层次的弱点。

许多成功的入侵都是对多个弱点综合利用的结果,这是工具扫描所无法达到的。渗透测试为弱点严重性的判断提供了良好依据。为了保证模拟渗透测试的可控性,避免对客户信息系统造成不可恢复的损害,模拟渗透测试应严格按流程进行,并必须在得到客户委托的基础上进行测试操作。客户委托是进行渗透测试的必要条件,应保证用户对渗透测试所有细节和风险都知晓,所有的过程都应在用户控制下进行。

通过收集信息和分析,存在两种可能性:一是目标系统存在重大弱点,测试者可以直接控制目标系统,此时测试者可以直接调查目标系统中的弱点分布、原因,并形成最终的测试报告;二是目标系统不存在重大的远程弱点,但可以获得普通的远程权限,此时测试者可以通过该普通权限进一步收集目标系统的信息,并在之后尽最大努力,在分析本地资料信息的基础上寻求升级本地权限的机会。这些不停的信息收集分析、权限升级的结果构成了整个渗透测试过程的输出。渗透测试的结果将以《渗透测试报告》的形式提交,同时提交相应主机系统的安全加固方案。渗透测试是安全威胁分析的一个重要数据来源。

为防止在渗透测试过程中出现异常情况,所有目标系统在被评估之前都应做一次完整的系统备份,或者关闭正在进行的操作,以便在系统发生灾难后能够及时恢复。如对操作系统类,可制作系统应急盘,对系统信息、注册表、sam 文件、/etc 中的配置文件,以及其他含有重要系统配置信息和用户信息的目录和文件进行备份,并确保备份的自身安全;如对数据库系统类,可对数据库系统进行数据转储,同时对数据库系统的配置信息和用户信息进行备份,并妥善保护好备份数据;如对网络应用系统类,可对网络应用服务系统及其配置、用户信息、数据库等进行备份;如对网络设备类,可对网络设备的配置文件进行备份;如对桌面系统类,可备份用户信息、用户文档、电子邮件等信息资料。

渗透测试过程的最大风险在于测试过程中对业务产生的影响,因此应采取有效的措施来减小风险。例如,在渗透测试过程中不使用含有拒绝服务的测试策略;将渗透测试时间安排在业务量不大的时段或晚上进行;在渗透测试过程中如果出现目标系统没有响应的情况,那么应立即停止测试工作,与用户相关人员一起分析情况,在确定原因后并采取必要的预防措施(如调整测试策略等)后,再继续进行测试。实施模拟渗透测试的工程师和用户相关人员应保持良好沟通,随时协商解决出现的各种难题。

(3)网络架构与业务流程分析

网络架构和业务流程审计是指通过绘制详细的网络拓扑图和业务流程并进行审计,来发现可能存在的安全漏洞。网络拓扑、系统配置和业务流程是信息系统的重要参数,那些被用户忽略的不正确配置很有可能成为系统的弱点,而且由于存在着密切的联系,这三者之间缺乏一致性,同样可能成为弱点。因此网络架构和业务流程审计的目的正是在于检验这些参数的正确性和一致性。在网络架构和业务流程审计过程中,评估人员首先对用户的网络和应用情况做尽可能全面的了解，然后绘出网络拓扑图和业务流程图，根据分析人员的经验寻找其中存在的问题。

（4）策略与安全控制实施审计

策略与安全控制实施审计是指收集组织的策略文档和安全控制手段并进行审计，以发现其中可能存在的弱点。

对现有安全措施进行评估也需要进行对安全策略实施审计，但二者的审计内容是不同的。在弱点评估中，策略和安全控制审计强调发现策略文档和安全控制措施本身是否存在弱点，而在现有安全措施评估中，策略和安全控制实施审计则主要强调对策略和安全控制实施情况的审计，即看实际情况是否与策略文档和安全控制相一致。

在对策略与安全控制进行审计过程中，评估人员首先需要全面搜集组织的安全策略与安全控制文档，搜集范围包括信息安全相关的策略、规章制度、标准规范、流程、指南、通知、条例、处理办法等任何正式成文的内容，这些文档可以是已经正式发布的，也可以是正在编制和修订的；然后阅读这些文档并进行分析评价，会同用户有关责任人召开沟通和答疑会，对阅读和分析过程中存在的疑问进行沟通。除此之外，咨询顾问还可以依据标准安全策略框架（如ISO17799/BS7799）对用户有关人员进行访谈，以寻找那些可能已经实施但未成文的安全策略和安全控制，最后编制完成《策略与安全控制审计报告》。

（5）安全弱点综合分析

安全弱点综合分析是指根据技术弱点检测和审计结果，对组织的安全弱点进行综合分析，并做出评估报告。安全弱点综合评估报告是对所评估信息资产相关信息系统安全弱点的全面描述，报告应包括评估的记录数据、数据的分类分析、数据的综合分析，以及对弱点所做的评价和评级等内容。

4.2.4 风险确定

在确定风险之前，首先需要对现有安全措施做出评估，然后进行综合风险分析。

1. 现有安全措施评估

现有安全措施评估是指对组织目前已采取的、用于控制风险的技术和管理手段的实施效果做出评估。现有安全措施评估包括安全技术措施评估和安全策略实施审计，分别在技术和管理两个方面进行评估。

（1）安全技术措施评估

对信息系统中已采取的安全技术的有效性做出评估。这些安全技术措施涉及物理层、网络层、应用层和数据层等，在安全技术措施评估过程中，评估人员根据信息资产列表分别列出已采取的安全措施和控制手段，分析其保护的机理和有效性，并对保护能力的强弱程度进行赋值。

（2）安全策略实施审计

对组织所采取的安全管理策略的有效性做出评估。安全策略实施审计基于策略和安全控制审计的结果，它对组织中安全策略的实施能力和实施效果进行审计，并对其进行赋值。

现有安全措施评估将生成《现有安全措施评估报告》内容包括对所评估安全技术措施和安全管理策略的针对性、有效性、集成性、标准性、可管理性、可规划性等方面所做的评价。

2. 综合风险分析

综合风险分析将依据以上评估产生的信息资产列表、弱点和漏洞评估、威胁评估和现有安全措施评估等，进行全面、综合的评估，并得出最终的风险分析报告。

在综合风险分析的过程中，评估人员将依据评估准备阶段确定的计算方法计算出每项信息资产的风险值，然后通过分析和汇总最终形成《安全风险综合评估报告》。

4.2.5 风险评价

《安全风险综合评估报告》综合了在风险评估过程中对资产评估、资产抽样、漏洞和脆弱性分析、威胁分析、当前安全措施分析等各个方面所做的评估情况和评估结果，是对风险所做的综合分析和评估，对所评估的信息资产的风险给出了评价或评级。

例如，在安氏评估方法中，对应影响有一个属性，即严重性。该属性等同于弱点的严重性，通常将影响严重性分为 5 个等级，分别为很高（VH）、高（H）、中等（M）、低（L）、可忽略（N），并且从高到低分别赋值为 4、3、2、1、0，如表 4-2 所示。

表 4-2　　　　　　　　　　　影响严重性赋值标准

赋值	简称	说明
4	VH	可以造成资产全部损失或不可用、持续业务中断、巨大财务损失等非常严重的影响。
3	H	可以造成资产重大损失、业务中断、较大财务损失等严重的影响。
2	M	可以造成资产损失、业务受到损害、中等财务损失等影响。
1	L	可以造成较小资产损失并立即可以控制、较小财务损失等影响。
0	N	资产损失可以被忽略，对业务基本无损害，只造成轻微或可忽略的财务损失等影响。

4.2.6 风险控制

风险评价的结果是列出了风险的列表，并用一种双方认可的方法对这些风险进行赋值，如分级的方法，并对风险大小进行排序，判断风险的可接受程度。在评价风险等级后，评估小组应识别和确定消除风险或者将风险降低至可接受程度的相应控制措施，这属于风险管理和控制内容。

风险评估的最终目的是为企业的商业目的提供安全服务，为管理者的决策提供支持，因此风险评估小组还应提出有效的、有利于减小风险的控制措施和方法，并对这些措施和方法进行记录。

判定控制措施和方法是否有效的一种可行方法是评估一下在实施这些控制措施和方法后的风险情况。如果风险等级得以降低，降到了可接受的程度，那么认为这些风险控制措施和方法是有效的；如果风险等级没有降低到一个可接受的程度，那么认为这些风险控制措施和方法是无效的或效力不够，评估小组和管理者应考虑提出和采用其他风险控制措施和方法。

无论选择什么样的控制措施和方法，都要考虑到在其实施过程中能对组织产生的影响。每种控制措施和方法在一定程度上都会产生影响，如实施控制的费用、对生产率的影响等，即使选择的控制措施是一个全新的工作流程，也要考虑对员工的影响等。

另外还要考虑控制措施本身的安全性和可靠性，看其是否能保证企业工作于一种安全的模式下。如果不能保证这一点，那么实际上评估小组将企业推到了一个可能是更大的风险面前。

  对风险控制措施的投入应与业务目标遭到破坏后可能受到的损失相平衡。如果保护某项资产所需的费用比该资产自身的价值或其产生的价值还要高,那么投资的回报率就太低了,可以认为风险控制措施"得不偿失",因此对一种威胁的多种控制措施要进行仔细的相互比较,以便找到最佳的方法。

  为使风险分析过程更加有效,这一过程应在整个组织范围内进行。也就是说,对构成风险评估过程的所有要素和方法都做好标准化,并要求在所有的部门都使用这一标准。风险分析的结果是为企业确定降低威胁和风险的控制措施和方法。表 4-3 给出了一个风险控制措施的案例。

表 4-3   一个风险控制措施案例

编号	控制类别	控制方式	描述
1	操作	备份	操作人员要对操作的数据进行备份,包括添加电子标签并提交给系统管理员;同时对备份过程进行验证。
2	操作	恢复计划	为确保一个应用或信息能被恢复,必须建立系统或数据恢复计划,并对恢复计划建立文档;同时验证恢复计划的可能性。
3	操作	风险分析	进行一次风险评估,以确定可能面对的威胁等级;同时识别出相应的控制措施。
4	操作	防病毒	确保局域网良好的管理,在局域网的所有计算机上安装企业级的标准版杀毒软件;做好防病毒技术方面的培训,关注防病毒方法的发展,并将这一过程列入企业信息的保护计划中。
5	操作	界面	识别和确定用于传送信息的系统,通过增加提示的方式来强调其功能的重要性,确保它在使用过程中不发生操作错误,以免造成不必要的损失。
6	操作	维护	记录并保证技术维护所需的时间。
7	操作	服务等级协议	通过客户支持建立服务等级协议,以满足客户需求。
8	操作	变更管理	建立变更控制措施,建立更改计划,以保证数据存储的完整、有效。
9	操作	商业影响分析	进行正式的商业影响分析,通过这种方式确定某一资产相对其他企业资产的重要程度。
10	应用	可接受性测试	对已有的应用进行改进后是要重新进行测试,以判断改进的结果是否可接受或可行。
11	应用	培训	为使系统或应用得到正确使用,需设计一套完备的培训计划,培训计划应与企业的政策保持一致。
12	应用	纠正策略	开发部门应对返工、修改等制定相应的策略。
13	安全	培训	用户培训包括培训用户如何正确使用系统,认识保护好自己账户、密码的重要性。
14	安全	资产分类	对资产进行分类,分类标准依据企业政策、标准和工作模式等。
15	安全	访问控制	增加安全机制,保护数据库中的数据免受非授权用户的访问。
16	安全	优先级	对公司资产进行等级划分,确保按等级进行访问。
17	系统	系统日志	建立系统日志,记录系统发生的事件。
18	物理	物理安全	进行风险分析,发现可能存在的威胁。

另外一种建立风险控制措施的方法是使用相关标准，如国际标准化组织的ISO17799，它比较详尽地列举了可能存在的风险控制措施。

4.3 风险评估过程中应注意的问题

4.3.1 信息资产的赋值

1. 明确评估范围

信息资产的赋值是进行风险评估的关键，如果参与风险评估的人员对信息资产的价值没有一个统一的认识，那么要进行一个准确的风险评估是很困难的。

在信息资产识别过程中，风险评估小组负责人和信息资产拥有者要定义被评估的过程、应用、系统及其所涉及的信息资产。此处的关键是确立评估的边界，许多不成功的风险评估案例主要都是由于评估的范围没有确定好或者评估范围被不断扩大直至无法控制而造成的。

在执行一个风险评估项目时，定义资产就是确定评估范围，有关评估范围的所有描述都应为资产定义服务。在任何一个风险评估项目中，评估者和资产拥有者都应对评估的内容和相关的参数表示达成共识，并以书面形式记录下对评估任务的描述与声明。在项目声明中应描述出识别的结果，如"评估小组将识别出被评估资产潜在的威胁，并依据其发生的可能性大小对这些潜在的威胁进行排序，或依据其发生时对信息资产的影响大小进行排序；使用风险列表，评估小组将识别出可能发挥作用的控制措施，使信息资产面临的风险降至可接受的程度"，这就是风险评估范围的描述，它明确了风险评估的范围和重点。

2. 确定评估参数

应在讨论评估项目所涉及的参数时投入足够的时间，尽管这些参数会随项目的不同而发生改变，但对任何项目都应考虑到以下几个方面的内容。

（1）评估目的

如果评估的目的是为了纠正问题，那么应识别和确定产生问题的原因。风险评估的目的是为了推进某一任务的进程，那么就首先应该明确该任务的目的是什么，风险评估的目的是什么。

（2）面向对象

即面向风险评估的受益者，明确谁是风险评估结果的接收者。

（3）提交的文档

风险评估过程中需要记录或提交的文档，包括威胁识别记录、风险级别记录、可用的控制措施列表等。

（4）所需资源

为完成风险评估需要得到的支持，包括财务方面的支持、人员方面的支持、设备方面的支持、服务等。

（5）制约因素

识别和确定那些可能影响项目实施和文档交付的因素和条件，如法律、法规、政策、环境条件等。

（6）假设

识别和确定评估小组认为是正确的或已完成的工作，包括已完成的框架上的风险评估、已完成的最基本的控制措施等。

（7）标准

对客户如何看待评估结果和评估成功与否达成一致，确定客户对风险评估时间、费用和质量的评价标准，评价标准是相对的。依据评估标准，可以对评估结果是否满足最初的要求进行度量。评估人员需要帮助客户澄清其真实的愿望，以便确保评价标准能够正确反映出评估成功与否。

3. 信息资产赋值

对信息资产进行赋值并不是一件容易的事情，通常需要资产拥有者的积极配合。对其做好形式化描述是进行合理赋值的基础，随着信息经济学的产生和发展，为信息价值的正确评价创造了条件。

目前人们常用的信息资产赋值方法是对资产价值进行等级化，对资产在机密性、完整性和可用性方面需达到的程度进行分析，并在此基础上得出一个综合的结果。

（1）资产机密性赋值

根据资产在机密性方面的不同要求，将其分为若干不同等级，分别对应资产在机密性方面应达成的不同程度或者机密性缺失时对整个组织可能造成的影响。表 4-4 提供了一个有关机密性赋值的参考。

表 4-4　　　　　　　　　　　　　资产机密性赋值表

赋值	标识	定　　义
3	高	包含组织的重要秘密，泄露它会使组织的安全和利益遭受严重损害。
2	中等	包含组织的一般秘密，泄露它会使组织的安全和利益受到损害。
1	低	包含仅能在组织内部或组织某一部门公开的信息，向外扩散它有可能对组织的安全和利益造成损害。
0	可忽略	包含可对社会公开的信息、公用的信息处理设备和系统资源等。

（2）资产完整性赋值

根据资产在完整性方面的不同要求，将其分为若干不同等级，分别对应资产在完整性方面应达成的不同程度或者完整性缺失时对整个组织可能造成的影响。表 4-5 提供了一个有关完整性赋值的参考。

表 4-5　　　　　　　　　　　　　资产完整性赋值表

赋值	标识	定　　义
3	高	完整性价值较高，未经授权的修改或破坏会对组织造成重大影响，对业务冲击严重，比较难以弥补。
2	中等	完整性价值中等，未经授权的修改或破坏会对组织造成影响，对业务冲击明显，但可弥补。
1	低	完整性价值较低，未经授权的修改或破坏会对组织造成轻微影响，可以忍受，对业务冲击轻微，容易弥补。
0	可忽略	完整性价值非常低，未经授权的修改或破坏对组织造成的影响可以忽略，对业务冲击可以忽略。

(3) 资产可用性赋值

根据资产在可用性方面的不同要求，将其分为若干不同等级，分别对应资产在可用性方面应达成的不同程度或者可用性缺失时对整个组织可能造成的影响。表 4-6 提供了一个有关可用性赋值的参考。

表 4-6　　　　　　　　　　　　资产可用性赋值表

赋值	标识	定　　义
3	高	可用性价值较高，合法使用者对信息及信息系统的可用度达到每天 90%以上。
2	中等	可用性价值中等，合法使用者对信息及信息系统的可用度在正常工作时间达到 70%以上。
1	低	可用性价值较低，合法使用者对信息及信息系统的可用度在正常工作时间达到 25%以上。
0	可忽略	可用性价值可以忽略，合法使用者对信息及信息系统的可用度在正常工作时间低于 25%。

(4) 资产重要性等级划分

最后依据资产在机密性、完整性和可用性方面的赋值等级，经过综合评定得出资产价值。在综合评定时，可以根据组织自身的特点，选择对资产机密性、完整性和可用性最重要的一个属性赋值等级作为资产的最终赋值结果，也可以根据资产机密性、完整性和可用性的不同重要程度对其赋值进行加权计算而得到资产的最终赋值，加权方法可以根据组织的业务特点确定。最后将资产价值分级表示，级别越高表示资产的重要性程度越高。表 4-7 提供了一个有关资产重要性等级划分的参考。

表 4-7　　　　　　　　　　　　资产重要性等级划分

赋值	标识	定　　义
4	高	重要，其安全属性遭到破坏后可能对组织造成比较严重的损失。
3	中等	比较重要，其安全属性遭到破坏后可能对组织造成中等程度的损失。
2	低	不太重要，其安全属性遭到破坏后可能对组织造成较低的损失。
1	很低	不重要，其安全属性遭到破坏后对组织造成的损失很小，甚至可以忽略不计。

4.3.2　评估过程的文档化

完成风险评估后，评估结果应以正式格式的文档提交给信息资产的拥有者。该报告将帮助高层管理者和商业运营者在策略、商业过程、预算和改进管理等方面做出合理决策。

风险分析报告应以一种可行性分析报告的方式提交，通过对信息安全风险系统全面的分析，使高层管理者了解存在的风险，并做出决策、提供资源、增加投入，使风险降至可接受的程度。

为了合理分配资源进行风险控制，组织在明确可能的控制措施并评估其可行性和有效性后，应做一次投入/效益分析，以确定哪个控制措施更适合自己的组织。投入/效益分析着重分析采取这些控制措施会有什么作用，不采取这些控制措施又会有什么后果。

1. 文档化要求

除了确定适当的控制措施，风险评估还应记录管理中应做的工作。记录风险评估过程的相关文件应符合以下基本要求（但不限于这些要求）：

①确保文件发布前已得到批准；

②确保文件的更改和现行状态可识别；

③确保文件可获得有关版本的适用文件；

④确保文件的分发得到适当的控制；

⑤防止作废文件的非预期使用，若因某种目的需保留已作废的文件，则应对这些文件进行适当标识。

另外，对风险评估过程中形成的相关文件，还应规定其标识、存储、保护、检索、保存期限、处置控制等内容。需要哪些相关文件及其详略程度由管理过程决定。

2. 文档类别

风险评估文件包括在整个风险评估过程中产生的评估过程文档和评估结果文档，包括但不限于以下基本文档：

（1）风险评估计划

阐述风险评估的目标、范围、团队、方法、结果形式、实施进度、注意事项等。

（2）风险评估程序

明确评估的目的、职责、过程、所需文件及其要求等。

（3）资产识别清单

根据组织在风险评估程序文件中确定的资产分类方法对资产进行识别，形成资产识别清单，清单中应明确各资产的责任者。

（4）重要资产清单

根据资产识别和赋值结果，形成重要资产列表，包括重要资产的名称、描述、类型、重要程度、责任者等。

（5）威胁列表

根据威胁识别和赋值结果，形成威胁列表，包括威胁的名称、类型、来源、动机、出现频率等。

（6）脆弱性列表

根据脆弱性识别和赋值结果，形成脆弱性列表，包括脆弱性的名称、类型、严重程度、描述等。

（7）已有安全措施确认表

根据已有安全措施的确认结果，形成已有安全措施确认表，包括已有安全措施的名称、类型、功能描述、实施效果等。

（8）风险评估报告

对整个风险评估过程和结果进行总结，详细说明评估对象、评估方法、资产识别结果、威胁识别结果、脆弱性识别结果、风险分析、风险统计、评估结论、建议等内容。

（9）风险处理计划

对评估结果中不可接受的风险制定风险处理计划，选择适当的控制目标和安全措施，明确责任、进度、资源，并通过对残余风险的评价确保所选安全措施的有效性。

（10）风险评估记录

根据组织的风险评估程序文件，记录对重要资产实施的风险评估过程。

4.4 风险评估方法

4.4.1 正确选择风险评估方法

正确的风险识别是风险评估的基本条件，风险评估是风险识别的必然发展。评估的最终目的是为了实施正确的管理和控制。

风险评估以风险主体、风险因素为研究对象。在信息安全领域中就是以信息系统、信息资产的脆弱性和可能面临的威胁作为研究对象，说明每种风险因素产生、发展和消亡的规律，评估每种风险因素所致的风险事件对风险主体（信息资产）可能造成的损害概率与损害程度。

在信息安全风险评估阶段，风险分析人员需要说明威胁和脆弱性产生的条件、发展的轨迹、安全事件发生的概率以及安全事件对信息资产可能造成的危害，目的是在了解风险因素产生、发展和消亡规律以及风险可能发生的时间、地点、概率和方式的基础上，有针对性地、有的放矢地制定风险管理和控制措施，以确保信息系统、信息资产的安全。

在风险评估和评估方法选择上应考虑到以下几点：

①评估结果只是一个参考值，不可能是一个绝对正确的数学答案，不可能与未来的实际情况完全一致；

②风险评估结果是动态变化的；

③风险评估方法通常是根据风险动态变化的一般规律或数理统计定理而设计的，在风险评估过程中应避免以简单的逻辑推理替代辩证的逻辑思维；

④风险评估方法具有多样性，评估方法的选用取决于评估的意图、对象和条件，风险分析人员应根据具体情况做出选择，风险评估过程中可以多种评估方法综合运用。

4.4.2 定性风险评估和定量风险评估

风险评估可分为定性风险评估和定量风险评估。

（1）定性风险评估

一般采用描述性语言来描述风险评估结果，如"有可能发生"、"极有可能发生"、"很少发生"等。当可用的数据较少，不足以进行定量评估时可采用定性风险评估方法；或者根据经验或推理，主观认为风险不大，没有必要采用定量评估方法时，可采用定性风险评估方法；或者将定性风险评估作为定量风险评估的预备评估。定性评估的优点是所需的时间、费用和人力资源较少，缺点是评估不够精确。

（2）定量风险评估

是一种比较精确的风险评估方法，通常以数学形式进行表达。当资料比较充分或者风险对信息资产的危害可能很大、确有必要时可采用定量风险评估方法。进行定量风险评估的成本一般比较高。

4.4.3 结构风险因素和过程风险因素

运用风险评估方法进行风险评估可分为风险分析和风险综合两个主要步骤。风险分析依据一定的规则和方法对各风险因素进行细分,将之分为有关结构的风险因素和有关过程的风险因素,然后针对每种细分后的风险因素做出定性或定量评估,并推测风险事件发生的可能性及信息资产可能遭受的损失,得到每种细分后的风险因素的风险状况,最后对每种风险因素或风险事件可能导致的损失进行综合评判,得到总的风险大小。

①结构风险因素:指的是不同性质的风险因素,属于一种静态风险因素,之间相互独立,是一种并列关系。

②过程风险因素:指的是同一风险因素的不同阶段表现,属于一种动态风险因素,之间相互依赖、相互作用,是一种因果关系。

图4-4是对风险因素所做的结构化描述,列出了n个相互并列的风险因素。为了便于对风险因素进行研究和分析,在对风险因素进行划分时应尽可能使各风险因素间相互独立。

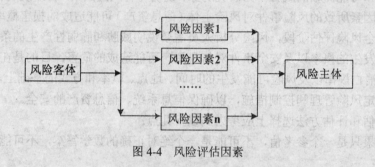

图4-4 风险评估因素

在进行风险评估时,可以首先依据一个风险因素的发生时间、发生地点、发生条件和发生方式等属性来评估风险状况,而后进行综合评估。这是对风险的一种静态描述。一方面,事物总是发展和变化的,每个事物都有一个发展变化的过程,风险也是如此,风险的形成需要具备风险的存在条件,需要具备风险客体与风险主体的联系条件,风险的变化需要具备风险的转化条件。这是对风险的一种动态描述。

4.4.4 通用风险评估方法

风险评估方法的使用并不具有局限性,在不同领域中风险评估方法可以相互引用和借鉴,以下是在不同领域中总结出的几种常用评估方法。

1. 层次分析法

层次分析(Analysis of Hierarchy Process,AHP)法是将与决策有关的元素首先分解成目标、准则、方案等层次,而后在此基础上进行定性和定量分析的决策方法。AHP法于20世纪70年代由美国匹茨堡大学运筹学专家萨蒂教授提出,并首先在美国国防部的科研项目中得到应用,它是在网络系统理论和多目标综合评价方法基础上提出的一种层次权重决策分析方法。

AHP法在对复杂决策问题本质、影响因素及其内在关系等进行深入分析的基础上,利用较少的定量信息使决策思维过程数学化,从而为多目标、多准则、无结构特性、变量不易定量化的复杂决策问题提供了一种简便的决策方法,尤其是为决策结果难以直接、准确度量的场合提供了一种可有效将问题条理化、层次化的思维模式。

AHP法的整个过程体现了人的决策思维的基本特征,即分解、判断与综合,且定性、定量相结合,便于决策者间彼此沟通,是一种比较有效的系统分析方法,在信息安全风险分析与评估等众多领域得到了广泛应用。

2. 因果分析

因果分析（Cause Consequence Analysis，CCA）技术由丹麦 RISO 实验室开发，最初用于核电站的风险分析，后来它被推广应用于信息安全风险评估等众多领域，用于评估和保护系统的安全性。CCA 是一种故障树分析和事件树分析相结合的方法，结合了原因分析（由故障树描述）和结果分析（由事件树描述）的特点。

CCA 的目的是识别导致不希望发生结果的各事件间的连接。通过在 CCA 图表中表示出各种事件的发生可能性，计算出各种后果的概率，从而建立系统的风险等级，并视不同的风险等级采取不同的安全措施，保证系统的安全。

3. 风险矩阵

风险矩阵于 20 世纪 90 年代中期由美国空军电子系统中心提出，随后在美军武器装备系统研制项目的风险管理和风险控制中得到广泛应用。风险矩阵是在项目管理过程中用于识别风险影响程度（重要性）的一种结构性方法，能够对项目中的潜在风险进行评估，它操作简便，且定性分析与定量分析相结合。根据风险分析与评估需求，风险矩阵可以包括各种不同栏目，如技术栏、风险栏、威胁栏、影响栏、风险等级栏和风险管理栏等。每一栏目描述其要素对应的具体内容和数据。

明确了原始风险矩阵的各项组成后，下一步工作就是将相应的数据输入风险矩阵各项中。经过风险识别过程后，识别出的潜在风险数量可能会很多，但这些潜在的风险对项目的影响程度各不相同。风险分析即通过分析、比较、评估等，确定各风险的重要性，对风险进行排序并评估其可能造成的后果，从而使项目实施人员能够将主要精力集中于为数不多的主要、关键风险上，以有效控制项目总的风险。

经过风险识别和分析后，下一步就可以进行风险的定量分析。风险定量分析的目的是确定每个风险对项目的影响大小，可以从风险影响程度和风险出现概率两个角度进行量化和分析。

4. 管理漏洞风险树

管理漏洞风险树（Management Oversight Risk Tree，MORT）于 20 世纪 70 年代由美国能源研究与发展委员会提出，它能够与复杂的，面向目标的管理系统相协调。

MORT 是一种图表，它将安全要素以一种有序的、符合逻辑的方式进行排列。其分析过程利用故障树的方法来进行，最上层的事件是"破坏、损失、其他费用、企业信誉下降"等。MORT 主要从管理漏洞角度给出了有关顶层事件发生原因的总体看法，以便从上层管理角度对风险进行分析与评估，并从上层管理角度对风险管理与控制提出对策。

5. 安全管理组织回顾技术

安全管理组织回顾技术（Safety Management Organization Review Technique，SMORT）是对 MORT 的简单修改。SMORT 通过对相关清单的分析来构建模型，而 MORT 则基于完全的树结构。不过从 SMORT 的结构分析过程来看，还是认为 SMORT 是一种基于树的方法。

SMORT 分析包括基于清单和相关问题的数据收集和结果赋值。这些信息能够通过面试、调研、对文件的研究等来收集。通过 SMORT 能够完成对意外事件的详细调查，并可用于安全审计和安全度量计划的制定。

6. 动态事件树分析方法

动态事件树分析方法（Dynamic Event Tree Analysis Method，DETAM）是一种基于时间

变化要素的解决方法，时间变化要素包括设备硬件状态、过程变量值以及事件发生过程中的操作状态等。一个动态事件树是一个分支于不同时间点上的事件树。

DETAM 方法通过 5 个特征集来定义。

① 分支集：用于确定事件树结点可能的分支空间；

② 定义系统状态的变量集；

③ 分支规则：用于确定什么时候发生分支；

④ 序列扩张规则：用于限制序列的数量；

⑤ 量化工具。

DETAM 方法用于表示操作行为的多样化，用于建立操作行为的结果模型，并可用于分析使用因果模型的框架。DETAM 方法可用于分析与评估紧急的安全事件及其过程变化，以判断在哪里进行改变、怎样进行改变能达到比较好的控制效果。

7. 初步风险分析

初步风险分析（Preliminary Risk Analysis，PRA）是一种定性分析技术，用于对事件序列的定性分析，识别出哪些事件缺乏安全措施，这些事件有可能使潜在的危害转化成实际的事故。

通过 PRA 技术，潜在的、可能发生的不希望事件将逐一被识别出来，然后对其分别进行分析与评估。对每个不希望发生的事件或危害，其可能的改进或预防措施将被明确地表达出来。

利用 PRA 方法产生的分析结果，将为确定需要对哪些危害做进一步调查以及用哪种方法做进一步分析提供决策基础。根据风险识别和风险分析结果对风险进行分级，并对可能的风险控制措施进行优先排序。

8. 危害和可操作性研究

危害和可操作性研究（HaZard And OPerability study，HZAOP）技术于 20 世纪 70 年代由英国皇家化学工业有限公司提出。HZAOP 通过对新的或已有的设施进行系统化鉴定、检查来评估潜在的危害，这些危害源自设计偏差，并将最终影响到整个设施。HZAOP 技术常用一系列引导词来描述，如是／否（yes／no）、大于／小于（more than／less than），以及（as well as）、相反的部分（part of reverse）等。利用这些引导词来帮助识别导致危害或潜在问题的情景。例如，在考虑一条生产线的流速及其安全问题时，可用引导词"大于"对应高流速，"小于"对应低流速。而后根据危害识别结果进行分析与评估，并提出减少危害发生频率的安全控制措施。

9. 故障模式和影响分析

故障模式和影响分析／故障模式、影响和危害性分析（Fault Mode and Effect Analysis／Fault Mode Effect and Criticality Analysis，FMEA／FMECA）方法于 20 世纪 50 年代由美国可靠性工程研究所提出，用于确定因军事系统故障而产生的问题。

FMEA 是一个过程，通过该过程对系统中每个潜在的故障模式进行分析，以确定它对系统的影响，并根据其严重性进行分类。当 FMEA 依据危害程度分析进行扩展时，FMEA 将称为 FMECA。FMEA／FMECA 在军事系统和航空工业的故障与可靠性分析以及安全与风险评估中得到了广泛应用。

10. GO 方法

GO 方法（GO Method）于 20 世纪 70 年代由 Kaman 科学公司提出，并首先在美国国防部的电力系统可靠性和安全性分析得到应用，是一种面向成功逻辑的系统分析方法。

GO 方法通过工程图来构建 GO 模型，在模型构建中它使用了 17 个算子，它用一个或多个 GO 算子来代替系统中的元素。

有三种基本类型的 GO 算子：
①独立算子：用于无输入部分的建模；
②依靠算子：至少需要一个输入，这样才能有一个输出；
③逻辑算子：将算子结合到一起，以便形成目标系统的成功逻辑。

基于独立算子和依靠算子的概率数据，可以计算出成功操作的概率。在实际应用中，当目标系统的边界条件已通过适当的方法得到很好定义时，可使用 GO 方法对系统的风险和安全性进行分析与评估。

11. 有向图/故障图

有向图/故障图（Digraph / Fault Graph）方法使用图论中有关的数学方法和语言来对系统的风险和安全性进行分析，如路径集和可达性（任意两个结点间所有可能的路径的全集）。

该方法与 GO 方法有些相似，但它使用的是"与/或门"（AND / OR）。源自系统邻接矩阵的连通矩阵将显示一个故障结点是否会导致顶层事件的发生，然后对这些矩阵进行分析，以得出系统的单态（造成系统故障的单个因素）或双态（造成系统故障的两个因素）。

该方法允许形成循环、反馈，使之在对动态系统进行风险分析与评估时具有较大的吸引力。

12. 动态事件逻辑分析方法

动态事件逻辑分析方法（Dynamic Event Logic Analytical Methodology，DELAM）提供了一个完整框架，用于对时间、过程变量和系统的精确处理。

DELAM 方法通常包括以下步骤：
①系统组成部分建模；
②系统力程求解算法；
③设置最高条件；
④时间序列产生与分析。

DELAM 方法在描述动态事件方面非常有用，并可用它来对系统的可靠性、安全性进行评估，可用它来对系统的行为、活动进行识别。在对某个特定问题进行分析时，需要建立系统的 DELAM 模拟器，并为之提供各种输入数据。如在特定状态和条件下系统组成部分的发生概率、概率的独立性、不同状态间的转换率、状态与过程变量的条件概率矩阵等。

上面对几种常见的风险分析与评估方法和技术进行了介绍。通过比较可以看到，它们各有优缺点，适用于不同的条件和场合。在实际的信息安全风险评估工作中，应灵活、综合运用这些技术和方法，以取得最佳的评估结果。

4.5 几种典型的信息安全风险评估方法

下面对几种比较典型的信息安全风险评估方法进行详细的论述。

4.5.1 OCTAVE 法

1. 基本原则

OCTAVE 法（Operationally Critical Threat，Asset and Vulnerability Evaluation，可操作的关键威胁、资产和弱点评估）是信息安全风险评估方法的典型代表，定义了一种综合的、系统的、与具体环境相关的和自主的信息安全风险评估方法。

OCTAVE 信息安全风险评估方法的基本原则是：自主、适应度量、执行已定义的过程、连续过程的基础。它由一系列循序渐进的讨论会组成。OCTAVE 法的核心是自主原则，指的是由组织内部的人员来管理和指导组织的信息安全风险评估工作。OCTAVE 法主要针对的是大型组织，中小型组织也可对其进行适当裁减，以满足自身需要。

2. 主要因素

OCTAVE 法认为信息安全风险涉及 4 个方面的主要因素：
①资产；
②威胁；
③弱点；
④影响。

OCTAVE 法是一种资产驱动的评估方法，它根据组织资产所处的环境条件来构造组织的风险框架。同时，资产也是组织的业务目标，以及进行评估时需要收集的、与安全相关的信息之间的联系手段。OCTAVE 法所评估的对象是那些被判定为对组织最关键的资产。

OCTAVE 法也是基于威胁树的风险评估方法，它将资产、威胁类型、威胁所涉及的区域、威胁发生的结果、结果产生的影响以及影响程度联系在一起，以确定缓解风险的计划。在这个过程中需要建立一系列表格，将各部分的内容对应起来。其中威胁源可分为以下类型：人为故意行为、人为意外行为、系统问题、其他问题等，其他问题又可以包括断电、缺水、长途通信不可用、自然灾害等。根据这些内容建立威胁配置文件。

3. 输出结果

OCTAVE 法的评估结果包括三种类型的输出数据：
①组织数据；
②技术数据；
③风险分析与缓解数据。

4. 评估层次

OCTAVE 法将风险评估分为两个层次：管理层和技术层。这可以从以下三个执行阶段看出：

（1）阶段一：建立基于资产的威胁配置文件

从组织角度进行的评估。组织的全体职员阐述其看法与观点，如什么对组织重要（与信息安全有关的资产）、当前应采取什么措施来保护这些资产等。负责分析的团队对这些信息进行整理，以确定对组织最重要的资产（关键资产），并标识对这些资产构成影响的威胁。该阶段包括以下 4 个主要过程：

过程 1：标识高层管理部门的知识；
过程 2：标识业务区域管理部门的知识；
过程 3：标识员工的知识；

过程4：建立威胁配置文件，包括整理过程1～过程3中所收集的信息、选择关键资产、提炼关键资产的安全需求、标识对关键资产构成影响的威胁等工作。

通用的配置文件是基于关键资产的威胁树。威胁源包括：使用网络方式的人、使用物理方式的人、系统问题、其他问题等。

配置文件通过以下属性来对威胁进行形式化的标识：资产、访问方式、主角（违反安全属性的人或物）、动机、结果，如图4-5和图4-6所示。

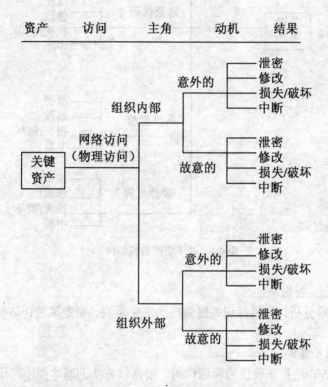

图4-5　使用物理方式访问的威胁树

（2）阶段二：标识基础结构的弱点

对基础结构进行的评估。分析团队标识出与每种关键资产相关的关键信息技术系统和组件，而后对这些关键组件进行分析，找出导致对关键资产执行未授权行为的弱点（技术弱点）。

该阶段包括两个主要过程：

过程5：识别关键组件，包括识别出组件的关键类型、标识出要分析的基础结构组件等；

过程 6：评估所选定的组件，包括对选定的基础结构组件运行弱点评估工具、评审技术弱点、总结评估结果等。

（3）阶段三：开发安全策略和计划

分析团队标识出组织中关键资产的风险，并确定需采取的措施。依据对收集信息的分析结果，为组织制定保护策略和环节计划，以解决关键资产的风险。

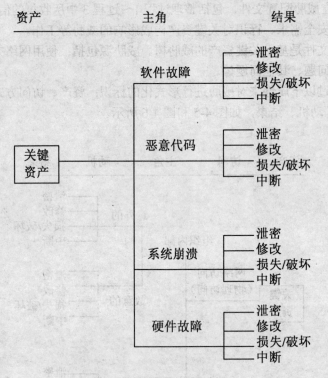

图4-6 基于资产的威胁树

该阶段包括两个主要过程：

过程7：执行风险分析，包括标识关键资产的威胁影响、制定风险评估标准、评估关键资产的威胁影响等；

过程8：开发保护策略。

本质上，OCTAVE法是非线性的和迭代的。根据该方法的基本要求和原则，组织在风险评估之前或之中要建立通用的威胁配置文件和弱点目录。从威胁配置文件中可以看到，风险是由资产遭到破坏后的影响和影响值决定的。威胁通过访问、主角、动机、违反资产的安全需求所产生的直接结果的4个方面来表示。在分析威胁对资产造成的结果时，会考虑到威胁所利用的漏洞。

威胁配置文件如图4-7所示。

4.5.2 层次分析法（AHP法）

1. 基本思路

AHP法是美国运筹学家萨蒂教授提出的一种简便、灵活而又实用的多准则决策方法，于20世纪80年代初传入我国。由于AHP法在许多目标决策问题方面具有优势，目前已在许多领域得到广泛应用。作为一种定性分析与定量分析相结合的决策法，AHP法的基本原理是：首先将决策的问题看作受多种因素影响的大系统，这些相互关联、相互制约的因素可以按照它们之间的隶属关系排成从高到低的若干层次，再利用数学方法，对各因素层排序，最后对排序结果进行分析，辅助进行决策。

AHP法主要用于多目标决策，信息安全风险评估具有多目标决策的特点，因此可以引用

AHP法进行信息安全风险评估。

资产 访问 主角 动机 结果 影响描述 影响值 风险缓解 计划

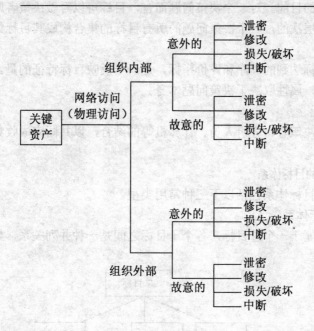

图 4-7 威胁配置文件

2. 多目标决策的主要特点

多目标决策是指包含两个或两个以上目标的决策。在实际决策工作中，多目标决策非常普遍，其主要特点如下所述。

（1）目标之间的不可公度性

各个目标之间没有一个统一的衡量标准（如经济目标与社会目标之间），因此很难直接进行比较。由于决策对象的多个价值目标之间往往具有不同的经济意义，或者表示不同意义的因素之间量纲可能彼此不同，如对发电站的电能用"千瓦"来计量，而对淹没的农田用"亩"来计量；此外，不同目标相互之间还可能存在冲突，即有的是以最大为最优，有的则是以最小为最优。此外，还有一些目标可能根本无法度量，如服装的款式、建筑物的设计风格等。

（2）目标之间的矛盾性

如果采用某一措施改善其中一个目标，可能会造成对其他目标的损害，如建设与环境保护两个目标之间就存在一定的矛盾性、经济的发展往往会造成环境的破坏、建筑物质量的提高往往带来工程建设成本的增加。因此，要同时满足所有的目标往往很难或者干脆就是不可能的，因此，多数情况下只能求取满意解，或追求主要目标的最优，而其他目标只能追求次优，或干脆予以放弃。

（3）决策人的偏好将影响决策的结果

决策人对风险的态度或对某目标的偏好不同，会极大地影响决策的结果，如同样是日常消费，中年人的消费偏重质量，而青年人的消费可能更偏重款式。

3. 多目标决策的基本要素

多目标决策包括目标或目标集、属性和决策单元等基本要素。

（1）目标或目标集

人们想要达到的目的。对一个决策问题而言，目标可以看做决策者愿望和需要的直接反映。目标可以是多层次的，一个决策问题的所有目标的集合构成其目标集。

（2）属性

是用来表示目标达到的程序和评价指标，是一个反映目标特征的量。一个属性的要求是要易于测量和理解，属性取决于决策问题本身。

（3）决策单元

是决策过程中决策者、分析人员、计算机等的结合，以共同完成收集资料、处理信息、进行决策等活动。

4. 多目标决策的目标体系

多目标决策的目标体系包括以下三种常用类型。

（1）单层目标体系

各个子目标同属于一个总目标，各个子目标之间是一种并列关系，如图 4-8 所示。

图 4-8 单层目标体系

（2）树形多层目标体系

目标分为多个层次，每个下层目标均隶属于一个且仅隶属于一个上层目标，下层目标是上层目标的更加具体的说明，如图 4-9 所示。

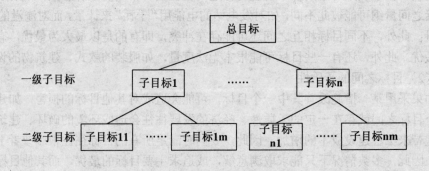

图 4-9 树形多层目标体系

（3）网状多层次目标体系

目标分为多个层次，每个下层目标隶属于某几个上层目标。如图 4-10 所示。

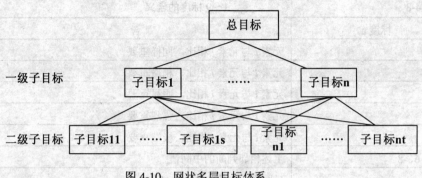

图 4-10 网状多层目标体系

5. AHP 法主要步骤

AHP 法是处理有限个方案的多目标决策问题时最常用和最重要的方法之一，其基本思想是将复杂的问题分解为若干个层次，把决策问题按总目标、子目标、评价标准甚至具体措施的顺序分解为不同层次的结构，然后在较低层次上通过两两比较得出各因素对上一层次的权重，逐层进行，最后利用加权求和的方法进行综合排序，求出各方案对总目标的权重，权重最大者认为是最优方案。

在运用层次分析法解决实际问题时，主要包括以下步骤。

（1）分析系统各因素间关系、建立递阶层次结构模型

建立递阶层次结构模型的目的是在深入分析实际问题的基础上，建立基于系统基本特征的评估指标体系，它的基本层次有目标层、准则层和措施层，如图 4-11 所示。其中，目标层是指问题的最终目标；准则层是指影响目标实现的准则；措施层是指促使目标实现的措施。同一层的诸因素从属于上一层的因素或对上层因素有影响，同时又支配下一层的因素或受到下层因素的作用。

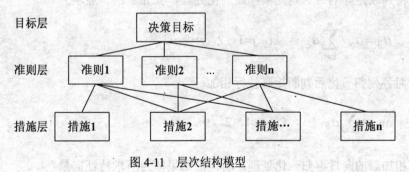

图 4-11 层次结构模型

（2）构造各层次的判断矩阵

判断矩阵的作用是在上一层某一元素的约束条件下，对同层次的元素之间的相对重要性进行比较。萨蒂引入 9 分位的相对重要的比例标度，构成一个判断矩阵，重要性标度值如表 4-8 所示。

表 4-8　　　　　　　　　　　　　　1～9 标度的含义

标度 a	含　　义
1	元素 i 与元素 j 相比，同样重要
3	元素 i 与元素 j 相比，稍微重要
5	元素 i 与元素 j 相比，明显重要
7	元素 i 与元素 j 相比，强烈重要
9	元素 i 与无素 j 相比，极端重要
2、4、6、8	上述相邻判断的中间值
1/a	i 比 j 得 a，则 j 比 i 得 1/a

各元素之间依据表 4-8 得出的数值构造判断矩阵 A（称为判断矩阵）。

$$A = \begin{bmatrix} a_{11} & a_{12} & \cdots & a_{1n} \\ a_{21} & a_{22} & \cdots & a_{2n} \\ \vdots & \vdots & \cdots & \vdots \\ a_{n1} & a_{n2} & \cdots & a_{nn} \end{bmatrix}$$

这样，层次结构模型可以通过成对比较给出各层元素之间的判断矩阵。

（3）层次单排序及一致性检验

判断矩阵 A 对应于最大特征值 λ_{max} 的特征向量 w，经归一化后即为同一层次相应因素对应于上一层次某因素相对重要性的排序权值，这一过程称为层次单排序。构造判断矩阵的办法虽然较客观的反映出一对因子影响力的差别，但综合全部比较结果时，其中难免包含一定程度的非一致性，故还要对判断矩阵进行一致性检验。

① 最大特征值具体计算方法

a. 将判断矩阵的每一列元素作归一化处理，其元素的一般项为

$$\bar{a}_{ij} = a_{ij} / \sum_{k=1}^{n} a_{kj} \quad (i, j = 1, 2, \cdots, n) \tag{4-1}$$

b. 对各列归一化后判断矩阵按行相加

$$\bar{w}_i = \sum_{j=1}^{n} \bar{a}_{ij} \quad (i, j = 1, 2, \cdots, n) \tag{4-2}$$

c. 相加后的向量再归一化处理，所得的结果即为所求特征向量

$$w_i = \bar{w}_i / \sum_{j=1}^{n} \bar{w}_j \quad (i, j = 1, 2, \cdots, n) \tag{4-3}$$

d. 通过判断矩阵 A 和特征向量 w 计算判断矩阵的最大特征值 λ_{max}

$$\lambda_{max} = \sum_{i=1}^{n} \frac{(Aw)_i}{nw_i} \quad (i, j = 1, 2, \cdots, n) \tag{4-4}$$

式中 $(Aw)_i$ 代表向量 Aw 的第 i 个元素。

②进行一致性检验

a. 一致性指标 $CI=(\lambda_{max}-n)/(n-1)$ (4-5)

其中，n 为判断矩阵的阶数。

b. 一致性比例 $CR=CI/RI$ (4-6)

其中，RI 为随机一致性指标。

对于 1～9 阶矩阵，RI 见表 4-9。

表 4-9   随机一致性指标

阶数	3	4	5	6	7	8	9
RI	0.58	0.90	1.12	1.24	1.32	1.41	1.45

若 CR<0.1，认为判断矩阵有满意的一致性，否则对判断矩阵进行调整。

（4）层次总排序及一致性检验

层次总排序是指每一个判断矩阵各因素针对目标层的相对权重，即计算最下层对目标层的组合权向量。

设上一层（A 层）包含 m 个因素，它们的层次总排序权重分别为 $a_1,a_2,...,a_m$；又设其下一层包含 n 个因素，它们关于 A_j 的层次单排序权重分别为 $b_{1j},b_{2j},...,b_{nj}$（当 B_i 与 A_j 无关联时，$b_{ij}=0$），则 B 层中各因素关于总目标的权重计算按（4-7）式进行，即

$$b_i = \sum_{j=1}^{m} b_{ij} a_j, \quad i=1, \cdots, n \qquad (4-7)$$

最后再做组合一致性检验，若检验通过，则可按照组合权重向量表示的结果进行决策，否则需要重新考虑模型或重新构造那些一致性比率大于 0.1 的成对比较阵。

6. 实例分析

下面根据图 4-12 所示的风险分析模型，对其中的威胁识别应用 AHP 法进行分析。

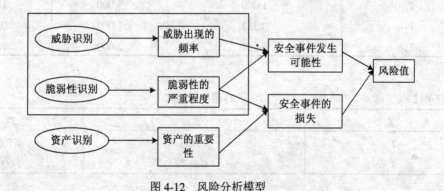

图 4-12 风险分析模型

（1）建立威胁风险分析的递阶层次结构模型

在参考了 GB/T18336-200、GA/T390-2002 等标准后，把造成威胁 T 的因素分为环境因素

T_1 和人为因素 T_2。根据威胁的表现形式，环境因素细分为场地 T_{11}、软件 T_{12}、硬件 T_{13}，其中场地包括周边环境、配套设施、供配电等因素；软件包括系统软件、数据库和应用软件等因素；硬件包括主机、记录介质、外设、网络设备等因素，同时把人为因素 T_2 细分为无意 T_{21} 和恶意 T_{22}，其中无意可以包括管理混乱、无作为、操作失误等因素；恶意可以包括病毒、越权滥用、黑客攻击、物理攻击等因素，威胁风险分析层次结构见图 4-13。

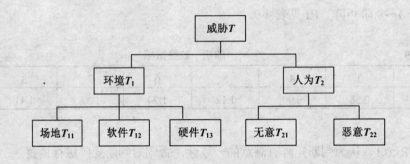

图 4-13 威胁风险层次结构图

（2）构造各层次的判断矩阵

对各层次因素进行两两比较后建立的各层判断矩阵如表 4-10~表 4-12。

表 4-10　　　　　　　　　　　　T 层判断矩阵

T	T_1	T_2
T_1	1.000	1.500
T_2	0.667	1.000

表 4-11　　　　　　　　　　　　T_1 层判断矩阵

T_1	T_{11}	T_{12}	T_{13}
T_{11}	1.000	3.000	1.500
T_{12}	0.333	1.000	0.500
T_{13}	0.667	2.000	1.000

表 4-12　　　　　　　　　　　　T_2 层判断矩阵

T_2	T_{21}	T_{22}
T_{21}	1.000	1.500
T_{22}	0.667	1.000

（3）层次单排序及一致性检验

由判断矩阵，利用公式（4-3）求出各层次因素的权重，再利用公式（4-5）、公式（4-6）、公式（4-7）对矩阵单层次的一致性进行检验，见表 4-13~表 4-15。

表 4-13　　　　　　　　　　　　　　　　T 层权重

T	T_1	T_2	权重	CR
T_1	1.000	1.500	0.600	<0.1
T_2	0.667	1.000	0.400	

其中，$\lambda_{\max}=2$，CI=0，CR=0，CR<0.1 满足一致性要求。

表 4-14　　　　　　　　　　　　　　　　T_1 层排序

T_1	T_{11}	T_{12}	T_{13}	权重	单层次排序	CR
T_{11}	1.000	3.000	1.500	0.500	1	
T_{12}	0.333	1.000	0.500	0.167	3	<0.1
T_{13}	0.667	2.000	1.000	0.333	2	

其中，$\lambda_{\max}=3.008$，CI=0.004，CR=0.0069，CR<0.1 满足一致性要求。

表 4-15　　　　　　　　　　　　　　　　T_2 层排序

T_2	T_{21}	T_{22}	权重	单层次排序	CR
T_{21}	1.000	1.500	0.600	1	<0.1
T_{22}	0.667	1.000	0.400	2	

其中，$\lambda_{\max}=2$，CI=0，CR=0，CR<0.1 满足一致性要求。

（4）层次总排序及一致性检验

由公式（4-7）求出各因素的总权重并排序，如表 4-16 所示。

表 4-16　　　　　　　　　　　　　　　　各因素总排序

T	T_1	T_2	权重	总排序
T_{11}	0.500		0.300	1
T_{12}	0.167		0.100	5
T_{13}	0.333		0.200	3
T_{21}		0.600	0.240	2
T_{22}		0.400	0.160	4

CI$_总$=0.024，RI$_总$=0.348，CR$_总$=0.069，CI$_总$<0.1 满足一致性要求。

通过上述分析和计算表明，对于信息安全威胁影响较大的因素是机房场地、无意过失。因此，在安全建设方面应该加强对机房的供配电、配套设施、周边环境、机房防护的建设；同时还要加强对于信息安全的管理，比如制定相关的制度来避免信息安全管理的混乱。

4.5.3 威胁分级法

该方法通过直接考虑威胁、威胁对资产产生的影响以及威胁发生的可能性来确定风险。使用该方法时,首先需要确定威胁对资产的影响,可以用等级来表示。识别威胁的过程可以通过两种方式来完成:一是准备一个威胁列表,让用户去选择确定相应的资产威胁;二是由分析团队人员来确定相关的资产威胁,而后进行分析与归类。

识别、确定威胁后,接下来需要评价威胁发生的可能性;在确定威胁的影响值和威胁发生的可能性后,计算风险值。

风险值的计算方法可以是影响值与可能性之积,也可以是之和,具体算法由用户确定,只要满足是增函数即可。

例如,可以将威胁的影响值分为 5 个等级,威胁发生的可能性也分为 5 个等级,风险值的计算采用以上两值的积,具体计算如表 4-17 所示。经过计算,风险可分为 15 个等级。在具体评估中,可以根据该方法来明确表示"资产—威胁—风险"之间的对应关系。

表 4-17　　　　　　　　　　　　威胁分级法

资产	威胁描述	影响（资产）值	威胁发生可能性	风险测度	风险等级划分
某个资产	威胁 A	5	2	10	2
	威胁 B	2	4	8	3
	威胁 C	3	5	15	1
	威胁 D	1	3	3	5
	威胁 E	4	1	4	4
	威胁 F	2	2	8	3

4.5.4 风险综合评价

在该方法中,风险的大小由威胁产生的可能性、威胁对资产的影响程度以及已采用的控制措施三个方面来确定,即对控制措施的采用做了单独考虑。

在该方法中,做好对威胁类型的识别是很重要的。通常首先需要建立一个威胁列表。该方法从资产识别开始,接着识别威胁以及威胁产生的可能性,然后对威胁造成的影响进行分析。

此处对威胁的影响进行了分类考虑,例如,对人员的影响、对财产的影响、对业务的影响等。在考虑这些影响时,是在假定不存在控制措施情况下的影响,并将上述各值相加后填入表中。例如,可以将威胁的可能性分为 5 级:1~5,威胁的影响也分为 5 级:1~5。在威胁的可能性和威胁的影响确定后,即可计算总的影响值,表 4-18 中采用了简单加法。在具体评估中,可以由用户根据具体情况来确定计算方法。

最后分析是否采用了能够减小威胁的控制措施,包括从内部建立的和从外部保障的控制措施,并确定其有效性、对其进行赋值。例如,在表 4-18 中,将控制措施的有效性从小到大分为了 5 个等级:1~5。在此基础上根据公式求出总值,即为风险值。

表 4-18　　　　　　　　　　　　风险评估表

威胁类型	可能性	对人的影响	对财产的影响	对业务的影响	影响值	已采用的控制措施 内部	已采用的控制措施 外部	风险度量
威胁A	4	1	1	2	8	2	2	4

4.6 风险评估实施

4.6.1 风险评估实施原则

1. 目标一致

信息安全的目的是为了使组织更有效地完成其业务目标。在整个风险评估过程当中，强调客户的安全需求分析，并将此作为信息安全风险评估的基准点，强调用户的个性，和用户的目标保持一致。

2. 关注重点资产

资产是与信息相关的资产。信息安全风险评估方法是基于信息资产的，是因为资产是所有后继评估活动的核心。组织的资产可能有很多，它们的重要性是不一样的，在风险评估过程中，我们关注于那些对实现组织的目标产生较大影响、至关重要的关键资产。由于用于风险评估的资源有限，我们选择关键资产进行评估，以使得评估成为一种成本有效的评估。

3. 用户参与

在整个安全评估服务过程中，特别强调用户的参与，不管是从最开始的调查阶段，还是分析阶段都十分注重用户的参与。用户参与的形式多样，可能是调查问卷、访谈和讨论会等形式。每个阶段之后都设有评审过程，以保证能根据用户的实际情况，提供更好的服务。

4. 重视质量管理和过程

在整个风险评估项目过程中，特别重视质量管理。为确保咨询单位咨询项目实施的质量，项目将设置专门的质量监理以确保项目实施的质量。项目监理将依照相应各阶段的实施标准，通过记录审核、流程监理、组织评审、异常报告等方式对项目的进度、质量进行控制。

4.6.2 风险评估流程

信息系统风险评估是对当前系统的安全现状进行评价。进行风险评估除了可以明确系统现实情况与安全目标的差距外，更为重要的是为降低系统风险制定安全策略提供指导。风险评估是整个信息安全风险管理的基础，一次次完整的风险评估过程之后是组织根据已制定的策略进行实施，再根据实施情况对系统进行新的风险评估，进行不断的循环，以实现组织的整体安全目标。

风险评估实施共分为四个阶段，见图 4-14。

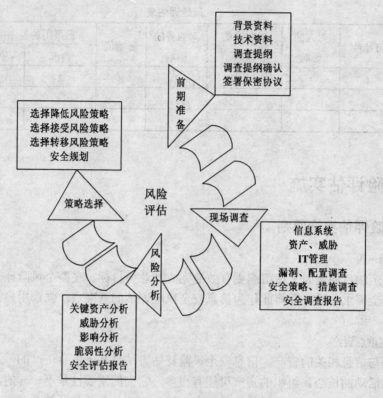

图 4-14 风险评估实施图

● 前期准备阶段。本阶段是对风险评估实施之前的准备过程,并不涉及具体的实施工作,但是需要准备实施所需的必要条件及相关信息资料。包括对风险评估进行规划、确定评估团队组成、明确风险评估范围、准备调查资料。

● 现场调查阶段。在本阶段风险评估项目实施人员对被评估信息系统的详细信息进行调查,收集进行风险分析数据信息,包括信息系统资产组成、系统资产脆弱点、组织管理脆弱点、威胁因素、安全需求等。

● 风险分析阶段。本阶段根据现场调查阶段获得的系统相关数据,选择适当的风险分析方法对目标信息系统的风险状况进行综合分析,得出系统当前所面临风险的排序。

● 策略制定阶段。本阶段根据风险分析结果,结合目标信息系统的安全需求制定相应的安全策略,包括安全管理策略、安全运行策略和安全体系规划。

1. 前期准备阶段

评估团队与组织就所需要开展的工作进行商讨,明确任务的内容,明确项目小组成员及其职责、分工、沟通的流程,对用户提供的资料进行初步的分析,据此制定并批准详细的实施计划,该过程是项目能否得到顺利实施的重要基础。

2. 现场调查阶段

现状调查阶段的目的是对当前组织内的信息系统以及相关的信息资产情况进行调查,调查内容分为三个部分。

第一部分为组织的信息资产,目标是能够获取组织对信息系统的价值、关心的内容以及对系统安全保护的需求,通过对组织内部的高层管理人员、中层管理人员、普通员工三个层次的调查，获取组织信息资产状况，并将结果依据安全标准进行分类汇总。

第二部分的内容为关键设备的安全性调查，目的是对组织关键设备的技术安全状况进行了解。在第一阶段的关键资产确认后，根据系统的结构选择系统中的关键设备，通过技术手段（工具）进行分析从而获取关键设备在技术上的脆弱性。

第三部分是对组织内部安全管理、运行管理的执行与实施情况进行调查，目的是获取组织在安全管理、安全运行方面的客观情况。根据组织现有的制度、流程并参照相关标准，对组织的高层管理人员、中层管理人员和普通员工进行调查。

现场调查阶段的工作内容是人员调查、技术调查、风险分析和策略选择。

（1）人员调查

风险评估实施人员通过访谈、问卷等方式对组织高层管理人员、中层管理人员和普通员工进行调查，以获取组织关键资产、安全需求、安全管理状况等基础数据。这些数据的完整性和准确性对于能否顺利实施风险评估起着至关重要的作用。

通过人员访谈主要能够获取以下数据：
- 了解组织最重视的信息资产、最担心发生的事件以及组织对信息系统安全的期望。
- 调查了解组织中曾经发生过的信息安全相关事件。
- 采用问询、会议、资料审计的形式获取相关的数据，包括目前信息管理的规章制度以及具体实施情况。

由于人员调查工作可能对组织人员的正常工作造成一定的影响，应安排合理的时间，便于对相关人员进行调查，特别是高层或重要的业务操作人员。制定详细的调查时间安排计划，减小对相关工作人员的影响。

（2）技术调查

根据被评估系统已明确的关键资产和关键业务，确定需要进行技术调查的设备以及主要业务，检查系统配置和管理方式，对系统可能存在的漏洞进行扫描和检测，以发现潜在的风险，为风险分析提供资料。此外，还需要对业务数据的流转和流量进行调查。

通常缺省安装配置下的主机网络操作系统面临着来自网络和内部的信息泄露、密码窃取、拒绝服务攻击、缓冲区溢出攻击等巨大威胁，缺省配置下的操作系统服务无法有效识别系统中的特洛伊木马程序和入侵者安装的黑客后门程序等，无法准确记录、定位攻击与入侵者的"足迹"。

采用技术手段对信息系统进行分析，提供相应的技术性调查报告，报告内容主要包括以下几个部分：

①网络架构

绘制被评估单位的网络拓扑结构，标明网络薄弱点；目前网络上虚网划分与使用的情况；明确网络边界（包括各系统设置的拨号接入服务器）；对网络的可靠性和安全性做出评价，对业务系统给出安全等级建议（通过评估确认目前达到的安全等级）；相应的建议包括网段划分的优化、如何利用网络中间设备的安全机制控制各网络间的访问。

②业务流程

主要业务系统之间的逻辑关系；业务的安全要求；系统业务的功能；对每个功能进行描述，形成业务流程现状图；初步分析业务流程现状中存在的问题。

③主机系统

主机系统的漏洞（操作系统固有的漏洞与配置的问题）；系统服务（明确不需要的系统

服务）；账号的安全情况；采用的访问控制策略；日志审计情况。

④数据库系统

账户、密码设置情况；数据库使用情况，存储、备份方法；和其他进程的交互情况；数据库系统固有的漏洞；日志审计情况。

⑤应用的评估

对通用的应用给出评估报告（Web服务、FTP服务以及其他应用）；其他系统与系统协商给出评估目标。

⑥数据获取手段

流程调查、技术资料、资料分析、工具分析、现场检查、相关人员问询、会议等。

⑦工具

授权书、服务确认书、设备、系统检查记录、漏洞扫描工具（网络、数据库、通用应用系统）、完整性检查工具、网管软件、流量分析工具、数据汇总处理工具。

为确保信息系统的可用性，对调查分析的过程进行周密的规划和协调，作出详细的计划，尽量减少对系统和工作人员的影响；在进行可能对系统造成影响的活动前，取得受评估方的书面授权。

3. 风险分析

综合人员调查与技术调查的结果，结合组织的安全需求、量化标准、专业的安全知识及经验对调查的数据进行量化处理与统计分析，识别出组织面临的风险，并以各种可用的方式进行表述。

本阶段的主要工作包括：
- 安全需求分析；
- 系统威胁分析；
- 系统脆弱性分析；
- 控制措施有效性分析；
- 系统影响分析；
- 综合评估。

4. 策略选择

本阶段根据组织的安全需求以及风险分析结论，为组织推荐可供使用的安全保护策略，包括安全管理策略、安全运行策略和安全体系规划。

（1）制定安全保护策略

根据组织的信息安全需求，依据风险分析阶段得出的组织信息系统的风险状况，参考相关的安全标准，为组织制定信息安全方面的保护策略。通过保护策略规划组织的信息安全整体架构，为下一步实施风险控制措施提供指导。

规划措施可分为安全管理策略、安全运行策略和安全体系规划三个部分。安全管理策略是组织在信息安全管理方面所涉及的各种管理制度、流程和规定，包括组织结构、人员责任、安全管理制度和考核办法等。安全运行策略是针对系统运行过程中存在的各种安全问题设计操作规程和应急处置办法等，目的是在确保信息系统安全的同时，尽可能降低安全维护的成本。安全体系规划是站在组织信息系统的高度，从技术层面对组织信息系统的整体架构做全面和整体的规划，为组织设计较为完善的信息安全技术防御体系架构。

（2）制定实施计划

根据安全保护策略，结合控制措施实施的难易程度等实际情况，为组织制定切实可行的实施计划，以保证各项安全策略能够有效落实。主要活动包括实施项目标识、责任分配、制定行动列表等。

4.6.3 评估方案定制

在实践过程中要对评估方案进行定制以符合组织特定的业务环境。对于不同特点的组织，所采取的评估方法也存在差异性。鉴于风险评估是与实际环境高度相关的活动，实际上存在对所有组织都适用的评估方案。

表4-19所示为不同组织进行风险评估活动的异同点。

表4-19　　　　　　　　　　不同组织进行风险评估的异同点

评估活动	相同点	不同点
关键资产确定	资产调查表	不同行业、规模的组织其关键资产存在很大差异。
威胁因素调查	威胁分析方法	规模较大的组织所面临的威胁要比小规模组织更广泛，小组织甚至不需要进行威胁调查，可以根据通用威胁目录进行选择。
脆弱性调查	使用扫描工具、使用渗透测试工具、人工检查	对于大型组织，其可利用的各项维护记录可作为脆弱性调查的辅助资料，小型组织主要以技术工具作为脆弱性调查的实施手段。
策略选择	风险分析结论	针对组织的特点进行解决方案、管理制度、安全策略选择。

在对组织的风险评估方案进行定制之前需要明确哪些评估活动可以被定制，而哪些流程是不能修改的。

简单而言，评估方案中的流程都应遵循准备、调查、分析和策略选择四个阶段，所不同的是在每个阶段所采用的方法和活动可以根据组织情况进行相应的剪裁以制定出符合实际的评估方案，保证顺利完成风险评估活动、实现风险评估目标。

下面就评估过程所涉及到的活动领域分别进行阐述。

1. 评估团队建立

在风险评估过程中，人是各项活动的执行者，如何选择适合的人员组建项目评估团队是风险评估成败的关键。

如果组织的地理位置相对集中、规模较小，评估的主要活动是集中进行调查、分析，需要组建相对独立的评估团队，团队成员为专职评估人员；而在对大型组织进行评估时，由于组织部门众多且相对分散，其调查活动主要依赖部门员工完成，评估团队主要起推动评估活动的作用。

在对大型组织进行风险评估之前，需要对评估团队成员进行风险评估相关知识的正式培训，以适应接下来的评估活动。培训内容包括风险评估方法、组织业务、沟通技巧、安全评估工具使用等。对于小型组织而言，评估团队成员可以不经过专门的培训过程，而是在实际工作中逐步熟悉评估过程。

2. 调查顺序选择

风险评估现场调查阶段的人员访谈方式可以采用自上而下和自下而上两种顺序。通常，进行调查时首先与组织高层管理人员进行沟通，包括调查范围、调查时间等需要进行确认，同时要获取管理者对组织信息安全的目标、策略等信息。明确了组织的安全目标后再逐级完成对相关人员的调查。

在组织结构清晰、人员职能明确的组织中采用先对一般员工进行访谈，将访谈结果整理、分析后再与高层管理者进行交流，提供给他们整理结果，并请组织高层管理者给出解决意见，这样所掌握的资料更接近组织的实际情况。

不论采用哪种调查顺序，评估团队获得组织高层管理者的支持是评估得以顺利进行的必要保证。

3. 评估范围确定

确定评估范围是风险评估前期准备阶段的成果之一，它决定了后续的调查活动所涉及的领域。评估范围的确定直接影响最终评估结论的准确性，为了有效反映整个组织信息系统的风险，风险评估的范围应包括所有的组织功能。

对信息系统规模较小、结构较简单的组织进行风险评估时，评估范围可以包括所有系统资产、组织管理职能。大型组织的业务功能复杂，要求其信息系统提供的服务也是多样化的。对全部信息资产进行评估不但耗费大量的人力，而且周期长，缺乏时效性。应该将评估范围确定在核心系统，对于分支机构或子系统则选取具有代表性的部分进行评估。例如，选择通过远程访问的分支机构以评估网络访问安全。对于相同类型机构或系统，进行抽样评估，在选择样本时应保证样本数量为奇数，以便在整理资料时对结论做出判断。

同样，在风险分析后的策略选择过程中也要考虑评估范围，应根据组织的安全目标决定安全策略的选择范围。不论是调查阶段还是策略选择阶段的范围确定，都需要由评估团队提出，并且获得管理层批准后才可以进行下一步活动。

4. 评估周期控制

对不同组织信息系统进行风险评估，评估周期存在很大的差别。评估周期主要取决于所要评估的系统规模、复杂度、评估范围以及评估过程中的人员配合情况。在制定评估计划时应尽可能考虑所有可能对评估进程造成影响的因素。同时需注意的是，风险评估是对信息系统的现状进行风险评价，如果评估周期过长，在完成评估之前系统已经发生变化，那么评估结论就失去意义了。通常应该将评估周期控制在半年之内，如果发现评估过程可能超过预先制定的计划，那么应该考虑修正评估对象、评估方法。

5. 沟通方式选择

过程中各阶段的活动都需要组织人员参与配合，对于风险评估判断所涉及的有关系统重要性、综合性影响、威胁因素等评判要素都是与组织密切相关的，而进行各项活动都需要组织协调与确认。因此，与组织及时进行沟通、交流是风险评估最终结果顺利达成的保证措施。另外，在评估过程中，评估团队成员间也需要进行信息交流，对问题的不同意见进行讨论并达成一致，及时通报活动进展情况等。

沟通形式可以根据沟通的目的选择诸如沟通会议、讨论会、E-mail、电话等方式。沟通会议的规模和数量没有固定的要求，可以是两三个人，也可以是评估团队和组织各方人员参与。相比于只有两个部门的小型组织，大型组织需要更多数量的沟通会议。讨论会主要用于评估团队内部的沟通，形式相对正式的沟通会议显得更为随意。而 E-mail 和电话则在人员不方便面对面交流的情况下经常采用的沟通形式。

不管采取何种方式进行沟通，重要的是沟通的结果，而不是形式和数量。

6. 评估工具选择

在风险评估过程中使用评估工具可以提高工作效率和准确率，但是选择评估工具，尤其是各种测试工具时需要持谨慎的态度。测试工具主要包括系统漏洞扫描工具、渗透性测试工具等。由于这些工具的工作原理是模拟入侵者对系统进行攻击的方式对信息系统进行入侵尝试，虽然其攻击性较实际入侵行为有所控制，但是不可避免地会对系统性能造成一定的影响。对于那些需要保持信息系统连续运行的组织，由于使用测试工具所带来的负面作用会对组织业务构成潜在的威胁，应避免使用此类工具，而是采取人工检查配置等方式进行替代。如果一定要进行测试，必须要对测试所带来的后果进行论证，在获得组织确认后进行实施活动。

7. 工作表剪裁

工作表是进行调查分析过程的辅助文档工具，对于不同的系统所采用的工作表也应进行相应的调整。在实际操作过程中，根据组织的具体情况对调查方式、过程以及所使用的表格进行必要的裁减。比如有的组织没有独立的信息技术部门，或者甚至没有信息技术人员，针对这样的组织进行安全策略调查的时候，采用调查问卷的方式未必合适，应依靠双方沟通的方式获取信息。而大型组织一般有相对完善的信息技术部门，很多信息可以直接从其中获取，无须再对专门的人员进行技术访谈。

4.6.4 项目质量控制

1. 目标

质量保障的目标是确保风险评估实施方按照既定计划顺利地实施项目。鉴于风险评估项目具有一定的复杂性和主观性，只有对风险评估项目进行完善的质量控制和严格的流程管理，才能保证风险评估项目的最终质量。风险评估项目的质量保障主要体现在实施流程的透明性以及对整体项目的可控性，质量保障活动需要在项目运行中提供足够的可见性，确保项目实施按照规定的标准流程进行。

2. 监理机构

在项目小组的设置中，项目监理人（小组）将保持中立性，直接向项目的最高业务负责人汇报工作，不受项目管理人员的管理，如图 4-15 所示。

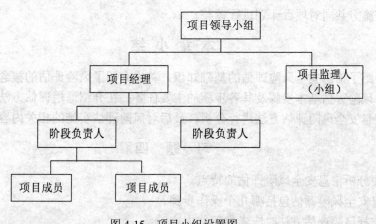

图 4-15　项目小组设置图

- 监理对象。监理对象是实施风险评估的项目小组。
- 监理人员的构成。项目监理可以由双方共同委派人员组成或由第三方人员出任。
- 监理人员的职责。根据被监理的项目合同进度计划要求，在项目的每个关键阶段完成后，听取阶段工作报告和技术报告、审查文档资料，检查任务完成情况，并将审查的情况向项目领导小组进行汇报，在项目进行的过程中发现项目的异常情况如项目延期、擅自修改评估流程等。
- 监理人员的权利。监理人员有权利对项目的文档进行审核。

3. 质量保障活动

项目监理将依照相应各阶段的实施标准，通过记录审核、流程监理、组织评审、异常报告等方式对项目的进度、质量进行控制。

为了使项目质量控制活动能够规范、有效地运作，必须应用各类质量控制表格使质量控制流程标准化，为质量控制活动提供工具保障。

（1）记录审核

项目实施中产生的各项调查表、分析过程表格必须有纸页文档，文档由各阶段的负责人签名与审核，项目监理将定期检查相应的记录确认各项记录的完整性。

（2）流程监理

项目监理将依照实施规定的各流程标准对项目进行审核，审核包括流程是否得到正确实施，结果是否符合规定的标准。审核要求实施方能够提供证据证明流程已经得到正确的执行。在进行每一个关键任务之前根据流程标准对工作的输入与输出进行审核，确保项目按照规定的流程进行。

（3）阶段评审

在项目实施的重要阶段，项目监理将组织项目的阶段评审工作，由用户、实施方、项目监理方共同对项目进展进行讨论。评审会前，项目监理应当做好项目的审核工作汇总。评审会中，项目监理如实将项目审核的结果向项目最高领导汇报，由用户与实施方共同对项目的进展进行评审与总结，对出现的偏差提出整改意见，并对下一阶段的工作做出规划。

（4）异常处理

当项目监理发现异常状况出现后（未按流程进行工作、超过期限），首先与项目中层管理人员进行沟通，要求对项目进行整改，做出相应的补救措施，并进行记录；如果异常情况可能影响项目的进展，则应当立刻向项目最高领导人进行汇报，或要求召开项目临时会议，由用户与实施方共同对项目计划进行调整。

本 章 小 结

本章介绍了信息安全风险评估的基础知识。首先介绍了风险评估的概念、特点和内涵，然后分析了风险评估基本步骤及其各步骤的主要任务；在介绍通用评估方法的基础上，重点对典型的信息安全风险评估方法进行分析，最后对风险评估实施的相关内容进行了讨论。

习 题 四

1. 简要分析信息安全风险评估的特点。
2. 信息安全风险评估包括哪几个操作步骤？
3. 在选择风险评估方法时应考虑哪些内容？

4. 试比较定性风险评估和定量风险评估优缺点。
5. OCTAVE 法原则是什么？核心是什么？
6. 简述层次分析法的主要步骤。
7. 风险评估实施的原则有哪些？

第五章　信息安全策略

【学习目标】
- 掌握信息安全策略的基本概念及制定原则；
- 掌握信息安全策略的规划与实施方法；
- 了解环境安全策略、系统安全策略、病毒防护策略及安全教育策略。

5.1 信息安全策略概述

在计算机技术飞速发展的今天，由于硬件技术、软件技术、网络技术和分布式计算技术的推动，增加了计算机系统访问控制的难度，使控制硬件使用为主要手段的中心式安全控制的效果大大降低，信息安全问题变得越来越突出，重视程度也日渐增加，而信息安全策略是组织解决信息安全问题最重要的步骤，是解决信息安全问题的重要基础。

安全策略是一种处理安全问题的管理策略的描述，策略要能对某个安全主题进行描绘，探讨其必要性和重要性，解释清楚什么该做，什么不该做。安全策略必须遵循三个基本概念：确定性、完整性和有效性。安全策略须简明，在生产效率和安全之间应该有一个好的平衡点，易于实现、易于理解。

信息安全策略（Information Security Policy）是一个组织机构中解决信息安全问题最重要的部分。在一个小型组织内部，信息安全策略的制定者一般应该是该组织的技术管理者，在一个大的组织内部，信息安全策略的制定者可能是由一个多方人员组成的小组。一个组织的信息安全策略反映出一个组织对于现实和未来安全风险的认识水平，以及对于组织内部业务人员和技术人员安全风险的假定与处理。

5.1.1 基本概念

信息安全策略是一组规则，它定义了一个组织要实现的安全目标和实现这些安全目标的途径。

从管理的角度看，信息安全策略是组织关于信息安全的文件，是一个组织关于信息安全的基本指导原则。其目标在于减少信息安全事故的发生，将信息安全事故的影响与损失降到最低。从信息系统来说，信息安全的实质就是控制和管理主体（用户和进程）对客体（数据和程序等）的访问。这种控制可以通过一系列的控制规则和目标来描述，这些控制规则和目标就叫信息安全策略。信息安全策略描述了组织的信息安全需求以及实现信息安全的步骤。

信息安全策略可以划分为两个部分，问题策略（Issue Policy）和功能策略（Functional Policy）。问题策略描述了一个组织所关心的安全领域和对这些领域内安全问题的基本态度。功能策略描述如何解决所关心的问题，包括制定具体的硬件和软件配置规格说明、使用策略以及雇员行为策略。

5.1.2 特点

信息安全策略必须制定成书面形式，如果一个组织没有书面的信息安全策略，就无法定义和委派信息安全责任，无法保证所执行的信息安全控制的一致性，信息安全控制的执行也无法审核。信息安全策略必须有清晰和完全的文档描述，必须有相应的措施保证信息安全策略得到强制执行。在组织内部，必须有行政措施保证既定的信息安全策略被不折不扣地执行，管理层不能允许任何违反组织信息安全策略的行为存在，另一方面，也需要根据业务情况的变化不断地修改和补充信息安全策略。

信息安全策略的内容应有别于技术方案。信息安全策略只是描述一个组织保证信息安全的途径的指导性文件，它不涉及具体做什么和如何做的问题，只需指出要完成的目标。信息安全策略是原则性的和不涉及具体细节，对于整个组织提供全局性指导，为具体的安全措施和规定提供一个全局性框架。在信息安全策略中不规定使用什么具体技术，也不描述技术配置参数。

信息安全策略的另外一个特性就是可以被审核，即能够对组织内各个部门信息安全策略的遵守程度给出评价。

信息安全策略的描述语言应该是简洁的、非技术性的和具有指导性的。例如一个涉及对敏感信息加密的信息安全策略条目可以这样描述："任何类别为机密的信息，无论存储在计算机中，还是通过公共网络传输时，必须使用本公司信息安全部门指定的加密硬件或者加密软件予以保护。"

这个叙述没有谈及加密算法和密钥长度，所以当旧的加密算法被替换，新的加密算法被公布的时候，无须对信息安全策略进行修改。

5.1.3 信息安全策略的制定原则

在制订信息安全策略时，要遵循以下原则：

①先进的网络安全技术是网络安全的根本保证。用户对自身面临的威胁进行风险评估，决定其所需要的安全服务种类，选择相应的安全机制，然后集成先进的安全技术，形成一个全方位的安全系统。

②严格的安全管理是确保安全策略落实的基础。各计算机网络使用机构、企业和单位应建立相应的网络安全管理办法，加强内部管理，建立合适的网络安全管理系统，加强用户管理和授权管理，建立安全审计和跟踪体系，提高整体网络安全意识。

③严格的法律、法规是网络安全保障的坚强后盾。计算机网络是一种新生事物。它的好多行为无法可依，无章可循，导致网络上计算机犯罪处于无序状态。面对日趋严重的网络犯罪，必须建立与网络安全相关的法律、法规，使不法分子难以轻易发动攻击。

5.1.4 信息安全策略的制定过程

制定信息安全策略的过程应该是一个协商的团体活动，信息安全策略的编写者必须了解组织的文化、目标和方向，信息安全策略只有符合组织文化，才更容易被遵守。所编写的信息安全策略还必须符合组织已有的策略和规则，符合行业、地区和国家的有关规定和法律。信息安全策略的编写者应该包括业务部门的代表，熟悉当前的信息安全技术，深入了解信息安全能力和技术解决方案的限制。

衡量一个信息安全策略的首要标准就是现实可行性。因此信息安全策略与现实业务状态的关系是：信息安全策略既要符合现实业务状态，又要能包容未来一段时间的业务发展要求。在编写策略文档之前，应当先确定策略的总体目标，必须保证已经把所有可能需要策略的地方都考虑到。首先要做的是确定要保护什么以及为什么要保护它们。策略可以涉及硬件、软件、访问、用户、连接、网络、通信以及实施等各个方面，接着就需要确定策略的结构，定义每个策略负责的区域，并确定安全风险量化和估价方法，明确要保护什么和需要付出多大的代价去保护。风险评估也是对组织内部各个部门和下属雇员对于组织重要性的间接度量，要根据被保护信息的重要性决定保护的级别和开销。信息安全策略的制定，同时还需要参考相关的标准文本和类似组织的安全管理经验。

信息安全策略草稿完成后，应该将它发放到业务部门去征求意见，弄清信息安全策略会如何影响各部门的业务活动。这时候往往要对信息安全策略作出调整，最终，任何决定都是财政现实和安全之间的一种权衡。

5.1.5　信息安全策略的框架

信息安全策略的发展已经远远超出了所发布的传统应用的使用策略。每种访问计算机系统的新方法和开发的新技术，都会导致创建新的安全策略。而信息安全策略的制定者往往综合风险评估、信息对业务的重要性，考虑组织所遵从的安全标准，制定组织相应的信息安全策略，这些策略可能包括以下几个方面的内容。

- 加密策略。描述组织对数据加密的安全要求。
- 使用策略。描述设备使用、计算机服务使用和雇员安全规定、以保护组织的信息和资源安全。
- 线路连接策略。描述诸如传真发送和接收、模拟线路与计算机连接、拨号连接等安全要求。
- 反病毒策略。给出有效减少计算机病毒对组织的威胁的一些指导方针，明确在哪些环节必须进行病毒检测。
- 应用服务提供策略。定义应用服务提供者必须遵守的安全方针。
- 审计策略。描述信息审计要求，包括审计小组的组成、权限、事故调查、安全风险估计、信息安全策略符合程度评价、对用户和系统活动进行监控等活动的要求。
- 电子邮件使用策略。描述内部和外部电子邮件接收、传递的安全要求。
- 数据库策略。描述存储、检索、更新等管理数据库数据的安全要求。
- 第三方的连接策略。定义第三方接入的安全要求。
- 敏感信息策略。对于组织的机密信息进行分级，按照它们的敏感度描述安全要求。
- 内部策略。描述对组织内部的各种活动安全要求，使组织的产品服务和利益受到充分保护。
- Internet 接入策略。定义在组织防火墙之外的设备和操作的安全要求。
- 口令防护策略。定义创建、保护和改变口令的要求。
- 远程访问策略。定义从外部主机或者网络连接到组织的网络进行外部访问的安全要求。
- 路由器安全策略。定义组织内部路由器和交换机的最低安全配置。
- 服务器安全策略。定义组织内部服务器的最低安全配置。

- VPN 安全策略。定义通过 VPN 接入的安全要求。
- 无线通讯策略。定义无线系统接入的安全要求。

5.2 信息安全策略规划与实施

信息安全策略的制订首先要进行前期的规划工作，包括确定安全策略保护的对象、确定参与编写安全策略的人员，以及信息安全策略中使用的核心安全技术。同时也要考虑制定原则、参考结构等因素。下面对以上环节分别进行了描述。

通过系统地学习这些知识内容后，可以对制订安全策略的工作有较深的认识，而且对涉及的具体工作内容可以熟练地制订工作计划，然后轻松地完成目标任务。

5.2.1 确定安全策略保护的对象

1. 信息系统的硬件与软件

硬件和软件是支持商业运作进行的平台，是信息系统的主要构成因素，它们应该首先受到安全策略的保护。所以整理一份完整的系统软硬件清单是首要的一项工作，其中还要包括系统涉及的网络结构图（如图 5-1 所示）。可以有多种方法来建立这份清单及网络结构图。不管用哪种方法，都必须要确定系统内所有的相关内容都已经被记录。在绘制网络结构图以前先要理解数据是如何在系统中流动的。根据详细的数据流程图可以显示出数据的流动是如何支持具体业务运作的，并且可以找出系统中的一些重点区域。重点区域是指需要重点应用安全措施的区域。也可以在网络结构图中标明数据（或数据库）存储的具体位置，以及数据如何在网络系统中备份、审查与管理。

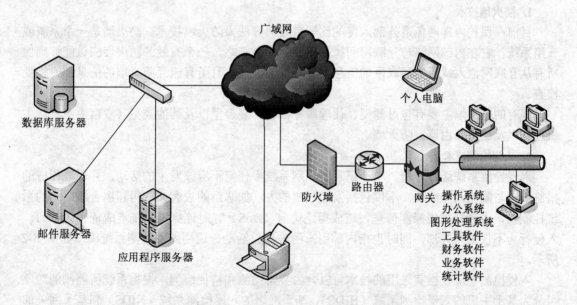

图 5-1 系统硬、软件及网络系统结构图

2. 信息系统的数据

计算机和网络所做的每一件事情都造成了数据的流动和使用。由于数据处理的重要性，

在定义策略需求和编制物品清单的时候，了解数据的使用和结构是编写安全策略的基本要求。

（1）数据处理

数据是组织的命脉，在编写策略的时候，策略必须考虑到数据是如何处理的，怎么保证数据的完整性和保密性。除此以外，还必须考虑到如何监测数据的处理。

当使用第三方的数据时，大部分的数据源都有关联的使用和审核协议，这些协议可以在数据的获取过程中得到。作为数据清单的一部分，外部服务和其他来源也应该被加入到清单中。清单中要记录谁来处理这些数据以及在什么情况下这些数据被获得和传播。

（2）个人数据

在业务运作过程中，可以通过很多方法来搜集个人数据。无论数据是如何获得的，都必须指定策略以使所有人明白数据是如何使用的。

涉及到隐私策略的时候，必须定义好隐私条例。策略里面应该声明私有物、专有物以及其他类似信息在未经预先同意之前是不能被公开的。

3. 人员

在考虑人员因素时，重点应该放在哪些人在何种情况下能够访问系统内资源。策略对那些需要的人授予直接访问的权力，并且在策略中还要给出"直接访问"的定义。在定义了谁能够访问特定的资源以后，接下来要考虑的就是强制执行制度和对未授权访问的惩罚制度。对违反策略的现象是否有纪律上的处罚，在法律上又能做些什么，这些都应考虑。

5.2.2 确定安全策略使用的主要技术

在规划信息系统安全策略中，还需要考虑该安全策略使用的是何种安全核心技术。一般的讲，常见的安全核心技术包括以下几个方面。

1. 防火墙技术

目前，保护内部网免遭外部入侵的比较有效的方法为防火墙技术。防火墙是一个系统或一组系统，它在内部网络与互联网间执行一定的安全策略。一个有效的防火墙应该能够确保所有从互联网流入或流向互联网的信息都将经过防火墙，且所有流经防火墙的信息都应接受检查。

现有的防火墙主要有包过滤型、代理服务器型、复合型以及其他类型（双宿主主机、主机过滤以及加密路由器）防火墙。

2. 入侵检测技术

入侵检测系统通过分析、审计记录，识别系统中任何不应该发生的活动，并采取相应的措施报告与制止入侵活动。不仅包括发起攻击的人（如恶意的黑客）取得超出合法范围的系统控制权，也包括收集漏洞信息，造成拒绝访问（DoS）等对计算机系统造成危害的行为。入侵行为不仅来自外部，同时也指内部用户的未授权活动。通用入侵检测系统模型如图 5-2 所示。

入侵检测系统根据其采用的技术可以分为异常检测和特征检测，根据系统所监测的对象可分为基于主机的入侵检测系统（HIDS）、基于网络的入侵检测系统（NIDS）和基于网关的入侵检测系统，根据系统的工作方式可分为离线检测系统与在线检测系统。

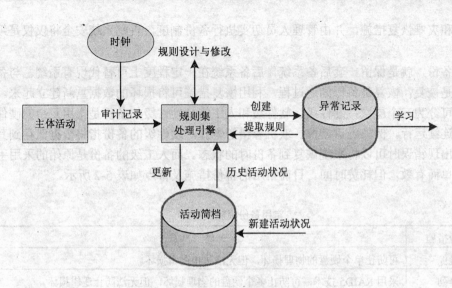

图 5-2　通用入侵检测系统模型

在检测方法上，一般有统计方法、预测模式生成方法等，详细如表 5-1 所示。

表 5-1　　　　　　　　　　　　入侵检测方法

入侵检测方法	简单描述
统计方法	成熟的入侵检测方法，具有学习主体的日常行为的能力。
预测模式生成	根据已有的事件集合按时间顺序归纳出一系列规则，通过不断的更新规则准确预测。
专家系统	用专家系统判断有特征的入侵行为。
Keystroke Monitor	对用户击键序列的模式分析检测入侵行为。
基于模型的入侵检测方法	使用行为序列产生的模型推测。
状态转移分析	使用状态转换图分析审计事件。
模式匹配	利用已知的入侵特征编码匹配检测。
软计算方法	使用神经网络、遗传算法与模糊技术等方法。

3. 备份技术

在使用计算机系统处理越来越多日常业务的同时，数据失效问题变得十分突出。一旦发生数据失效，如果系统无法顺利恢复，最终结局将不堪设想。所以信息化程度越高，备份和灾难恢复措施就越重要。

对计算机系统进行全面的备份，并不只是拷贝文件那么简单。一个完整的系统备份方案应包括：备份硬件、备份软件、日常备份制度（Backup Routines）和灾难恢复措施（Disaster Recovery Plan，DRP）四个部分。选择了备份硬件和软件后，还需要根据自身情况制定日常备份制度和灾难恢复措施，并由管理人员切实执行备份制度，否则系统安全将仅仅是纸上谈兵。

所谓备份，就是保留一套后备系统，后备系统在一定程度上可替代现有系统。与备份对应的概念是恢复，恢复是备份的逆过程，利用恢复措施可将损坏的数据重新建立起来。

备份可分为三个层次：硬件级、软件级和人工级。硬件级的备份是指用冗余的硬件来保证系统的连续运行。例如磁盘镜像、双机容错等方式。软件级的备份指将数据保存到其他介质上，当出现错误时可以将系统恢复到备份时的状态。而人工级的备份是原始的采用手工的方法，简单而有效，但耗费时间。目前常用的备份措施及特点如表 5-2 所示。

表 5-2　　　　　　　　　　　常用备份措施及特点

常用备份措施	特　点
磁盘镜像	可防止单个硬盘的物理损坏，但无法防止逻辑损坏。
磁盘阵列	采用 RAID5 技术，可防止多个硬盘的物理损坏，但无法防止逻辑损坏。
双机容错	双机容错可以防止单台计算机的物理损坏，但无法防止逻辑损坏。
数据拷贝	可以防止系统的物理损坏，可以在一定程度上防止逻辑损坏。

4. 加密技术

网络技术的发展凸显了网络安全问题，如病毒、黑客程序、邮件炸弹和远程侦听等，这一切都为安全性造成障碍，但安全问题不可能找到彻底的解决方案。一般的解决途径是信息加密技术，它可以提供安全保障，如在网络中进行文件传输、电子邮件往来和进行合同文本的签署等。

数据加密的基本过程就是对原来为明文的文件或数据按某种算法进行处理，使其成为不可读的一段代码，通常称为"密文"，使其只能在输入相应的密钥之后才能显示出本来内容，通过这样的途径来达到保护数据不被非法窃取。该过程的逆过程为解密，即将该编码信息转化为其原来数据的过程。

加密在网络上的作用就是防止有用的或私有化的信息在网络上被拦截和窃取。加密后的内容即使被非法获得也是不可读的。

加密技术通常分为两大类"对称式"和"非对称式"。对称式加密就是加密和解密使用同一个密钥，这种加密技术目前被广泛采用，如美国政府所采用的 DES 加密标准就是一种典型的"对称式"加密方法。非对称式加密就是加密和解密所使用的不是同一个密钥，通常有两个密钥，称为"公钥"和"私钥"，它们两个必需配对使用，否则不能打开加密文件。其中的"公钥"是可以公开的，解密时只要用自己的私钥即可以，这样就很好地避免了密钥的传输安全性问题。

数字签名和身份认证就是基于加密技术的，它的作用就是用来确定用户身份的真实性。应用数字签名最多的是电子邮件，由于伪造一封电子邮件极为容易，使用加密技术基础上的数字签名，就可确认发信人身份的真实性。

类似数字签名技术的还有一种身份认证技术，有些站点提供 FTP 和 WWW 服务，如何确定正在访问用户服务器的是合法用户，身份认证技术是一个很好的解决方案。

5.2.3 安全策略的实施

当所有必要的信息系统安全策略都已经制订完毕后，就应该开始考虑策略的实施与推广。在实施与推广的过程中，也应该对随时产生的问题加以记录，并更新安全策略以解决类似的安全问题。

但同时信息安全不是业务组织和工作人员自然的需求，信息安全需求是在经历了信息损失之后才有的。所以，管理对信息安全是必不可少的。

1. 注意当前网络系统存在的问题

安全策略制订完成后，现有的策略也许不能完全覆盖企业信息系统的每个方面、角落或细节，而且随着时间的推移，企业信息系统会有不同程度的改变，这时就要注意当前网络（信息）系统是否存在问题，存在哪些问题。常见的问题有以下几个方面：

①系统设备和支持的网络服务大而全。其实越少的服务意味着越少的攻击机会。

②网络系统集成了很多好看但安全性并不好的服务。例如，企业网络上传输声音文件，视频文件共享等。

③复杂的网络结构潜伏着不计其数的安全隐患。甚至不需要特别的技能和耐心就有人可发起危害极大的攻击活动。

当发现现有的信息安全策略不能很好的解决这些问题时，就需要及时制订新的策略对现有的策略予以补充与更新。

2. 网络信息安全的基本原则

在信息安全策略已经得到正常实施的同时，为了计算机和网络达到更高的安全性，必须采用一些网络信息安全的基本规则。

①安全性和复杂性成反比。

②安全性和可用性成反比。

③安全问题的解决是一个动态过程。

④安全是投资，不是消费。

⑤信息安全是一个过程，而不是一个产品。

3. 策略实施后要考虑的问题

安全策略实施的同时还要注意易损性分析、风险分析和威胁评估。包括资产的鉴定与评估，威胁的假定与分析，易损性评估，现有措施的评价，分析的费用及收益，信息的如何使用与管理，安全措施间的相关性如何等。有些问题在策略实施过程中也需要认真考虑。

4. 安全策略的启动

安全策略"自顶向下"的设计步骤使得指导方针的贯彻、过程的处理、工作的有效性成为可能。

启动安全策略主要包括下面几个方面：启动安全策略、安全架构指导、事件响应过程、可接受的应用策略、系统管理过程、其他管理过程。具体的模型如图 5-3 所示。

启动安全策略：解释了策略文档的设计目的，以及组织性和过程状态描述。

安全架构指导：指在风险评估过程中对发现的威胁所采取的对策。例如，防火墙的放置位置，什么时间使用加密，Web 服务器的放置位置和怎样与商业伙伴、客户进行通信联系。安全架构指导确保了安全计划设计的合理性、审核与有效控制。该部分需要专门的技术，需要接受外部的咨询机构的服务或内部培训，包括基于 Web 资源、书本、技术文件与会议讨论等形式。

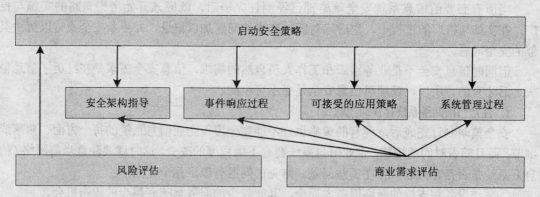

图 5-3 安全策略启动模型

事件响应过程：在出现紧急情况时，通常考虑的呼叫对象，包括公司管理人员、业务部门经理、系统安全管理小组、警察等。按照什么样的顺序进行呼叫是事件反映过程处理的一部分。

可接受的应用策略：计算机系统和网络安全策略的启动将引出各种各样的应用策略。策略的数量与类型依赖于当前的商务需求分析、风险的评估与企业文化。

系统管理过程：管理过程说明了信息如何标记与处理，以及怎样去访问这些信息。对商业需求和风险、某些地方的安全架构指导有适当了解，就可以制定出专有的平台策略和相关的处理过程。

5. 实施中的法律问题

应该注意避免信息安全策略违反法律、法规和合同。信息系统的设计、使用和管理应该符合法律和合同安全要求。与法律有关的问题包括：
① 知识产权与版权；
② 软件著作权；
③ 人事信息的私有性和数据保护；
④ 组织记录的安全防护；
⑤ 防止监控手段的误用；
⑥ 加密控制规定；
⑦ 证据收集；
⑧ 事故处理。

5.3 环境安全策略

计算机硬件及其运行环境是网络信息系统运行的最基本因素，其安全程度对网络、信息的安全有着重要的影响。由于自然灾害、设备自然损坏和环境干扰等自然因素以及人为有意、或无意破坏与窃取等原因，计算机设备和其中信息的安全会受到很大的威胁。下面通过讨论信息系统中硬件设备及其运行环境，以及面临的各种安全威胁和防护策略，简要介绍利用硬件技术来编制、实现环境安全策略的一些方法。

环境安全策略应该简单而全面。首先，审查现有的设施（计算机、服务器、通信设备等）并用非专业词汇来定义它。编写策略文档时所用的语言描述是非常重要的，尤其是策略所用的语言描述的风格，可以影响到文档本身以及如何看待策略。环境安全结构策略还要考虑到冗余电力供应的可行性或者对公共平台的访问。

5.3.1 环境保护机制

环境保护涉及的主要机制或措施由空调系统、防静电系统、防火系统等方面构成。制订环境保护策略前，应首先对一些环境保护机制或措施有所了解，然后针对自身的情况，就可以对相关的策略做出一个正确的定位。

1. 空调系统

计算机房内空调系统是保证计算机系统正常运行的重要设备之一。通过空调系统使机房的温度、湿度和洁净度得到保证，从而使系统正常工作。重要的计算机系统安放处应有单独的空调系统，它比公用的空调系统在加湿、除尘方面应该有更高的要求。环境控制的主要指标有温度、湿度和洁净度等，其中机房温度一般控制在 (20 ± 2) ℃，相对湿度一般控制在 $(50\pm5)\%$，机房内一般应采用乙烯类材料装修，避免使用挂毯、地毯等吸尘材料。人员进出门应有隔离间，并应安装吹尘、吸尘设备，排除进入人员所带的灰尘。空调系统进风口应安装空气滤清器，并应定期清洁和更换过滤材料，以防灰尘进入。

2. 防静电措施

为避免静电的影响，最基本的措施是接地，将物体积聚的静电迅速释放到大地。为此，机房地板基体（或全部）应为金属材料并接大地，使人或设备在其上运动产生的静电随时可释放出去。机房内的专用工作台或重要的操作台应有接地平板，必要时，每人可带一个金属手环，通过导线与接地平板连接。此外，工作人员的服装和鞋最好用低阻值的材料制作，机房内避免湿度过低，在北方干燥季节应适当加湿，以免产生静电。

3. 防火机制

为避免火灾，应在安全策略中标明采取以下防火机制。

- 分区隔离。建筑内的机房四周应设计为一个隔离带，以使外部的火灾至少可隔离 1 小时。
- 火灾报警系统。为安全起见，机房应配备多种报警系统，并保证在断电后 24 小时之内仍可发出警报。报警器为音响或灯光报警，一般安放在值班室或人员集中处，以便工作人员及时发现并向消防部门报告，组织人员疏散等。
- 灭火设施。机房所在楼层应有消防栓和必要的灭火器材和工具，这些物品应具有明显的标记，且需定期检查。
- 管理措施。计算机系统实体发生重大事故时，为尽可能减少损失，应制定应急计划。建立应急计划时应考虑到对实体的各种威胁，以及每种威胁可能造成的损失等。在此基础上，制定对各种灾害事件的响应程序，规定应急措施，使损失降到最低限度。

5.3.2 电源

电源是计算机系统正常工作的重要因素。供电设备容量应有一定的储备，所提供的功率应是全部设备负载的 125%。计算机房设备应与其他用电设备隔离，它们应为变压器输出的单独一路而不与其他负载共享一路。环境安全策略中应采用电源保护装置，重要的计算机房应配置抵抗电压不足的设备，如UPS或应急电源。另外，计算机系统和工作场地的接地是非常重要的安全措施，可以保护设备和人身的安全，同时也可避免电磁信息泄露。具体措施有交/直流分开的接地系统、共地接地系统等。

5.3.3 硬件保护机制

硬件是组成计算机的基础。硬件防护措施仍是计算机安全防护技术中不可缺少的一部分。特别是对于重要的系统，需将硬件防护同系统软件的支持相结合，以确保安全。包括两方面的策略：计算机设备的安全设置和外部辅助设备的安全。

- 计算机设备安全设置。可采用计算机加锁和使用专门的信息保护卡来实现。
- 外部辅助设备的安全。包括打印机、磁盘阵列和中断的设备安全。其中，打印机使用时一定要遵守操作规则，出现故障时一定要先切断电源，数据线不要带电插拔。磁盘阵列要注意防磁、防尘、防潮和防冲击，避免因物理上的损坏而使数据丢失。终端上可加锁，与主机之间的通信线路不宜过长，显示敏感信息的终端还要防电磁辐射泄漏。

5.4 系统安全策略

建立系统安全策略的主要目的是为了在日常工作中保障信息安全与系统操作安全。系统安全策略主要包括WWW服务策略、数据库系统安全策略、邮件系统安全策略、应用服务系统安全策略、个人桌面系统安全策略及其他业务相关系统安全策略等。下面分别进行介绍。

5.4.1 WWW服务策略

WWW作为互联网提供的重点服务目前应用已经日益广泛，且用户对WWW服务的依靠逐渐多方面化、多层次化，制订一份WWW服务策略是非常必要的。

1. WWW服务的安全漏洞

WWW服务的漏洞一般可以分为以下几类：
①操作系统本身的安全漏洞；
②明文或弱口令漏洞；
③Web服务器本身存在一些漏洞；
④CGI（Common Gateway Interface）安全方面的漏洞。

2. Web欺骗

Web欺骗是指攻击者以受攻击者的名义将错误或者易于误解的数据发送到真正的Web服务器，以及以任何Web服务器的名义发送数据给受攻击者。简而言之，攻击者观察和控制着受攻击者在Web上做的每一件事。

Web欺骗包括两个部分：安全决策和暗示。

- 安全决策。安全决策往往都含有较为敏感的数据。如果一个安全决策存在问题，就意味着决策人在做出决策后，因为关键数据的泄露，而导致决策失败。
- 暗示。目标的出现往往传递着某种暗示。Web服务器提供给用户的是丰富多彩的各类信息，人们的经验值往往决定了接受暗示的程度，但暗示中往往包含有不安全的操作活动。人们习惯于此且不可避免地被这种暗示所欺骗。

3. 针对 Web 欺骗的策略

Web 欺骗是互联网上具有相当危险性而不易被察觉的欺骗手法。可以采取的一些保护策略有：

①改变浏览器，使之具有反映真实 URL 信息的功能，而不会被蒙蔽。

②对于通过安全连接建立的 Web 服务器——浏览器对话。

5.4.2 电子邮件安全策略

伴随着网络的迅速发展，电子邮件也成为 Internet 上最普及的应用。电子邮件的方便性、快捷性及低廉的费用赢得了众多用户的好评。但是，电子邮件在飞速发展的同时也遇到了安全问题。解决的方法包括两个方面：反病毒和内容保密。

1. 反病毒策略

病毒通过电子邮件进行传播具有两个重要特点：①传播速度快，传播范围广。②破坏力大。对于电子邮件用户而言，杀毒不如防毒。如果用户没有运行或打开附件，病毒是不会被激活的。所以，可行的安全策略是采用实时扫描技术的防病毒软件，它可以在后台监视操作系统的文件操作，在用户进行磁盘访问、文件复制、文件创建、文件改名、程序执行、系统启动和准备关闭时检测病毒。

2. 内容保密策略

未加密的电子邮件信息会在传输过程中被人截获、阅读并加以篡改，保证其通信的安全已经成为人们高度关心的问题。电子邮件内容的安全取决于邮件服务器的安全、邮件传输网络的安全以及邮件接收系统的安全。因而保证电子邮件内容安全的策略主要有：

①采用电子邮件安全网关，也就是用于电子邮件的防火墙。进入或输出的每一条消息都经过网关，从而使安全政策可以被执行（在何时、向何地发送消息），病毒检查可以被实施，并对消息签名和加密。

②在用户端使用安全电子邮件协议。目前有两个主要协议：S/MIME（Secure/MIME）和 PGP（Pretty Good Privacy）。这两个协议的目的基本上相同，都是为电子邮件提供安全功能，对电子邮件进行可信度验证、保护邮件的完整性及反抵赖。

5.4.3 数据库安全策略

数据库安全策略的目的是最大限度保护数据库系统及数据库文件不受侵害。现有的数据库文件安全技术主要通过以下三个途径来实现。

①依靠操作系统的访问控制功能实现。

②采用用户身份认证实现。

③通过对数据库加密来实现。

在此基础上，数据库安全策略的具体实现机制有以下几点：

①在存储数据库文件时，使用本地计算机的一些硬件信息及用户密码加密数据库文件的文件特征说明部分和字段说明部分。

②在打开数据库文件时，自动调用本地计算机的一些硬件信息及用户密码，解密数据库文件的文件特征说明部分和字段说明部分。

③如果用户要复制数据库文件，则在关闭数据库文件时，进行相应的设置。

实现过程如图 5-4 所示。

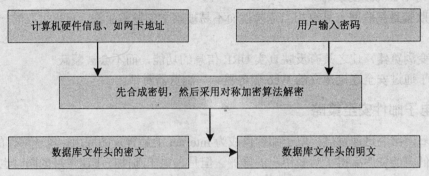

图 5-4 数据库文件加密实现过程

5.4.4 应用服务器安全策略

应用服务器包括很多种,这里简要描述 FTP 服务器和主机的 Telnet 服务的安全策略。

1. FTP 的安全策略

FTP 被广泛应用,在 Internet 迅猛发展的形势下,安全问题日益突出,解决的主要方法和手段有以下几个方面:

①对于反弹攻击进行有效防范。最简单的方法就是封住漏洞,服务器最好不要建立 TCP 端口号在 1024 以下的连接;另外,禁止使用 PORT 命令也是一个可选的防范反弹攻击的方案。

②进行限制访问。在建立连接前,双方需要同时认证远端主机的控制连接、数据连接的网络地址是否可信。

③进行密码保护。服务器限制尝试输入正确口令的次数,若出现几次尝试失败时,服务器应关闭和客户的控制连接;另外,服务器可以限制控制连接的最大数目,或探查会话中的可疑行为并在以后拒绝该站点的连接请求。

④防范端口盗用。使用操作系统无关的方法随机分配端口号,让攻击者无法预测。

2. Telnet 服务的安全策略

Telnet 是一个非常有用的服务。可以使用 Telnet 登录上一个开启了该服务的主机来执行一些命令,便于进行远程工作或维护。Telnet 本身存在很多安全问题,如传输明文、缺乏强力认证过程、没有完整性检查以及传输的数据没有经过加密。解决的策略是替换在传输过程中使用明文的传统 Telnet 软件,使用 SSLTelnet 或 SSH 等对数据加密传输的软件。

5.5 病毒防护策略

计算机病毒可以在很短的时间内感染整个计算机或网络系统,甚至使整个系统瘫痪,从而带来无法正常工作的后果。计算机病毒有很多种类,如蠕虫病毒、宏病毒等。每种计算机病毒都会对计算机系统带来重大的损害。避免受到病毒程序的干扰,除了应用有效的杀毒软件以外,制订相应的病毒防护策略也是保障系统安全运行的重要途径。

5.5.1 病毒防护策略具备的准则

病毒防护策略需要具备下列准则:

①拒绝访问能力；
②病毒检测能力；
③控制病毒传播的能力；
④清除病毒能力；
⑤数据恢复能力。

5.5.2 建立病毒防护体系

目前的反病毒机制已经趋于成熟。但是，仍然需要建立多层防护来保护核心网络，尤其是要防止病毒通过电子邮件等媒介进行传播。而且，还必须在安全操作中心建立起全面的监控功能和事件反应功能。

1. 网络的保护

反病毒策略的一个重要目标就是在病毒进入受保护的网络之前就挡住它。90%以上的新病毒是通过电子邮件传播的，因此电子邮件是反病毒首要关注的重点。建议在电子邮件网关处使用不同的反病毒检查引擎以增加安全性。

各类杀毒软件对新病毒的反应速度不同，病毒扫描程序通常会漏掉 1%～3%的病毒。在不同的层上采用不同的保护提供了多层的反病毒防护。如果电子邮件漏掉了一个病毒或者对新的病毒做出反应迟缓，桌面电脑病毒扫描还有机会发现它，反之亦然。但是，对于电子邮件网关的要求和电子邮件安全要求正在日趋相同。这样的供应商提供了全面的电子邮件安全，包括防火墙、入侵检测、拒绝服务攻击保护、反病毒、内容检查、关键字过滤、垃圾邮件过滤和电子邮件加密。任何电子邮件反病毒策略中两项至关紧要的功能就是根据关键字进行内容过滤，以及对于附件进行过滤（这项功能使用户可以在一个新的病毒发作的早期，在病毒还没有被清楚定义出来之前就对该病毒进行隔离）。

2. 建立分层的防护

虽然 90%以上的用户都采用了反病毒软件，但还是有很多遭到了病毒攻击并造成了相当的经济损失。新的病毒利用多种安全漏洞，并且通过多种方式攻击系统。安全部门必须把多种安全组件和策略整合起来进行全方位的防护，并推荐使用多种类多层次的反病毒机制。并且制定出涵盖范围全面的反病毒策略，例如，防火墙、入侵检测、电子邮件过滤、漏洞评估和反病毒等。

3. 发展趋势

一个全面综合的安全管理控制平台是发展趋势。使用户们能够建立多领域的防护来抵挡即将出现的更多的恶性病毒攻击，并在今后建立起跨领域的安全策略。但是，控制平台技术本身还不够成熟，并且相互之间的支持还很缺乏。

5.5.3 建立病毒保护类型

建立完整的病毒保护程序需要三类策略声明。第一类声明是所需的病毒监视和测试的类型；第二类声明是系统完整性审查，它有助于验证病毒保护程序的效果；最后一类声明的是对分布式可移动媒介的病毒审查。

（1）病毒测试

应该在每个互联网系统上安装和配置杀毒软件，并根据管理员的规定提供不间断的病毒扫描和定期更新。

（2）系统完整性检查

系统完整性检查可以用多种方式来实施。最常见的是保存一份系统文件的清单，并在每次系统启动的时候扫描这些文件以发现问题。还可以使用系统工具来审查系统的全体配置和文件、文件系统、公共区二进制文件的完整性。

5.5.4 病毒防护策略要求

1. 对病毒防护的要求

①策略必须声明对病毒防护的要求，并说明它只用于病毒防护；
②策略必须声明用户应该使用得到同意的病毒保护工具，并且不应该取消该功能。

2. 对建立病毒保护类型的要求

①病毒防护策略应该反映出使用的防护方案的类型，但不需要反映出具体使用什么产品；
②病毒防护策略应该公开说明使用的扫描类型；
③在建立病毒保护程序时，策略应该包括病毒测试的方法、系统安全性审查。

3. 对牵涉到病毒的用户的要求

①策略应该声明用户不能牵涉到病毒；
②为增加策略的震慑力，可酌情添加一条声明指出违反者可能会被解雇和诉诸法律。

5.6 安全教育策略

安全教育是指对所有人员进行安全培训，培训内容包括所有其他技术安全策略所涉及的操作规范与技术知识。通过适当的安全培训，会使包括信息系统的管理人员与所有的系统最终用户都能充分理解到信息系统安全的重要性，并且对于日常的安全规范操作也会逐渐形成自定的模式。

1. 安全教育

安全意识和相关各类安全技能的教育是安全管理中重要的内容，其实施力度将直接关系到安全策略被理解的程度和被执行的效果。

在安全教育具体实施过程中应该有一定的层次性且安全教育应该定期的、持续的进行。

①主管信息安全工作的各级管理人员，其培训重点是了解掌握企业信息安全的整体策略及目标、信息安全体系的构成、安全管理部门团队的建立和管理制度的制定等。

②负责信息安全运行管理及维护的技术人员，其培训重点是充分理解信息安全管理策略，掌握安全评估的基本方法，对安全操作和维护技术的合理运用等。

③普通用户，其培训重点是学习各种安全操作流程，了解和掌握与其相关的安全策略知识，包括自身应该承担的安全职责等。

2. 安全教育策略的机制

通常来讲，安全问题经常来源于系统最终用户和系统管理员的工作疏忽。疏忽有可能带来系统被病毒侵犯或遭到攻击。

管理阶层往往通过创建并执行一套全面的 IT 安全策略来规范用户的行为，这样就可以减少甚至消除一些错误带来的风险。然后通过对最终用户进行教育，使他们知道怎样消除安全隐患。运用这些安全策略，在一定程度上就会防止出现安全漏洞。

一套好的安全策略应该包括最终用户和系统管理员两个方面。在最终用户方面，策略应该清楚地规定用户可以利用计算机设备和应用软件做什么，并且要在安全教育策略中说明。在策略中应该包括以下内容：

（1）数据和应用所有权

帮助用户们理解他们能够使用哪些应用和数据，而哪些应用和数据是他们可以和其他人共享的。

（2）硬件的使用

加强企业内正在执行的指导方针，规定对于工作站，笔记本电脑和手持式设备的正确操作。

（3）互联网的使用

明确互联网、用户组、即时信息和电子邮件的正确使用方式。

从系统管理员的角度，应该使用包括以下内容的基于策略的规则来加固最终用户策略：

（1）账号管理

规定可以被接受的密码配置，以及规定在需要的时候，系统管理员如何切断某个特定用户的使用权限。

（2）补丁管理

规定对发布补丁消息的正确反应，以及规定了如何进行补丁监控和定期的维护。

（3）事件报告制度

不是所有的紧急事件都是同样的重要，所以策略里必须包括一个计划，规定每个紧急事件应该通报哪些人。

策略制定完成之后，还必须随着网络、操作系统、软件配置以及用户的增加和减少而时时更新。对于安全教育策略，应该随时因整体策略的调整而调整。

本 章 小 结

本章首先讲述了信息安全策略的基本概念，并对信息安全策略的规划和实施有关的问题进行一些讨论，接着具体阐述了环境安全策略、系统安全策略、病毒防护安全策略等相关内容，最后介绍了安全教育策略。

习 题 五

1. 信息安全策略是什么？它有何特点？
2. 如何进行信息安全策略的规划与实施？
3. 信息安全策略使用了哪些主要技术？
4. 什么是环境安全策略？环境安全策略包括哪些方面的内容？
5. 系统安全策略的目标是什么？包括哪些内容？
6. 病毒防护策略的功能有哪些？有什么要求？
7. 什么是安全教育策略？

第六章 信息安全工程与等级保护

【学习目标】
- 了解信息安全等级的划分及特征;
- 知道等级保护在信息安全工程的实施;
- 了解信息安全系统等级确定方法。

6.1 等级保护概述

实施信息安全等级保护,能够有效地提高我国信息和信息系统安全建设的整体水平,有利于在信息化建设过程中同步建设信息安全设施,保障信息安全与信息化建设相协调;有利于为信息系统安全建设和管理提供系统性、针对性、可行性的指导和服务,有效控制信息安全建设成本;有利于优化信息安全资源的配置,对信息系统分级实施保护,重点保障基础信息网络和关系国家安全、经济命脉、社会稳定等方面的重要信息系统的安全。

6.1.1 信息安全等级保护制度的原则

(1) 明确责任,共同保护

通过等级保护,组织和动员国家、法人和其他组织、公民共同参与信息安全保护工作;各方主体按照规范和标准分别承担相应的、明确具体的信息安全保护责任。

(2) 依照标准,自行保护

国家运用强制性的规范及标准,要求信息和信息系统按照相应的建设和管理要求,自行定级、自行保护。

(3) 同步建设,动态调整

信息系统在新建、改建、扩建时应当同步建设信息安全设施,保障信息安全与信息化建设相适应。因信息和信息系统的应用类型、范围等条件的变化及其他原因,安全保护等级需要变更的,应当根据等级保护的管理规范和技术标准的要求,重新确定信息系统的安全保护等级。等级保护的管理规范和技术标准应按照等级保护工作开展的实际情况适时修订。

(4) 指导监督,重点保护

国家指定信息安全监管职能部门通过备案、指导、检查、督促整改等方式,对重要信息和信息系统的信息安全保护工作进行指导监督。国家重点保护涉及国家安全、经济命脉、社会稳定的基础信息网络和重要信息系统,主要包括:国家事务处理信息系统;财政、金融、税务、海关、审计、工商、社会保障、能源、交通运输、国防工业等关系到国计民生的信息系统;教育、国家科研等单位的信息系统;公用通信、广播电视传输等基础信息网络中的信息系统;网络管理中心、重要网站中的重要信息系统和其他领域的重要信息系统。

6.1.2 信息安全等级的划分及特征

信息安全等级保护是指对国家秘密信息、法人和其他组织及公民的专有信息以及公开信息和存储、传输、处理这些信息的信息系统分等级实行安全保护，对信息系统中使用的信息安全产品实行按等级管理，对信息系统中发生的信息安全事件分等级响应、处置。

GB17859 把计算机信息系统的安全保护能力划分的 5 个等级是：用户自主保护级、系统审计保护级、安全标记保护级、结构化保护级和访问验证保护级。这 5 个级别的安全强度自低到高排列，且高一级包括低一级的安全能力。

第一级为用户自主保护级，适用于一般的信息和信息系统，其受到破坏后，会对公民、法人和其他组织的权益有一定影响，但不危害国家安全、社会秩序、经济建设和公共利益。

本级的主要特征是用户具有自主安全保护能力。访问控制机制允许命名用户以用户或用户组的身份规定并控制客体的共享，能阻止非授权用户读取敏感信息。可信计算基在初始执行时需要鉴别用户的身份，不允许无权用户访问用户身份鉴别信息。该安全级通过自主完整性策略，阻止无权用户修改或破坏敏感信息。

所谓可信计算基是指计算机系统内保护装置的总体，是实现访问控制策略的所有硬件、固件和软件的集合体。可信计算基具有以下性质：能控制主体集合对客体集合的每一次访问，是抗篡改的和足够小的，便于分析、测试与验证。

第二级为系统审计保护级，适用于一定程度上涉及国家安全、社会秩序、经济建设和公共利益的一般信息和信息系统，其受到破坏后，会对国家安全、社会秩序、经济建设和公共利益造成一定损害。

本级的主要特征是本级也属于自主访问控制级。但和系统自主保护级相比，可信计算基实施粒度更细的自主访问控制，控制粒度可达单个用户级，能够控制访问权限的扩散，没有访问权的用户只能由有权用户指定对客体的访问权。身份鉴别功能通过每个用户唯一标识监控用户的每个行为，并能对这些行为进行审计。增加了客体重用和审计功能是本级的主要特色。审计功能要求可信计算基能够记录：对身份鉴别机制的使用；将客体引入用户地址空间；客体的删除；操作员、系统管理员或系统安全管理员实施的动作以及其他与系统安全有关的事件。

第三级为安全标记保护级，适用于涉及国家安全、社会秩序、经济建设和公共利益的信息和信息系统，其受到破坏后，会对国家安全、社会秩序、经济建设和公共利益造成较大损害。

本级的特征主要是本级在提供系统审计保护级的所有功能的基础上，提供基本的强制访问功能。可信计算基能够维护每个主体及其控制的存储客体的敏感标记，也可以要求授权用户确定无标记数据的安全级别。这些标记是等级分类与非等级类别的集合，是实施强制访问控制的依据。可信计算基可以支持对多种安全级别（如军用安全级别可划分为绝密、机密、秘密、无密 4 个安全级别）的访问控制，强制访问控制规则如下：

仅当主体安全级别中的等级分类高于或等于客体安全级中的等级分类，且主体安全级中的非等级类别包含了客体安全级中的全部非等级类别，主体才能对客体有读权；仅当主体安全级中的等级分类低于或等于客体安全级中的等级分类，且主体安全级中的非等级类别包含于客体安全级中的非等级类别，主体才能对客体有写权。

可信计算基维护用户身份识别数据，确定用户的访问权及授权数据，并且使用这些数据鉴别用户的身份。审计功能除保持上一级的要求外，还要求记录客体的安全级别，可信计算基还具有审计可读输出记号是否发生更改的能力。对数据完整性的要求则增加了在网络环境中使用完整性敏感标记来确信信息在传输过程中未受损。

本级要求提供有关安全策略的模型，主体对客体强制访问控制的非形式化描述，没有对多级安全形式化模型的要求。

第四级为结构化保护级，适用于涉及国家安全、社会秩序、经济建设和公共利益的重要信息和信息系统，其受到破坏后，会对国家安全、社会秩序、经济建设和公共利益造成严重损害。

本级可信计算基建立在明确定义的形式化安全策略模型之上，它要求将自主和强制访问控制扩展到所有主体与客体。它要求系统开发者应该彻底搜索隐蔽存储信道，要标识出这些信道和它们的带宽。本级最主要的特点是可信计算基必须结构化为关键保护元素和非关键保护元素。可信计算基的接口要求是明确定义的，使其实现能得到充分的测试和全面的复审。结构化保护级加强了鉴别机制，支持系统管理员和操作员的职能，提供可信设施管理，增强了系统配置管理控制，系统具有较强的抗渗透能力。

强制访问控制的能力更强，可信计算基可以对外部主体能够直接或间接访问的所有资源（如主体、存储客体和输入输出资源）都实行强制访问控制。关于访问客体的主体的范围有了扩大，结构化保护级则规定可信计算基外部的所有主体对客体的直接或间接访问都应该满足上一级规定的访问条件。而安全标记保护级则仅要求那些受可信计算基控制的主体对客体的访问受到访问权限的限制，且没有指明间接访问也应受到限制。要求对间接访问也要进行控制，意味着可信计算基必须具有信息流分析能力。

为了实施更强的强制访问控制，结构化保护级要求可信计算基维护与可被外部主体直接或间接访问到的计算机系统资源（如主体、存储客体、只读存储器等）相关的敏感标记。结构化保护级还显式地增加了隐蔽信道分析和可信路径的要求。可信路径的要求如下：可信计算基在它与用户之间提供可信通信路径，供对用户的初始登录和鉴别，且规定该路径上的通信只能由使用它的用户初始化。对于审计功能，本级要求可信计算基能够审计利用隐蔽存储信道时可能被使用的事件。

第五级为访问验证保护级，适用于涉及国家安全、社会秩序、经济建设和公共利益的重要信息和信息系统的核心子系统，其受到破坏后，会对国家安全、社会秩序、经济建设和公共利益造成特别严重的损害。

对于实现的自主访问控制功能，访问控制能够为每个命名客体指定命名用户和用户组，并规定它们对客体的访问模式。对于强制访问控制功能的要求与上一级别的要求相同。对于审计功能，要求可信计算基包括可以审计安全事件的发生与积累机制，当超过一定阈值时，能够立即向安全管理员发出报警，并且能以最小代价终止这些与安全相关的事件继续发生或积累。

6.2 等级保护在信息安全工程中的实施

确定安全需求后，新建和改建系统就进入了实施前的设计过程。以往的安全保障体系设计是没有等级概念的,主要是依据本单位业务特点,结合其他行业或单位实施安全保护的实践经验而提出的。当引入等级保护的概念后系统安全防护设计思路会有所不同:

- 由于确定了单位内部代表不同业务类型的若干个信息系统的安全保护等级,在设计思路上应突出对等级较高的信息系统的重点保护。
- 安全设计应保证不同保护等级的信息系统能满足相应等级的保护要求。满足等级保护要求不意味着各信息系统独立实施保护,而应本着优化资源配置的原则合理布局,构建纵深防御体系。
- 划分了不同等级的系统,就存在如何解决等级系统之间的互连问题,因此必须在总体安全设计中规定相应的安全策略。

6.2.1 新建系统的安全等级保护规划与建设

1. 总体安全设计方法

总体安全设计并非安全等级保护实施过程中必需的执行过程,对于规模较小、构成内容简单的信息系统,在通过安全需求分析确定了其安全需求后,可以直接进入安全详细设计。对于有一定规模的信息系统,实施总体安全设计过程。总体安全设计可以按以下步骤实施。

(1) 局域网内部抽象处理

一个局域网可能由多个不同等级系统构成,无论局域网内部等级系统有多少,可以将等级相同、安全需求类相同、安全策略一致的系统合并为一个安全域,并将其抽象为一个模型要素,可将之称为某级安全域。通过抽象处理后,局域网模型可能是由多个级别的安全域互联构成的模型。

(2) 局域网内部安全域之间互联的抽象处理

局域网内部安全域之间互联的抽象处理根据局域网内部的业务流程、数据交换要求、用户访问要求等确定不同级别安全域之间的网络连接要求,从而对安全域边界提出安全策略要求和安全措施要求,以实现对安全域边界的安全保护。

如果任意两个不同级别的子系统之间有业务流程数据交换要求、用户访问要求等的需要,则认为两个模型要素之间有连接。通过分析和抽象处理后,局域网内部子系统之间互联模型如图 6-1 所示。

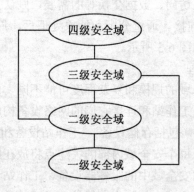

图 6-1 局域网内部安全域之间互联抽象图

（3）局域网之间安全域互联的抽象处理

根据局域网之间的业务流程、数据交换要求、用户访问要求等确定局域网之间通过骨干网/城域网的分隔的同级、或不同级别安全域之间的网络连接要求。

例如，任意两个级别的安全域之间有业务流程、数据交换要求、用户访问要求等的需要，则认为两个局域网的安全域之间有连接。通过分析和抽象处理后，局域网之间安全域互联模型如图6-2所示。

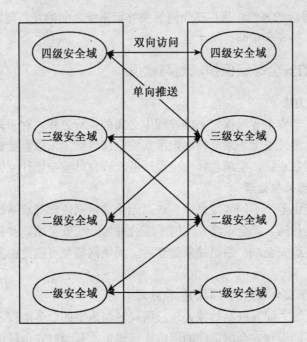

图6-2　局域网之间安全域互联的抽象图

（4）局域网安全域与外部单位互联的抽象处理

对于与国际互联网或外部机构/单位有连接或数据交换的信息系统，需要分析这种网络的连接要求，并进行模型化处理。例如，任意一个级别的安全域，如果这个安全域与外部机构/单位或国际互联网之间有业务访问、数据交换等的需要，则认为这个级别的安全域与外部机构/单位或国际互联网之间有连接。通过分析和抽象处理后，局域网安全域与外部机构/单位或国际互联网之间互联模型如图6-3所示。

（5）安全域内部抽象处理

局域网中不同级别的安全域的规模和复杂程度可能不同，但是每个级别的安全域的构成要素基本一致，即由服务器、工作站和连接它们的网络设备构成。为了便于分析和处理，将安全域内部抽象为服务器设备（包括存储设备）、工作站设备和网络设备这些要素，通过对安全域内部的模型化处理后，对每个安全域内部的关注点将放在服务器设备、工作站设备和网络设备上，通过对不同级别的安全域中的服务器设备、工作站设备和网络设备提出安全策略要求和安全措施要求，实现安全域内部的安全保护。通过抽象处理后，每个安全域模型如图6-4所示。

第六章 信息安全工程与等级保护

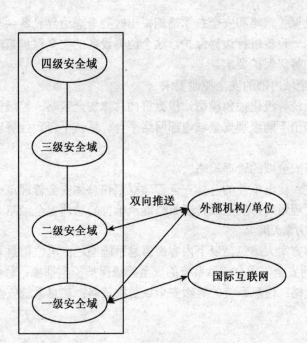

图 6-3 局域网安全域与外部单位互联的抽象图

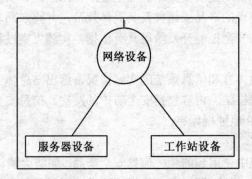

图 6-4 安全域内部抽象图

(6) 形成信息系统抽象模型

通过对信息系统的分析和抽象处理，最终应形成被分析的信息系统的抽象模型。信息系统抽象模型的表达应包括以下内容：单位的不同局域网络如何通过骨干网、城域网互联；每个局域网内最多包含几个不同级别的安全域；局域网内部不同级别的安全域之间如何连接；不同局域网之间的安全域之间如何连接；局域网内部安全域是否与外部机构/单位或国际互联网有互联，等等。

(7) 制定总体安全策略

最重要的是制定安全域互连策略，通过限制多点外联、统一出口既可以达到保护重点、优化配置，也体现了纵深防御的策略思想。

(8) 关于等级边界进行安全控制的规定

针对信息系统等级化抽象模型，根据机构总体安全策略、等级保护基本要求和系统的特殊安全需求，提出不同级别安全域边界的安全保护策略和安全技术措施。

安全域边界安全保护策略和安全技术措施提出时要考虑边界设备共享的情况，如果不同级别的安全域通过同一设备进行边界保护，这个边界设备的安全保护策略和安全技术措施要满足最高级安全域的等级保护要求。

（9）关于各安全域内部的安全控制要求

提出针对信息系统等级化抽象模型，根据机构总体安全策略、等级保护基本要求和系统的特殊安全需求，提出不同级别安全域内部网络平台、系统平台和业务应用的安全保护策略和安全技术措施。

（10）关于等级安全域的管理策略

从全局角度出发，提出单位的总体安全管理框架和总体安全管理策略，对每个等级安全域提出各自的安全管理策略，安全域管理策略继承单位的总体安全策略。

2. 总体安全设计方案大纲

最后形成的总体方案大纲包括以下内容：信息系统概述；单位信息系统安全保护等级状况；各等级信息系统的安全需求；信息系统的安全等级保护模型抽象；总体安全策略；信息系统的边界安全防护策略；信息系统的等级安全域防护策略；信息系统安全管理与安全保障策略。

3. 设计实施方案

实施方案不同于设计方案，实施方案需要根据阶段性的建设目标和建设内容将信息系统安全总体设计方案中要求实现的安全策略、安全技术体系结构、安全措施落实到产品功能或物理形态上，提出能够实现的产品或组件及其具体规范，并将产品功能特征整理成文档，使得在信息安全产品采购和安全控制开发阶段具有依据。实施方案过程如下：

（1）结构框架设计

依据实施项目的建设内容和信息系统的实际情况，给出与总体安全规划阶段的安全体系结构一致的安全实现技术框架，内容包括安全防护的层次、信息安全产品的选择和使用、等级系统安全域的划分和IP地址规划等。

（2）功能要求设计

对安全实现技术框架中使用到的相关信息安全产品，如防火墙、VPN、网闸、认证网关、代理服务器、网络防病毒、PKI等提出功能指标要求；对需要开发的安全控制组件，提出功能指标要求。

（3）性能要求设计

对安全实现技术框架中使用到的相关信息安全产品，如防火墙、VPN、网闸、认证网关、代理服务器、网络防病毒和PKI等提出性能指标要求；对需要开发的安全控制组件，提出性能指标要求。

（4）部署方案设计

结合信息系统网络拓扑，以图示的方式给出安全技术实现框架的实现方式，包括信息安全产品或安全组件的部署位置、连接方式和IP地址分配等；对于需对原有网络进行调整的，给出网络调整的图示方案等。

（5）制定安全策略实现计划

依据信息系统安全总体方案中提出的安全策略的要求，制定设计和设置信息安全产品或安全组件的安全策略实现计划。

（6）管理措施实现内容设计

结合系统实际安全管理需要和本次技术建设内容，确定本次安全管理建设的范围和内容，同时注意与信息系统安全总体方案的一致性。安全管理设计的内容主要考虑：安全管理机构和人员的配套、安全管理制度的配套和人员安全管理技能的配套等。

（7）形成系统建设的安全实施方案

最后形成的系统建设的安全实施方案应包含以下内容：系统建设目标和建设内容、技术实现框架、信息安全产品或组件功能及性能、信息安全产品或组件部署；安全策略和配置；配套的安全管理建设内容；工程实施计划；项目投资概算。

6.2.2 系统改建实施方案设计

与等级保护工作相关的大部分系统是已建成并投入运行的系统，信息系统的安全建设也已完成，因此信息系统的运营使用单位更关心如何找出现有安全防护与相应等级基本要求的差距，如何根据差距分析来设计系统的改建方案，使其能够指导该系统后期具体的改建工作，逐步达到相应等级系统的保护能力。

1. 确定系统改建的安全需求

①根据信息系统的安全保护等级，参照前述的安全需求分析方法，确定本系统的总的安全需求，包括经过调整的等级保护基本要求和本单位的特殊安全需求。

②由信息系统的运营使用单位自己组织人员或由第三方评估机构，采用等级测评方法对信息系统安全保护现状与等级保护基本要求进行符合性评估，得到与相应等级要求的差距项。

③针对满足特殊安全需求（包括采用高等级的控制措施和采用其他标准的要求）的安全措施进行符合性评估，得到与满足特殊安全需求的差距项。

2. 差距原因分析

差距项不一定都会作为改建的安全需求，因为存在差距的原因可能有多种。

（1）整体安全设计不足

某些差距项的不满足是由于该系统在整体的安全策略（包括技术策略和管理策略）设计上存在问题。例如，网络结构设计不合理，各网络设备在位置的部署上存在问题，导致某些网络安全要求没有正确实现；信息安全的管理策略方向性不明确，导致一些管理要求没有实现。

（2）缺乏相应产品实现安全控制要求

由于安全保护要求都是要落在具体产品、组件的安全功能上，通过对产品的正确选择和部署满足相应要求。但在实际中，有些安全要求在系统中并没有落在具体的产品上。产生这种情况的原因是多方面的，其中目前技术的制约可能是最主要的原因。例如，强制访问控制，目前在主流的操作系统和数据库系统上并没有得到很好的实现。

（3）产品没有得到正确配置

某些安全要求虽然能够在具体的产品组件上实现，但使用者由于技术能力、安全意识的原因，或出于对系统运行性能影响的考虑等原因，产品没有得到正确的配置，从而使其相关安全功能没有得到发挥。例如，登录口令复杂度检测没有启用、操作系统的审计功能没有启用等就是经常出现的情况。

以上情况的分析，只是系统在等级安全保护上出现差距的主要原因，不同系统有其个性特点，产生差距的原因也不尽相同。

3. 分类处理的改建措施

针对差距出现的种种原因，分析如何采取措施来弥补差距。差距产生的原因不同，采用的整改措施也不同。首先可对改建措施进行分类考虑并针对上述三种情况主要可从以下几方面进行：

针对整体安全设计不足，系统需重新考虑设计网络拓扑结构，包括安全产品或安全组件的部署位置、连线方式、IP 地址分配等。针对安全管理方面的整体策略问题，机构需重新定位安全管理策略、方针，明确机构的信息安全管理工作方向。

针对缺乏相应产品实现安全控制要求，将未实现的安全技术要求转化为相关安全产品的功能/性能指标要求，在适当的物理/逻辑位置对安全产品进行部署。

针对产品没有得到正确配置，正确配置产品的相关功能，使其发挥作用。

无论是哪种情况，改建措施的实现都需要将具体的安全要求落到实处，也就是说，应确定在哪些系统组件上实现相应等级安全要求的安全功能。

4. 形成改建措施

针对不同的改建措施类别，进一步予以细化，形成具体的改建方案，包括各种产品的具体部署、配置等，最终形成整改设计方案。整改设计方案的基本组成为：系统存在的安全问题（差距项）描述；差距产生原因分析；系统整改措施分类处理原则和方法；整改措施详细设计；整改投资估算。

6.3 等级保护标准的确定

6.3.1 确定信息系统安全保护等级的一般流程

信息系统安全等级应由从业务信息安全角度反映的业务信息安全保护等级和从系统服务安全角度反映的系统服务安全保护等级两方面确定。

确定信息系统安全保护等级的一般流程如图 6-5 所示：

- 确定作为定级对象的信息系统；
- 确定业务信息安全受到破坏时所侵害的客体；
- 根据不同的受侵害客体，从多个方面综合评定业务信息安全被破坏对客体的侵害程度；
- 依据业务信息安全保护等级矩阵表，得到业务信息安全保护等级；
- 确定系统服务安全受到破坏时所侵害的客体；
- 根据不同的受侵害客体，从多个方面综合评定系统服务安全被破坏对客体的侵害程度；
- 依据系统服务安全保护等级矩阵表，得到系统服务安全保护等级；
- 将业务信息安全保护等级和系统服务安全保护等级的较高者确定为定级对象的安全保护等级。

定级对象受到破坏时所侵害的客体包括国家安全、社会秩序、公众利益以及公民、法人和其他组织的合法权益。对客体造成损害后，可能产生以下危害：

- 影响行使工作职能；
- 导致业务能力下降；

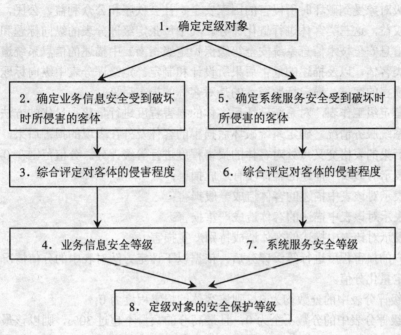

图 6-5 确定等级一般流程图

- 引起法律纠纷；
- 导致财产损失；
- 造成社会不良影响；
- 对其他组织和个人造成损失；
- 其他影响。

对客体的侵害程度是客观方面的不同外在表现的综合体现，因此，应首先根据不同的受侵害客体、不同危害后果分别确定其危害程度。不同危害后果的三种危害程度描述如下：

一般损害：工作职能受到局部影响，业务能力有所降低但不影响主要功能的执行，出现较轻的法律问题，较低的财产损失，有限的社会不良影响，对其他组织和个人造成较低损害。

严重损害：工作职能受到严重影响，业务能力显著下降且严重影响主要功能执行，出现较严重的法律问题，较高的财产损失，较大范围的社会不良影响，对其他组织和个人造成较严重损害。

特别严重损害：工作职能受到特别严重影响或丧失行使能力，业务能力严重下降且功能无法执行，出现极其严重的法律问题，极高的财产损失，大范围的社会不良影响，对其他组织和个人造成非常严重损害。

6.3.2 信息系统安全等级的定级方法

根据标准中提出的定级流程、信息系统破坏后可能损害的客体和对客体的损害程度，可以使用一套定级工作表，通过对工作表中各项要素进行量化评分的方式，客观、科学的确定信息系统安全保护等级，达到提高效率、节省人力、准确定级的目的。

表 6-1、表 6-2、表 6-3 是根据《信息安全技术信息系统安全等级保护定级指南》的要求，分别针对定级对象受到破坏时所侵害的国家安全、社会秩序和公众利益、公民，法人和其他组织的合法权益，这三类客体进行量化评分。其中每张定级评分表的纵向标题和横向标题，分别依据《信息安全技术信息系统安全等级保护定级指南》中描述的信息系统遭到破坏时可能损害的三类客体，以及描述的危害后果所设计和制定。定级评分表中纵向标题表示的是系统破坏可能损害的客体，横向标题表示的是对客体的损害后果。

通过这套定级工作表，对系统破坏后客体的损害程度进行量化，量化的方法是分析系统业务情况和系统服务情况，确定系统破坏后损害的客体及外在表现的损害后果，并在相应的客体和损害后果的表格交叉点处对客体的损害程度进行等级评分。分值范围在 0—3：

- 0 分表示对该表中描述的客体没有造成损害；
- 1 分表示对该表中描述的客体造成一般损害；
- 2 分表示对该表中描述的客体造成严重损害；
- 3 分表示对该表中描述的客体造成特别严重损害。

在对客户的损害程度进行等级评分后，依据以下评定方法对表中的分值情况进行综合分析，最终确定量化分值。

- 如定级评分表中的分数均为 0，则该客体的损害程度为 0；
- 如定级评分表中的分数不全为 0，且最高分的数量不超过 30%，则以该最高分为该客体的损害程度（此处 30% 的阈值是三零卫士根据信息安全管理经验提出的，用户可以根据实际需求调整，如果不设阈值则为国家等级保护标准的最低要求）；

表 6-1　　　　　针对所侵害的国家安全受到破坏时的损害的后果

系统破坏后损害的客体		损害的后果							
		影响行使工作职能	导致业务能力下降	引起法律纠纷	导致财产损失	造成社会不良影响	对其他组织和个人造成损失	其他影响	结论
侵害国家安全的事项	影响国家政权稳固和国防实力								
	影响国家统一、民族团结和社会安定								
	影响国家对外活动中的政治经济利益								
	影响国家重要的安全保卫工作								
	影响国家经济竞争力和科技实力								
	其他影响国家安全的事项								

表 6-2　　　针对所侵害的社会秩序和公众利益、公民受到破坏时的损害的后果

系统破坏后损害的客体		损害的后果							
		影响行使工作职能	导致业务能力下降	引起法律纠纷	导致财产损失	造成社会不良影响	对其他组织和个人造成损失	其他影响	结论
侵害社会秩序和公共利益的事项	影响国家机关社会管理和公共服务的工作秩序								
	影响各种类型的经济活动秩序								
	影响各行业的科研、生产秩序								
	影响公众在法律约束和道德规范下的正常生活秩序等								
	其他影响社会秩序的事项								
	影响社会成员使用公共设施								
	影响社会成员获取公开信息资源								
	影响社会成员接受公共服务等方面								
	其他影响公共利益的事项								

表 6-3　　　针对所侵害的法人和其他组织受到破坏时的损害的后果

系统破坏后损害的客体	损害的后果							
	影响行使工作职能	导致业务能力下降	引起法律纠纷	导致财产损失	造成社会不良影响	对其他组织和个人造成损失	其他影响	结论
影响公民、法人和其他组织的合法权益								

- 如定级评分表中的分数不全为 0，且最高分的数量超过 30%，则以该最高分加 1 为该客体的损害程度，但加 1 后的定级分数最高不得超过 3 分（如，已经是 3 分，则分值定为 3）。根据上述定级方法，可以计算出系统的业务信息安全受到破坏后损害的客体以及对客体

的损害程度；采用同样的方法可以计算出系统的服务安全受到破坏后损害的客体以及对客体的损害程度。

根据业务信息安全被破坏时所侵害的客体以及对相应客体的侵害程度，依据业务信息安全保护等级矩阵表（如表 6-4 所示），即可得到业务信息安全保护等级。

表 6-4　　　　　　　　　　业务信息安全保护等级矩阵表

业务信息安全被破坏时所侵害的客体	对相应客体的侵害程度		
	一般损害	严重损害	特别严重损害
公民、法人和其他组织的合法权益	第一级	第二级	第三级
社会秩序、公共利益	第二级	第三级	第四级
国家安全	第三级	第四级	第五级

根据系统服务安全被破坏时所侵害的客体以及对相应客体的侵害程度，依据系统服务安全保护等级矩阵表（如表 6-5 所示），即可得到系统服务安全保护等级。

表 6-5　　　　　　　　　　系统服务安全保护等级矩阵表

系统服务安全被破坏时所侵害的客体	对相应客体的侵害程度		
	一般损害	严重损害	特别严重损害
公民、法人和其他组织的合法权益	第一级	第二级	第三级
社会秩序、公共利益	第二级	第三级	第四级
国家安全	第三级	第四级	第五级

根据《信息安全技术信息系统安全等级保护定级指南》的要求，作为定级对象的信息系统的安全保护等级由业务信息安全保护等级和系统服务安全保护等级的较高者决定。这样就可以最终确定信息系统的安全保护等级。

本 章 小 结

本章在介绍信息安全等级保护制度的原则和安全等级划分及特征的基础上，力图说明等级保护在新建信息系统的安全规划、改建信息系统的安全方案确定中如何处理信息安全工程实施。为此分别介绍了总体安全设计方法、设计实施方案等。本章还介绍了等级保护确定的一般流程、定级方法。

习 题 六

1. 信息安全等级保护制度的原则有哪些？
2. GB17859 划分的计算机信息系统安全保护能力的 5 个等级是什么？各自的特征有哪些？
3. 叙述局域网安全域与外部单位互联的安全处理步骤。
4. 系统改建时，如果缺少相应安全产品实现安全控制要求该怎么办？

第七章 数据备份与灾难恢复

【学习目标】
- 了解数据备份的基本概念和术语；
- 掌握数据备份的常用方法；
- 掌握灾难恢复的基本概念和技术。

7.1 数据备份的概念

数据备份是把文件或数据库从原来存储的地方复制到其他地方的活动，其目的是为了在设备发生故障或发生其他威胁数据安全的灾害时保护数据，将数据遭受破坏的程度减到最小。数据备份通常是那些拥有大型机的大部门的日常事务之一，也是中小型部门系统管理员每天必做的工作之一。对于个人计算机用户，数据备份也是非常必要的，只不过通常都被人们忽略了。

取回原先备份的文件的过程称为恢复数据。数据备份和数据压缩从信息论的观点上来看是完全相反的两个概念。数据压缩通过减少数据的冗余度来减少数据在存储介质上所占用的存储空间，而数据备份则通过增加数据的冗余度来达到保护数据安全的目的。

虽然数据备份和数据压缩在信息论的观点上互不相同，但在实际应用中却常常将它们结合起来使用。通常将所要备份的数据先进行压缩处理，然后将压缩后的数据用备份手段进行保护。当原先的数据失效或受损需要恢复数据时，先将备份数据用备份手段相对应的恢复方法进行恢复，然后再将恢复后的数据解压缩。在现代计算机常用的备份工具中，绝大多数都结合了数据压缩和数据备份技术。

传统的观点认为，备份只是一种手段，备份的目的是为了防止数据灾难，缩短停机时间，保证数据安全，服务器硬件升级。备份的最终目应是能够实现无损恢复。很多系统管理人员对备份的认识有一定的误区。误区之一是用拷贝来代替备份。实际上，备份等于拷贝加管理，备份能实现可计划性以及自动化，以及历史记录的保存和日志记录。在海量数据情况下，如果不对数据进行管理，则会陷入数据汪洋之中。误区之二是用双机、磁盘阵列、镜像等系统冗余替代数据备份。需要指出的是，系统冗余保证了业务的连续性和系统的高可用性，系统冗余不能替代数据备份，因为它避免不了人为破坏、恶意攻击、病毒、天灾人祸，只有备份才能保证数据的万无一失。误区之三是只备份数据文件。在这样的条件下，一旦系统崩溃，那么，恢复时就要重新安装操作系统、重新安装所有的应用程序，需要相当长的时间才能恢复所有的数据，而这是客户不能忍受的。因此，正确的方法是对数据系统进行备份。

总而言之，备份除了拷贝以外，应包括管理，而备份管理包括备份的可计划性、备份设备的自动化操作、历史记录的保存以及日志记录等。不少人也把双机热备份、磁盘阵列备份以及磁盘镜像备份等硬件备份的内容和数据备份相提并论。事实上，所有的硬件备份都不能代替数据存储备份，硬件备份只是拿一个系统或者一个设备作为牺牲来换取另一台系统或设备在短时间之内的安全。若发生人为的错误、自然灾害、电源故障、病毒侵袭等，引起的后果就不堪设想，如造成所有系统瘫痪、所有设备无法运行，由此引起的数据丢失就无法恢复了。

目前，备份的趋势是无人值守的自动化备份、可管理性、灾难性恢复，这三点正是与系统的高效率、数据与业务的高可用性所必需的。

1. 数据备份的重要性

计算机中的数据通常是非常宝贵的。一个存储容量为 80MB 的硬盘可以存放大约 28000 页用键盘键入的文本。这些文本数据都丢失了将意味着什么呢？按每页大约 350 个单词计算，这将花费一个打字速度很快的打字员（每分钟键入 75 个单词）2174 个小时来重新键入这些文本。

计算机中的数据是非常脆弱的，在计算机上存放重要数据如同大象在薄冰上行走一样不安全。计算机中的数据每天经受着许许多多不利因素的考验。电脑病毒可能会感染计算机中的文件，并吞噬掉文件中的数据。你安放计算机的机房，可能因不正确使用电而发生火灾，也有可能因水龙头漏水导致一片汪洋。你还可能会遭到恶意电脑黑客的入侵，在你的计算机上执行 format 命令。你的计算机中的硬盘由于是半导体器件还可能被磁化而不能正常使用。还有可能由于被不太熟悉电脑的人误操作或者你自己不小心的误操作丢失重要数据。所有这些都会导致你的数据损坏甚至完全丢失。你所管理的计算机中可能有一些私人信件、重要的金融信息、你跟朋友交往的通信录、正在工作的文档、辛辛苦苦编写的程序等。显然，这些数据中的任何一个丢失都会让你头痛不已。重新整理这些数据的代价是非常高的，有的时候甚至是不可能完成的任务。在你后悔当初没有备份数据的时候，下一次一定记得将重要的数据备份一下。

数据备份能够用一种增加数据存储代价的方法保护数据的安全。数据备份对于一些拥有重要数据的大公司来说尤为重要。很难想象银行里的计算机中存放的数据在没有备份的情况下丢失将造成什么样的混乱局面。数据备份对于个人计算机用户来说也是必不可少的，当一封经你辛辛苦苦构思的电子邮件，眼看就要发送出去时，计算机突然死机了，你会不会感到非常沮丧呢？

数据备份能在较短的时间内用很小的代价，将有价值的数据存放到与初始创建的存储位置相异的地方，在数据被破坏时，再在较短的时间和非常小的花费下将数据全部恢复或部分恢复。

2. 优秀备份系统应满足的原则

不同的应用环境要求不同的解决方案来适应。一般来说，一个完善的备份系统，需要满足以下原则。

（1）稳定性

备份产品的主要作用是为系统提供一个数据保护的方法，于是备份产品本身的稳定性和可靠性就成为最重要的一个方面。首先，备份软件一定要与操作系统 100%兼容，其次，当事故发生时，能够快速有效地恢复数据。

（2）全面性

在复杂的计算机网络环境中，可能会包括各种操作平台（如各种厂家的 UNIX、NetWare、WindowsNT、VMS 等），并安装了各种应用系统（如 ERP、数据库、集群系统等）。选用的备份系统，要支持各种操作系统、数据库和典型应用。

（3）自动化

很多单位由于工作性质，对何时备份、用多长时间备份都有一定的限制。在下班时间系统负荷轻，适于备份。可是这会增加系统管理员的负担，也可能会给备份安全带来潜在的隐患。因此，备份方案应能提供定时的自动备份，并利用磁带库等技术进行自动换带。在自动备份过程中，还要有日志记录功能，并在出现异常情况时自动报警。

（4）高性能

随着业务的不断发展，数据越来越多，更新越来越快。在休息时间来不及备份如此多的内容，在工作时间备份又会影响系统性能。这就要求在设计备份时，尽量考虑到提高数据备份的速度，利用多个磁带机并行操作的方法。

（5）操作简单

数据备份应用于不同领域，进行数据备份的操作人员也处于不同的层次。这就需要一个直观的、操作简单的图形化用户界面，缩短操作人员的学习时间，减轻操作人员的工作压力，使备份工作得以轻松地设置和完成。

（6）实时性

有些关键性的任务是要 24 小时不停机运行的，在备份的时候，有一些文件可能仍然处于打开的状态。那么在进行备份的时候，要采取措施实时地查看文件大小、进行事务跟踪，以保证正确地备份系统中的所有文件。

（7）容错性

数据是备份在磁带上的，对磁带进行保护，并确认备份磁带中数据的可靠性，也是一个至关重要的方面。

3. 数据备份的种类

数据备份按照备份时所备份数据的特点可以分为三种：完全备份、增量备份和系统备份。

（1）完全备份（Full Backup）

将系统中所有的数据信息全部备份。其优点是数据备份完整，缺点是备份系统的时间长，备份量大。

（2）增量备份（Incremental Backup）

只备份上次备份以后变化过的数据信息。增量备份是进行备份最有效的办法，通常与完全备份一起使用以提供快速备份。例如，许多单位在从星期五开始的周末运行完全备份，然后在下个星期一到星期四运行增量备份。其优点是数据备份量少、时间短，缺点是恢复系统时间长。

（3）差分备份（Differential Backup）

只备份上次完全备份以后变化过的数据信息。差分备份需在完全备份之后的每一天都备份上次完全备份以后变化过的所有数据信息，因此，在下一次完全备份之前，日常备份工作所需的时间会更多。其优点是备份数据量适中，恢复系统时间短。

各种备份的数据量不同，按从多到少的排序为完全备份＞差分备份＞增量备份。在恢复数据时需要的备份介质数量也不同。如果使用完全备份方式，只需上次的完全备份磁带就可以恢复所有数据；如果使用完全备份+增量备份方式，则需要上次的完全备份磁带加上次完全备份后的所有增量备份磁带才能恢复所有数据；如果使用完全备份+差分备份方式，只需上次的完全备份磁带+最近的差分备份磁带就可以恢复所有数据。在备份时要根据它们的特点灵活使用。

4. 备份的类型

目前，有三种常用的备份类型：冷备份、热备份和逻辑备份。

（1）冷备份

在没有最终用户访问的情况下关闭数据库，并将其备份。这是保持数据完整性的最好办法，但如果数据库太大，无法在备份窗口中完成对它的备份，该方法就不适用了。

（2）热备份

正在写入的数据更新时进行备份。热备份严重依赖日志文件。在进行备份时，日志文件将业务指令"堆起来"，而不是真正将任何数据值写入数据库记录。当这些业务被堆起来时，数据库表并没有被更新，因此数据库被完整地备份。该方法有一些明显的缺点。首先，如果系统在进行备份时崩溃，则堆在日志文件中的所有业务都会被丢失，因此也会造成数据的丢失。其次，它要求 DBA 仔细地监视系统资源，这样日志文件就不会占满所有的存储空间而不得不停止接受业务。最后，日志文件本身在某种程度上也需要被备份以便重建数据。需要考虑另外的文件并使其与数据库文件协调起来，为备份增加了复杂度。由于数据库的大小和系统可用性的需求，没有对其进行备份的其他办法。在有些情况下，如果日志文件能决定上次备份操作后哪些业务更改了哪些记录的话，那么对数据库进行增量备份是可行的。

（3）逻辑备份

使用软件技术从数据库提取数据并将结果写入一个输出文件。该输出文件不是一个数据库表，但是表中的所有数据是一个映像。不能对此输出文件进行任何真正的数据库操作。在大多数客户机/服务器数据库中，结构化查询语言（Structured Query Language，SQL）就是用来创建输出文件的。该过程有些慢，不适合用于对大型数据库的全盘备份。尽管如此，当仅想备份那些上次备份之后改变了的数据，即增量备份时，该方法非常好。为了从输出文件恢复数据，必须生成逆 SQL 语句。该过程也相当耗时，但工作的效果相当好。用户可以通过远程磁带库、光盘库、数据库、网络数据镜像、远程镜像磁盘等技术方法将数据定期或不定期的备份。

5. 数据备份计划

对于重要数据来说，有一个清楚的数据备份计划非常重要，它能清楚地显示数据备份过程中所做的每一步重要工作。

（1）确定数据将受到的安全威胁

完整考察整个系统所处的物理环境、软件环境，分析可能出现的破坏数据的因素。

（2）确定敏感数据

对系统中的数据进行挑选分类，按重要性和潜在的遭受破坏的可能性划分等级。

（3）对将要进行备份的数据进行评估

确定初始时采用不同的备份方式（完整备份、增量备份和系统备份）备份数据占据存储介质的容量大小，以及随着系统的运行备份数据的增长情况，以此确定将要采取的备份方式。

（4）确定备份所采取的方式及工具

根据第（3）步的评估结果、数据备份的财政预算和数据的重要性，选择一种备份方式和备份工具。

（5）配备相应的硬件设备

配备相应的硬件设备，实施备份工作。

6. 备份介质

数据库备份系统使用较多的存储备份介质有磁带、MO（Magneto Optical Disk，磁光盘驱动器）、硬盘、CD-ROM 和 WORM 等。目前被广泛采用的备份介质还是磁带。

（1）磁盘备份介质

它主要包括两种存储技术，即内部的磁盘机制（硬盘）和外部系统（磁盘阵列等）。在速度方面硬盘无疑是存取速度最快的，因此它是备份实时存储和快速读取数据最理想的介质。但是，由于硬盘价格昂贵、无法移动、不便于保管，因此采用内部的磁盘机制作为备份的介质并不是大容量数据备份的最佳选择。

（2）光学备份介质

主要包括 CD-ROM、WORM 和磁光盘驱动器（MO）等。其中，MO 是传统磁盘技术与光技术结合的产物，采用 ECMA（欧洲计算机制造协会）标准，具有传送速度快、可靠性高、使用寿命长、可重复使用等特点。光学存储设备具有可持久存储和便于携带数据等特点。与硬盘备份相比，光盘提供了比较经济的存储解决方案，但是它们的访问时间比硬盘要长 2~6 倍（访问速度受光头重量的影响），容量相对较小。所以，光学介质的存储更适合于数据的永久性归档和小容量数据的备份。在数据库系统日益复杂、数据量日益增大的情况下，磁带是最理想的备份介质。

（3）磁带备份介质

磁带备份介质不仅能提供高容量、高可靠性、易使用以及可管理性，而且价格也便宜很多，并允许备份系统按用户数据的增长而随时扩容。虽然读取速度没有光盘和硬盘快，但它可以在相对较短的时间内（典型的情况是在夜间自动备份）备份大容量的数据，并可十分简单地对原有系统进行恢复。因此，它是真正适合数据库备份领域的最佳选择。作为一种备份设备，磁带机技术也在不断发展。当前市场上的磁带机，按其记录方式来分，可归纳为二大类：一类是数据流磁带机，另一类是螺旋扫描磁带机。数据流技术起源于模拟音频记录技术，类似于录音机磁带的原理。螺旋扫描技术起源于模拟视频记录技术，类似于录像机磁带原理。与数据流技术正好相反，磁带是绕在磁鼓上，磁带非常缓慢地移动，磁鼓则高速转动，在磁鼓两侧的磁头也高速扫描磁带进行记录。当它在一定时间内没有收到移动磁带的命令，就会放松磁带并停止转动磁鼓，以防止不必要的介质磨损和避免介质长期处于张力状态。所以，该技术具有高可靠性、高速度、高容量的特点。目前流行于 IT 市场的主要有 4mm 磁带机、8mm 磁带机、DLT 磁带机、DAT 磁带机及 LTO 磁带机等几种。

①DLT 技术

DLT（Digital Linear Tape，数字线性磁带）技术由 DEC 和 Quantum 公司联合开发。由于磁带体积庞大，DLT 磁带机全部是 5.25 英寸全高格式。DLT 产品由于高容量，主要定位于中、高级的服务器市场与磁带库系统。DLT 磁带每盒容量高达 35GB，单位容量成本较低。

②4mm 技术

4mm 又称数字音频磁带（Digital Audio Tape）技术，经历了 DDS-1、DDS-2 和 DDS-3 三种技术阶段，容量跨度在 1~12GB。

③8mm 技术

基于螺旋扫描记录技术的 8mm 产品由 Exabyte 公司开发，适合于大容量存储。

④DAT（Digital Audio Tape）技术

DAT 技术又可以称为数字音频磁带技术，最初是由惠普公司（HP）与索尼公司（SONY）

共同开发出来的。这种技术以螺旋扫描记录为基础，将数据转化为数字后再存储下来，具有很高的性能价格比，所以一直被广泛应用。现以惠普 DAT 技术为例说明其特点。首先，在性能方面，这种技术生产出的磁带机平均无故障工作时间长达 20 万~30 万小时；在可靠性方面，它所具有的即写即读功能能在数据被写入之后马上进行检测，这不仅确保了数据的可靠性，而且还节省了大量时间。第二，这种技术的磁带机种类繁多，能够满足绝大部分网络系统备份的需要。第三，这种技术所具有的硬件数据压缩功能可大大加快备份速度，而且压缩后的数据安全性更高。第四，由于这种技术在全世界都被广泛应用，所以在全世界都可以得到这种技术产品的持续供货和良好的售后服务。第五，DAT 技术产品的价格格外诱人，其价格优势不仅体现在磁带机上，在磁带上也得到充分体现。

⑤LTO 技术

LTO（Linear Tape Open，线性磁带开放协议）技术是一种结合了线性多通道双向磁带格式的磁带存储新技术，其优点主要是将服务系统、硬件数据压缩、优化磁道面、高效纠错技术和提高磁带容量性能等结合于一体。LTO 第四代标准的容量为 800GB，传输速度为 80~160Mbps。开发 LTO 的主要原因有以下几点：一是建立一个开放的磁带机产品标准；二是不断改进磁带机产品的可靠性；三是增强产品的可扩展性，适应数据量激增的现实需求；四是减少备份的时间，提高产品的性能。

目前，LTO 技术有两种存储格式，即高速开放磁带格式 Ultrium 和快速访问开放磁带格式 Accelis，可分别满足不同用户对 LTO 存储系统的要求，其中 Ultrium 磁带格式除了具有高可靠性的 LTO 技术外，还具有大容量的特点，既可单独操作，也可适应自动操作环境，非常适合备份、存储和归档应用。Accelis 磁带格式则侧重于快速数据存储，此格式能够很好地适用于自动操作环境，可处理广泛的在线数据和恢复应用。

7.2 数据备份的常用方法

理想的备份系统应该是全方位、多层次的。要使用硬件备份来防止硬件故障。如果由于软件故障或人为误操作造成了数据的逻辑损坏，则使用网络存储备份系统和硬件容错相结合的方式。这种结合方式构成对系统的多级防护，不仅能够有效地防止物理损坏，还能彻底防止逻辑损坏。同时在网络系统发生意外的情况下（如病毒感染、操作失误、软件系统错误、受到黑客攻击等）能够提供一系列应急恢复，确保数据系统的正常运转。由于计算机网络系统网络带宽和数据流量的提高以及人们对网络依赖的增加，对数据和网络备份系统提出了更高的要求。

- 不可中断的服务能够实时在线热备份，保障网络系统不间断运行；
- 具备自动备份和定时备份的功能，并在出现差错时提示管理人员；
- 具有应急处理和自动数据恢复机制，即在网络出现故障时无需过多的人工干预就能够在短时间内恢复整个系统。

7.2.1 数据备份层次

1. 数据冷备份

数据冷备份是相对于网络系统双机热备份而言的，就是将整个网络系统及数据完整备份到存储设备，它的优点表现为：

- 系统备份到磁盘、光盘和磁带，成本低廉；
- 存储设备容量巨大，可以备份长时间的网络数据；
- 系统恢复过程可以从容进行，恢复时间的长短不再是主要问题。

随着网络带宽的提高和网络服务数据的增加，如今系统的数据已经相当复杂和庞大。单纯使用备份文件的简单方式来备份系统数据已不再适用。如何将网络系统数据完整递增地进行备份，是数据备份的重要一环。

2. 系统的双机热备份

系统双机热备份是指配置两套相同的设备，其中一套系统用于正常的网络服务，另一套系统作为备份系统，时刻处于待机状态，实时监控当前网络的状态，一旦系统遭到攻击而瘫痪或者出现其他故障不能正常运行，监控系统自动监控到这种异常情况，立即接管网络系统控制权，把网络服务切换到热备份系统上来，并将遭到攻击的网络系统进行隔离，同时向管理员发出应急警报。

双机热备份的优点表现为：

- 系统在最坏情况发生时几乎零时间恢复网络服务，保护网络业务的不间断、高效、稳定的运行；
- 实时监控和服务转移过程完全由系统热备份软件自动处理，不需要人工干预；
- 出现意外（如遭到黑客攻击）的系统迅速与网络隔离，从而保护现场、保存数据，以便后续安全漏洞检测和入侵取证的进行；
- 由于有热备份系统提供网络服务，出现意外的系统可以从容进行修复。

3. 硬件级备份

用冗余的硬件来保证系统的连续运行，如果主硬件损坏，后备硬件马上能够接替其工作。这种方式可以有效地防止硬件故障，但无法防止数据的逻辑损坏。当逻辑损坏发生时，硬件备份只会将错误复制一遍，无法真正保护数据。硬件备份的作用是保证系统在出现故障时能够连续运行，因此称其为硬件容错更恰当。在计算机网络系统中，数据库一般存放在磁盘系统中，磁盘系统的可靠性是计算机网络系统至关重要的环节。为了防止磁盘系统出故障，人们采用了磁盘双工、镜像及磁盘阵列等技术来保证磁盘系统可靠安全地运行。

4. 软件级备份

硬件级的备份虽然保证了系统的连续运行，提高了系统的可用性，但是并不能够保证数据库的安全性，要真正保证数据库的安全性，用户需要进行软件级备份。软件级备份是指通过某种备份软件将系统数据库保存到其他介质上，当系统出现错误时可以再通过软件将系统恢复到备份时的状态。当然，用这种方法备份和恢复都要花费一定的时间，还有可能会使系统间断运行。但这种方法可以完全防止逻辑损坏，因为备份介质与计算机系统是分开的，错误不会复写到介质上。这就意味着，只要保存足够长时间的历史数据，就能够恢复正确的数据。

5. 人工级备份

人工级的备份最为原始和繁琐，也最有效。但对一个大中型的网络系统而言，如果要用手工方式从头恢复所有数据，耗费的时间恐怕会令人难以忍受。因此，全部数据都用手工方式恢复是不可取的，实际上也是不可能的。理想的备份系统应该是全方位、多层次的，是在硬件容错的基础上，软件备份与手工方式相结合，即应该是一种软硬措施集成的备份方式。要使用硬件备份来防止硬件故障；如果由于软件故障或人为误操作造成了数据的逻辑损坏，则使用软件方式与手工方式相结合的方法恢复系统；如果系统出错，备份之前的数据用软件方法恢复，备份之后的数据用手工方式恢复。这种结合方式构成了对系统的多级防护，不仅能够有效地防止物理损坏，还能够彻底防止逻辑损坏，并保证系统在遭受意外破坏时能够很快恢复，使损失减到最小。

7.2.2 数据备份常用方法分类

根据数据备份所使用的存储介质种类可以将数据备份方法分成如下几种：软盘备份、磁带备份、可移动存储备份、可移动硬盘备份、本机多硬盘备份和网络备份等。从各种不同的备份方法中选择一种时，最重要的一个参考因素是数据大小和存储介质大小的匹配性。

1. 软盘备份

软盘备份速度非常慢，比较不可靠，而且其容量在 1GB 大小的硬盘使用时都显得太小了。软盘备份常常用来备份那些并不是很关键的数据，因为存放在里面的数据常常会因为系统错误而不能读取。

2. 磁带备份

从许多角度看磁带备份还是比较合适的数据备份方法。磁带备份的特点如下：

①容量。硬盘的容量越来越大，磁带可能是唯一的，最经济的能够容纳下硬盘所有数据的存储介质。

②花费。无论是磁带驱动器还是能存放数据的磁带，其价格都还稍显昂贵。

③可靠性。在正确维护磁带驱动器和小心保管磁带的前提下，磁带备份一般来说还是比较可靠的。

④简单性和通用性。现在，有许多磁带驱动器，同时也有各种各样的软件产品。软件产品能够很好地支持硬件产品，安装和使用磁带设备非常简单。不同磁带驱动器之间的兼容性也很好，它们大多数都遵循一定的国际标准。

⑤价格较贵一点的和价格较低一点的磁带驱动器在可靠性上差别很大。在许多情况下，磁带备份的性能也不是很卓越，尤其是要随机存取磁带上的某个特定文件的时候（磁带在顺序存取的时候工作得很好）。现在，像 DLT 这样的高端磁带驱动器实际上已经有了非常好的性能，但是价格也很高。

3. 可移动存储备份

可移动存储设备有许多种，常见的类型有以下几种。

①大容量等价软盘驱动器（Large Floppy Disk Equivalent Drive）。市场上这种驱动器的典型代表有 IomegaZip 中驱动器、Syquest'sEZ-135、LS-120MB 软盘驱动器等。这些大容量软盘驱动器对于备份小容量的硬盘数据比较有效。现在计算机上的大容量硬盘很常见，想要用容量比 100MB 稍大的设备来备份整个硬盘显然是不切实际的。再有这些大容量软盘驱动器的可靠性很好，但通用性并不是很好。

②可移动等价硬盘驱动器（Removable Hard Disk Equivalent Drive）。常见的这类设备有 Iomega'sJaz 驱动器、Syquest'sSyJet 等。这些驱动器非常适合用来完成更大容量的备份任务，通常比那些小的驱动器有更高的性能、更昂贵的价格和更好的可靠性。但是这些驱动器的通用性较差。

③一次性可刻录光盘驱动器（CD-YNRecordable）。容量大约为 650MB，特点是可刻录光盘的价格低、备份数据可以用普通的光盘驱动器来读取。

④可重复刻录光盘驱动器（CD-Recordable）。与可移动等价硬盘驱动器非常相似。CD-RW 的灵活性非常好。

4. 可移动硬盘备份

要建立可移动硬盘备份只需要购买特定的硬盘盒就可以了。硬盘盒中可放置一块或多块硬盘。在购买硬盘盒的时候，销售商通常还会提供给用户相应的适配器和电缆。将适配器接入计算机中，然后用电缆把适配器和硬盘盒连接起来，用户就可以方便地进行备份或恢复工作了。可移动硬盘备份的工作过程就跟老式的磁带唱机一样。这种类型的备份系统是一种很好的备份解决方案。

可移动硬盘备份的优点是：很高的性能、很强的随机访问能力、标准化接口、易交换性和优秀的可靠性。跟磁带设备相比，购买附加的备份介质并不是很便宜。硬盘相对来说是很脆弱的，比如，存放在其中的数据可能由于移动硬盘被摔而被损坏。

5. 本机多硬盘备份

备份解决方案是用其中的一块或多块运行操作系统和应用程序，再用剩余的其他硬盘来备份。硬盘和硬盘之间的数据复制可以用文件复制工具来实现，也可以用磁盘复制工具来实现。本机多硬盘备份在许多情形下工作得很好。其优点在于简便，可配置为自动完成备份工作。磁盘到磁盘的复制性能非常高，相应的费用却很低。

6. 网络备份

对于处在网络中的计算机系统来说，网络备份是可移动备份方法的一个很好替代。这种备份方法常用来给没有磁带驱动器和其他可移动备份介质的中小型计算机做备份。网络备份的思路很简单：把计算机系统中的数据复制到处在网络中的另外一台计算机中。在复制数据的时候，网络备份和本机多硬盘备份非常相似。它使用简单，能配置成自动执行备份任务。网络备份在许多企业环境中的使用越来越多。企业通常用一种集中的可移动存储设备作为备份介质，自动地备份整个网络中的数据。

网络备份的缺点是备份时给网络造成的拥挤现象非常严重，而且备份数据所需花费的时间过分依赖于网络的传输速度。

7. 备份软件

操作系统一般也提供了备份功能软件，如 UNIX 的 tar/cpio、Windows2000/NT 的 WindowsBackup、Netware 的 Sbackup 等，但这些软件只能实现基本的备份功能，缺乏专业备份软件的高速度、高性能、可管理性。因此，大型的网络应用系统都配备了专业的备份软件。备份软件在整个备份过程中占有举足轻重的位置。

备份软件应具有以下特点：
- 安装方便、界面友好、使用灵活；
- 应提供集中管理方式，用户在一台机器上就可以备份从服务器到工作站整个网络的数据；
- 支持跨平台备份；
- 支持文件打开状态备份；
- 支持在网络中的远程集中备份；
- 支持备份介质自动加载的自动备份；
- 支持多种文件格式的备份；
- 支持各种策略的备份方式。备份策略指确定需要备份的内容、时间及备份方式；

- 支持多种备份介质，如磁带、MO 光盘等；
- 支持快速的灾难恢复。

备份软件技术又可以细分为基于主机的备份软件和基于存储的备份软件。
- 基于主机的备份软件技术。基于主机的备份软件是指数据备份过程需要占用主机 CPU 时间，经过文件系统的缓冲通过网络协议传输到另一台服务器，由该服务器将数据写入本地存储介质。这种数据备份（复制）技术支持同步和异步两种方式。
- 基于存储的数据备份技术。由于基于主机备份技术具有局限性，在一些关键业务应用环境中，为了保证数据备份的实时性和可靠性，通常采用基于存储的数据备份技术。基于存储的数据备份技术是指数据的备份复制过程全部由存储设备内置的操作系统命令和软件完成。由于这种过程不会中断主机处理器进程，因此对应用系统不会造成影响。数据的备份由专用的数据传输链路完成。

8. 日常备份制度设计

日常备份制度（Backup Routnes）描述了每天的备份以什么方式，使用什么备份介质进行，是系统备份方案的具体实施细则。在制定完毕后，应严格按照制度进行日常备份，否则将无法达到备份方案的目标。

日常备份制度包括磁带轮换策略和日常操作规程。

（1）磁带轮换策略

备份过程中要求保存长期的历史数据，这些数据不可能保存在同一盘磁带上，每天都使用新磁带备份显然也不可取。如何灵活使用备份方法，有效分配磁带，用较少的磁带有效地备份长期数据，是备份制度要解决的问题。

磁带轮换策略就可以解决上述问题。它为每天的备份分配备份介质，制定备份方法，可以最有效地利用备份介质。常见的磁带轮换策略有以下几种：

①三带轮换策略

这种策略只需要 3 盘磁带。用户每星期五用一盘磁带对整个网络系统进行增量备份，因此，可以保存系统 3 个星期内的数据，适用于数据量小、变化速度较慢的网络环境。但这种策略有一个明显的缺点，就是周一到周四更新的数据没有得到有效的保护。如果周四的时候系统发生故障，就只能用上周五的备份恢复数据，那么周一到周四所做的工作就都丢失了。

②六带轮换策略

这种策略需要 6 盘磁带。用户从星期一到星期四的每天都分别使用一盘磁带进行增量备份，然后星期五使用第五盘磁带进行完全备份。第二个星期的星期一到星期四重复使用第一个星期的四盘磁带，到了第二个星期五使用第六盘磁带进行完全备份。这种轮换策略能够备份两周的数据。如果本周三系统出现故障，只需用上周五的完全备份加上周一和周二的增量备份就可以恢复系统。但这种策略无法保存长期的历史数据，两周前的数据就无法保存了。

③祖-父-子（Grandfather-Father-Son，GFS）轮换策略

将六带轮换策略扩展到一个月以上，就成为祖-父-子轮换策略。这种策略由三级备份组成：日备份、周备份、月备份。日备份为增量备份，月备份和周备份为完全备份。日带共 4 盘，用于周一至周四的增量备份，每周轮换使用；周带一般不少于 4 盘，顺序轮换使用，用于星期五进行完全备份；月带数量视情况而定，用于每月最后一次完全备份，备份后将数据留档保存。这种轮换策略能够备份一年的数据。

根据周带和月带的数量不同，常见的祖-父-子轮换策略有 21 盘制、20 盘制、15 盘制等。

下面以20盘制为例介绍其轮换策略原理。

每日增量备份（4盘），周一至周四，每周轮换使用；每周完全备份（4盘）：每周五使用一盘，每月轮换一次；每月完全备份（12盘）：每个月的最后一个周五，每年结束后可存档或重新使用。

祖-父-子轮换策略为全年的数据提供了全面的保护。本周数据每天均有备份，本月数据每周均有备份，超过一个月每月均有备份。无论想恢复系统在什么时期的数据，都可以方便地实现。ARCServe能够支持祖-父-子轮换策略，并实现基于这种轮换策略的自动备份。

（2）日常操作规程

选择了合适的轮换策略，就不难对软件进行设置，并制定日常操作规程了。

使用20盘制轮换策略的参考操作规程如下：

首先将20盘磁带分为4盘日带、4盘周带、12盘月带，并在磁带标签上标注周一至周四、第一周至第四周、1~12月。日常操作如果使用ARCServe的自动备份功能，管理人员每天的备份工作仅仅是更换一下磁带，并查看最近的备份记录是否正常；如果使用了磁带库，则只需每天查看备份记录即可。

更换磁带要遵循以下三条原则：

第一，周一至周四使用相应的日带。

第二，每月的最后一个周五使用该月的月带。

第三，其他的周五根据当天是第几个周五而使用对应的周带。

为了避免日带使用过于频繁，1~4月可以先将5~8月的月带作为日带使用4个月；5~8月时再将9~12月的月带作为日带使用4个月；到了9~12月才使用真正的日带。

以上的磁带轮换策略和日常操作规程，就构成了日常备份制度。可以看到，利用ARCServe的自动备份功能，日常的备份任务将变得相当简单。总之，好的日常备份制度，应充分利用备份硬件和软件的功能，达到自动化或半自动化，以减少人工干预。

7.3 灾难恢复概念

任何一种计算机系统或计算机网络系统都没有把握免受每一种天灾人祸的威胁，特别是能够摧毁整个建筑物的灾难诸如地震、火灾、狂风暴雨等大规模的天灾人祸的威胁。这些灾难不仅会影响系统的正常运行，还会影响它们在客户心目中的信誉。灾难过后，系统可能无法恢复到正常工作的状态。为防患于未然，提前做好准备工作乃是恢复成功的关键所在，这也就是灾难预防的过程。灾难预防是一种保证任何对系统资源的破坏都不至于影响日常操作的预防措施。可以把灾难预防看做安全恢复的基本条件，不论发生何种情况，都要进行投资以备不测。安全恢复实际上是对偶然事故的预防计划。用户不仅要采取所有必要的措施解决可能发生的问题，而且还必须准备备份计划，用以恢复受灾的计算机系统。这是灾后避免完全失败的最后一道防线。

1. 灾难定义

灾难是指导致信息系统丧失技术服务能力的事件。灾难是典型的破坏正常业务活动和系统运行的事件，其破坏性可以用货币来量化。灾难有很多种形式，但是总体来说可以分为"自然的"和"人为的"。自然的灾难包括地震、龙卷风、火灾、洪水和飓风等。人为的灾难包括爆炸、停电、应用系统故障、硬件失效、黑客攻击、分布式拒绝攻击以及病毒攻击、人为破坏等。

2. 灾难预防

灾难预防是保证任何对公共资源的破坏都不至于影响日常操作的预防措施。可以把它看成是某种形式的保险。不论发生何种情况，都要进行投资以备不测，从不希望这种情况真的发生。

3. 安全恢复

安全恢复是对偶然事件的预防计划。除了采取所有必要的措施应付可能发生的最坏情况之外，用户还需要有备份计划。当灾难真的发生时，可以用来恢复系统。这是在灾难发生后避免完全失败的最后一道防线。主要包括风险评估、应急措施、数据备份和病毒预防等。通过安全恢复可有效预防可能出现的数据丢失、感染病毒等问题，加强数据安全，保障客户业务顺利进行。

（1）消除灾难恢复技术

消除灾难恢复技术，也称为业务连续性技术，是一类非常重要的IT技术。它能够为重要的计算机系统提供在断电、火灾等各种意外事故发生时，甚至在如洪水、地震等严重自然灾害发生时保持持续运行的能力。对企业和社会关系重大的计算机系统都应当采用灾难恢复技术予以保护。灾难恢复技术包括各种备份技术、现场恢复技术等。

（2）消除灾难恢复的措施

消除灾难恢复的措施在整个备份制度中占有相当重要的地位。因为它关系到系统在经历灾难后能否迅速恢复。灾难恢复措施包括：灾难预防制度和灾难演习制度。

7.4 安全恢复的计划

据介绍，1993年美国纽约世贸中心大楼发生爆炸。一年后，350家原本在该楼工作的公司再回来的只有150家了，其他很多企业由于无法恢复对其业务至关重要的数据而倒闭。与之形成鲜明对比的是，2001年美国纽约世贸中心遭受恐怖主义分子袭击之后，世贸中心最大的主顾之一摩根斯坦利宣布，双子楼的倒塌并没有给公司和客户的关键数据带来重大损失。摩根斯坦利精心构造的远程防灾系统，能够实时将重要的业务信息备份到几英里以外的另一个数据中心。大楼倒塌之后，那个数据中心立刻发挥作用，保障了公司业务的继续进行，有效地降低了灾难对于整个企业发展的影响。

一般来讲，在灾难后进行安全恢复需要哪些条件？

7.4.1 容灾系统

所谓容灾系统，就是为计算机信息系统提供的一个能应付各种灾难的环境。当计算机在遭受如火灾、水灾、地震和战争等不可抗拒的灾难和意外时，容灾系统将保证用户数据的安全性（数据容灾），甚至一个更加完善的容灾系统还能够提供不间断的应用服务（应用容灾）。利用容灾系统，用户把关键数据放在异地，当生产中心发生灾难时，备份中心可以很快将系统接管并运行起来。容灾可以有多种方案，目前在国内，比较常见的是在异地建立备份中心，将生产中心的数据实时同步传送到备份中心。容灾系统的建立包括两个部分：数据容灾和应用容灾。

数据容灾就是建立一个异地的数据系统，该系统是本地关键数据的一个实时复制。应用容灾是在数据容灾基础上在异地建立一套完整的与本地生产系统相当的备份应用系统（可以是互为备份），在灾难情况下，远程系统迅速接管业务运行。可以说，数据容灾是抗拒灾难的保障，而应用容灾则是容灾系统建设的目标。

7.4.2 安全恢复的实现计划

安全恢复方法论的前提是必须了解和掌握计算机网络系统的基本设施和网络资源，这样才可以考虑一旦灾难发生时需要做什么以及如何做。本节介绍网络用户需要在安全恢复过程前使用的信息提纲，可以将其作为编写计划的一个样板。有了这个框架，用户可以根据自己的具体情况，安排时间和资源来编制一个内容广泛、实用的安全恢复计划。

（1）从最坏情况考虑安全恢复

网络灾难给计算机网络系统所带来的破坏程度和被破坏的规模是无法估计到的。为了更好地恢复受灾系统，在制定安全恢复方法论时，应该以最坏的情况（虽然这种情况并不一定发生，用户也不希望它发生）去考虑问题，对网络系统遭破坏的情况尽量考虑得周密一些。这样用户可以安排时间和充分利用现有的人力和物力创建一个内容广泛、切实可用的网络安全恢复计划。

（2）充分考虑现有资源

①人力资源

在整个安全恢复计划制定过程中，除了专业系统管理员或网络管理员以外，还需要重建不动产和管理方面的人员参与，他们的工作不一定非要针对具体的计算机网络系统的安全恢复，他们可以研究和计划在网络灾难之后重新开始工作的任务。如果能够把机构中的所有资源都充分地利用起来，就可以在安全恢复过程中使用他们的专业知识和技能，从而节省大量的时间。

②网络介质

良好的安全恢复计划应该首先考虑网络介质。物理电缆在当今的网络介质中占主导地位，但是无线网络也作为一种新型的选择在快速地发展。无论用户选择什么介质，这些介质都是网络通信的载体，如果在这一层次上出现故障，就会造成根本的破坏。CATegory5(CAT5)网络电缆是在目前的计算机网络系统中广泛使用的标准电缆形式，可提供 100Mbps 支持，CATegory3（CAT3）网络只支持 10Mbps。如果安装或连接不当会带来很多问题，例如，网络性能下降、分组经常出错而重发甚至断开用户的服务。另外，每一种拓扑结构都规定了可使用的最大电缆长度，例如 10Mbps 和 100Mbps 以太网都规定双绞线的长度不可以超过 100m。如果不满足这种规定，就会由于信号强度太弱造成信号间断故障，进而降低整个网段的通信速度。无线局域网（WLAN）的设计独立于地点，但仍然存在着一些威胁。首先，WLAN 存在着由于协议冲突而产生的干扰，例如，802.11b 和 HomeRF 站点之间就会发生冲突。另外在无线局域网中，移动用户必须切断一个访问点（AP）才能访问另一个 AP。如果没有足够大的 AP 覆盖区域或者 AP 配置不正确，网络之间的通信就会发生故障。由于 WLAN 往往建立在已有的有线网络的基础上，所以有线基础设施可以作为 WLAN 故障的备用线路。

③网络的拓扑结构

用户所选择的网络拓扑结构对系统应付故障的能力有显著的影响。以太网目前占主导地位，如果用户使用双绞线电缆组成星形拓扑结构，就具有很强的容错能力。令牌环网的设计已经考虑到了容错处理。但是这种拓扑结构存在着一些问题。例如，连接在令牌环网上的网卡（NIC）收到其他 NIC 的有关网络故障的通知，就会进行自我故障诊断。显然，发生故障的 NIC 并不能正确地诊断故障，如果认为自己一切正常，就会重新返回到网络环路中，继续制造故障。令牌环网可能出现的另一个错误是，NIC 所检测到的或者预先编程指定的环路速度并不正确，由于需要把令牌继续传递下去，所以一个 NIC 的速度不正确会使得整个环路无法使用。例如假设在一个令牌环路中，每个系统的速度都设置为 16Mbps，突然另一个速度为 4Mbps 的系统加入了环路，则可能导致整个通信都停止。原因是新系统传递令牌的速度太慢，使得其他系统认为令牌已经丢失。早期的两个光纤分布式数据接口（FDDI）也是一种环型拓扑结构，FDDI 在令牌环网的基础上增加了一个环路来解决令牌环网中存在的问题。这个新增的环路在未检测到故障时保持备用状态。一旦检测到网络故障，FDDI 系统会协同工作以隔离与故障区。FDDI 具有比较好的容错能力。

7.4.3 安全恢复计划

安全恢复计划是指当一个机构的计算机网络系统受到灾难性打击或破坏时，对网络系统进行安全恢复所需要的工作过程。因此，必须谨慎地考虑如何以最快的速度对网络进行恢复，以及如何将灾难所带来的损失降低到最小。制定一个安全恢复计划对任何一个网络用户来说，都是非常重要的过程。但是，很多用户没有及时制定恢复计划，有的 LAN 用户甚至从来没有考虑制定一个安全计划（对它的意义和内涵都不理解），当网络灾难真的发生时，这些用户便束手无策了。灾难的安全恢复计划的问题之一就是指出从何处开始，这也是制定计划的一个原则。

1. 数据的备份

网络灾难的预先准备过程应该从保证有进行恢复的完整数据开始。虽然，一个实际的安全恢复计划不一定把备份操作作为一个部分，但是切实可靠的数据备份操作是安全恢复的一个先决条件。在进行备份操作时，就应该以最坏的情况准备数据备份以防网络灾难发生。如果用户使用的是 UNIX 或者 Windows 作为文件服务器，则恢复文件的能力就显得尤其重要，因为这些操作系统都没有用于恢复已经被删除的网络文件的能力。磁盘备份是大多数专业系统管理员或网络管理员使用的备份方式，利用磁盘备份可以保护和恢复被丢失、破坏、删除的信息。

2. 安全风险分析

在网络灾难安全恢复方法中，首先需要进行风险分析。这里所阐述的安全风险涉及天灾人祸、恶意代码的传入、未经授权发送或访问信息、拒绝接受数据源以及拒绝服务连接等方面的问题。导致的结果就是，系统可能会丧失信息的完整性、信息的真实性、信息的机密性、服务的可靠性以及交易的责任性等多方面特性。所以需要对安全风险加以正确分析，这样才能完成切实可靠的安全风险计划。在这个分析步骤中，其主要内容包括以下三个方面：

- 在灾难中面临着什么风险？分析这个问题需要综合考虑整个网络系统中的组成部分，包括工作站、服务器或客户机、数据以及与外界联系的通信设备等。这就需要预先准备一个网络系统中所有组成部分的结构示意图，当灾难发生时，根据示意图决定更换物品的清单。遗漏某个物品很可能会导致灾难后的恢复工作无法进行。例如，如果没有连接调制解调器的串行线，进行远程访问的应用程序就无法进行。当然，系统软件也需要进行鉴定，这样可以确定潜在的防护领域，包括那些用于网络操作的文件系统工具。
- 什么会出现问题？大千世界，不可预知的灾难都是可能发生的。火灾和狂风暴雨都是常见的大规模灾难。因此，应该有一个预防的、切实可行的灾难对策。举一个火灾例子，发生火灾时，大火四周的散热、烟雾以及灭火器喷射出的水对计算机网络信息系统都有恶性的损坏作用。存储介质是很容易被高温和烟雾毁坏的，再加上火灾过后有毒残留物的清理工作，这就意味着大火过后在一段时间内，都无法接触计算机网络系统及其内部数据。在实际过程允许的情况下，可以先取出数据处理装置，然后试图在磁盘中恢复数据。

- 发生的可能性是多少？对这个问题的回答应该考虑财政预算。针对不同级别的保护，可以进行几种不同的预算。如果无法支付预防某些灾难所需要的费用，但至少要知道这些灾难是什么，以后可以对计划进行改造。

3. 安全风险评估

所谓安全风险评估，就是判断信息基础设施的安全状况的能力。风险评估产品或服务，可以用来判定机构中的各种各样的主机和网络是否遵从了组织的安全管理政策。因此，风险评估的目的就是给出一个完整的、易懂的 IT 基础设施安全简图。

安全风险评估大致包括以下五个步骤：

- 评估的核实以及价值的评定。主要是对财产及其价值的评估和核实。
- 威胁的评估。核实威胁的实质、威胁产生的原因以及威胁的目标，然后评估这些威胁产生的可能性。
- 安全缺陷的评估。核实审核范围内的弱点，评估安全缺陷的严重程度。
- 核实现有的和已计划好的安全控制系统。核实安全控制系统包括所有应该包括的内容，且不同版本之间保持兼容性。
- 安全风险评估。核实和评定一个机构及其财产所面临的风险，以选择正确的安全控制系统。

4. 应用程序优先级别

网络灾难发生之后，需要重新恢复整个系统。最先应恢复的应用系统是与生产经营最紧密相关的部分，切忌把有限的精力和时间浪费在恢复错误的系统和数据上。一般情况下，一个机构有多个部门和多个应用系统，每个部门往往都会把与自己息息相关的应用系统列为"最重要"的，但实际上这些应用系统不一定是最重要的。所以，专业系统管理员或网络管理员应该首先确定应用系统恢复的顺序，这是十分必要的过程。在掌握了需要安全恢复的内容和顺序以后，就要核实重新恢复所需要的软件、硬件以及其他必需品。网络上的应用系统是由一些服务系统组成的，如应用程序存储数据、工作站系统对应用程序进行处理、打印机或传真机用于输入/输出操作、网络连接部分负责整个网络的连接操作等。如果计算机网络结构采用客户机/服务器模式或使用分布式应用程序，由于应用程序的不同部分分别保存在不同计算机上，这样就更增加了额外的复杂程度。当专业系统管理员或网络管理员确定了应用系统恢复的顺序以后，还要确定恢复网络系统所需要的最少数目的工作站数。当系统逐步恢复起来以后，再慢慢地扩大计算机网络的规模。相对于安全恢复服务器来说，进行应用程序的恢复所需要的时间会比较少。但是，恢复应用程序需要比较详细地了解整个系统。首先，必须知道要恢复的应用程序所需要的数据放在计算机的什么位置，并且掌握这其中文件系统的依赖关系是什么。如果存在一些包含应用程序信息的系统文件，就要保证这些文件与应用程序一起恢复，例如 Windows.ini 文件，这个文件就要与应用程序一起恢复。另外，还必须知道如何利用备份系统进行选择性的恢复。将要恢复的应用程序合并到单独的服务器上，可能提高运行速度，从而减少计算机网络启动和运行所需要的时间。

5. 实际灾难恢复文本的产生

用户都希望自己的大脑非常可靠，能够在灾难发生的时候记住自己该做的所有工作。但是在糟糕的环境下，事实并不是想象的那样。在安全恢复计划中，需要制定实际安全的恢复文本。安全恢复文本的主要内容有：人员通知清单、最新电话号码本、地图以及地址，优先级别、责任、关系以及过程，获得和购买信息，网络示意图，系统、配置以及磁盘备份。

6. 计划的测试和采用

只简单地采用一套安全恢复计划是不够的，用户还必须对已经编写好的计划进行测试，并且核实灾难恢复文本。只有经过测试，才能保证自己计划中的恢复部分切实可行。只有精确、详细的灾难恢复文本，才能够在发生灾难后确保用户会遵循正确的步骤进行处理。非毁灭性测试是指用户能够在不影响设备正常工作的前提下，测试自己的安全恢复计划。这也是最受欢迎的测试方法，没有人愿意在测试即将使用的计划时发生真正的灾难。最常用的非毁灭性测试方法是使用替换硬件进行模仿灾难。例如，用户可以使用另一台与主服务器相同的服务器进行备份恢复操作。很多人可能没有条件使用冗余设备进行灾难恢复计划的测试。如果用户不具备这样的条件，可以将安全恢复测试工作安排在关机或者在假期进行。

7. 计划的分发和维护技术

当一个计划经过测试而且被证明了是完全可用以后，首先需要将其分发给需要它的人。对计划的发布过程要进行适当的控制，这样确保计划不会出现多个版本。其次，必须保证有计划的额外拷贝，并将其存放在脱机工作站或者工作地点附近的其他地方。该计划的所有人员及地点的清单也需要保留一份。当计划需要被更新时，对所有这些计划副本都进行更换。

计划的维护比较容易，其内容包括对计划需要修改的信息进行修改，与此同时，重新评价应用程序系统从而确定它们的优先级。如果已经更换了备份系统，就应该保证如何使最新的或者已经升级的备份系统的信息包括在"修改"一类中。

7.5 灾难恢复技术

备份对系统的安全来说是至关重要的。数据的备份应该什么时候做，用什么方式做，主要取决于数据的规模和用途。

灾难恢复措施（Disaster Recovery Plan，DRP）在整个备份制度中占有相当重要的地位，因为它关系到系统在经历灾难后能否迅速恢复。灾难恢复措施包括：灾难预防制度、灾难演习制度及灾难恢复。

7.5.1 灾难预防制度

为了预防灾难的发生，需要做灾难恢复备份。灾难恢复备份与一般数据备份不同的地方在于，它会自动备份系统的重要信息。在 WindowsNT 下，灾难恢复备份要备份 NT 的必要启动文件、注册表文件的关键数据、操作系统的关键设置等；在 Netware 下，灾难恢复备份要备份驱动程序、NDS、非 Netware 分区等重要数据。利用这些信息，才能快速恢复系统。ARCServe 对灾难恢复有充分的支持，备份普通数据的同时就可以进行灾难恢复的备份，只需选中 ARCServe 中的一个选项即可。用于灾难恢复的软盘，则要使用灾难恢复选件进行生成。灾难恢复盘必须和灾难恢复备份一起使用，方能恢复系统。

关于灾难预防制度，有两点建议：

- 灾难恢复备份应是完全备份；
- 在系统发生重大变化后，如安装了新的数据库系统，或安装了新硬件等，建议重新生成灾难恢复软盘，并进行灾难恢复备份。

1. 灾难演习制度

要能够保证灾难恢复的可靠性，光进行备份是不够的，还要进行灾难演练。每过一段时间，应进行一次灾难演习。可以利用淘汰的机器或多余的硬盘进行灾难模拟，以熟练灾难恢复的操作过程，并检验所生成的灾难恢复软盘和灾难恢复备份是否可靠。

2. 灾难恢复

恢复也称为重载或重入，是指当磁盘损坏或数据崩溃时，通过将备份的内容转储或卸载，使数据库返回到原来的状态的过程。只有拥有了完整的备份方案，并严格执行以上的备份措施，当面对突如其来的灾难时，才可以应付自如。

灾难恢复的步骤非常简单。准备好最近一次的灾难恢复软盘和灾难恢复备份磁带，连接磁带机，装入磁带，插入恢复软盘，打开计算机电源，灾难恢复过程就开始了。根据系统提示进行下去，就可以将系统恢复到进行灾难恢复备份时的状态。再利用其他备份数据，将服务器和其他计算机恢复到最近的正常状态。

7.5.2 数据库的恢复技术

尽管数据库系统中采取了各种保护措施来防止数据库的安全性和完整性被破坏，保证并发事务的正确执行，但是计算机系统中硬件的故障、软件的错误、操作员的失误以及恶意的破坏仍是不可避免的，这些故障轻则造成运行事务非正常中断，影响数据库中数据的正确性，重则破坏数据库，使数据库中全部或部分数据丢失，因此数据库管理系统（恢复子系统）必须具有把数据库从错误状态恢复到某一已知的正确状态（亦称为一致状态或完整状态）的功能，这就是数据库的恢复。

1. 事务（Transaction）的概念

它是数据库环境下的逻辑工作单位，也是数据库的一个联机工作单位，它由一系列操作组成。这些操作要么全部都做，要么一个都不做。它们组成了一个完整的整体，一个不可分割的工作单位。它类似于操作系统中的一个进程，在应用程序中它往往以 BEGINTRANSACTION 语句开头，而以 COMMIT 语句或者 ROLLBACK 语句结束。

BEGIN TRANSACTION　　　　BEGIN TRANSACTION
⋮　　　　　　　　　　　　⋮
COMMIT　　　　　　　　　　ROLLBACK

以 COMMIT 结束的事务表示事务成功结束（提交），此时告诉系统，数据库要进入一个新的正确状态，此事务对数据库的所有更新都已经交付实施。

以 ROLLBACK 结束的事务表示事务不成功结束，此时告诉系统已经发生错误，数据库可能处于不正确的状态，此事务对数据库的更新必须撤销，且应当将数据库恢复到此事务的初始状态。

对于数据库而言，一个程序的执行可以通过若干个事务的执行序列来完成。但应当注意的是事务不能嵌套，可以恢复的操作必须在一个事务的界限内才能执行，即事务必须保持其完整性。

2. 事务的性质

研究表明一个事务要保持其完整性必须具有以下 4 个基本性质：

（1）原子性（Atomicity）

所谓原子性是指一个事务中所有对数据库的操作是一个不可分割的操作序列。事务要么完整地被全部执行，要么什么也不做。

原子性的保证是由 DBMS 完成的，即由 DBMS 的事务管理子系统保证实现这种功能。

（2）一致性（Consistency）

所谓数据库的一致性实际上是指数据库中的数据与客观世界的一致性，即正确反映客观世界的数量关系。当一个事务不能完整执行时，就必然破坏数据库中的数据与客观世界之间的一致性。因此事务的原子性保证了事务的一致性。

一个事务的执行结果要保证数据库的一致性，即数据不会因事务的执行而遭受破坏。这一性质的实现是由编写事务的程序员完成的，也可以由系统测试完整性约束自动完成。

（3）隔离性（Isolation）

所谓隔离性是指当执行并发事务时，系统将能够保证与这些事务单独执行时的结果是一样的，此时称事务达到了隔离性的要求。这也就是指一个事务的执行并不关心其他事务的执行情况，如同在单用户环境下执行一样。

事务的隔离性是由 DBMS 的并发控制子系统来保证的。

（4）持久性（Durability）

所谓事务的持久性是指事务执行时数据库中的数据发生变化，而此变化只有在系统不发生变化时才能实现。事务的持久性保证了事务成功执行后所有对数据库修改的影响应当长期存在不能丢失。一般可通过下述两点保证事务持久性的实现：

- 事务的更新操作应当在事务完成之前写入磁盘；
- 事务的更新与写入磁盘这两个操作应当保存足够的信息，足以使数据库在发生故障后重新启动时重构更新操作。而 DBMS 的事务管理子系统和恢复管理子系统的密切配合保证了事务持久性的实现。

一个事务一旦完成全部操作后，其对数据库的所有更新应当永久地反映在数据库中，即使以后系统发生故障，也应当保留这个事务的执行痕迹。

事务的持久性是由 DBMS 的恢复子系统实现的。

上述 4 个性质统称为事务的 ACID 性质。

3. 数据库故障的种类

数据库运行时可能发生各种故障，故障发生时可能造成数据损坏，而 DBMS 恢复管理子系统可采取一系列措施，努力保证事务的原子性与持久性，确保数据不被损坏。

数据库中可能造成数据损坏的故障有以下几种：

（1）事务故障

事务故障又可以区分为以下两种：非预期的事务故障与可以预期的事务故障，即应用程序可以发现的事务故障。对于后一种可以让事务回退（Rollback），以撤销错误的事务故障，恢复数据库到正确的状态。

（2）系统故障（软故障，Soft Crash）

由于软、硬件平台出现问题可能引起内存中数据的丢失，但尚未造成磁盘上的数据破坏，这种情况称为故障终止假设（Fail-stop Assumption）。此时运行的事务全部非正常终止，从而造成数据库系统处于非正常状态。恢复子系统必须在系统重新启动上述所有事务，把数据库恢复到正常状态。

（3）介质故障（硬故障，Hard Crash）

通常为磁盘故障，这种故障一般会造成磁盘上数据的破坏，恢复的方法只能是使用备份。DBMS 应当能够将数据库从被破坏、不正确的状态恢复到时间上最近一个正确状态。

（4）计算机病毒

计算机病毒是具有破坏性、可以自我复制的计算机程序。计算机病毒已成为计算机系统的主要威胁，自然也是数据库系统的主要威胁，因此数据库一旦被破坏仍要用恢复技术把数据库加以恢复。

总结各类故障，对数据库的影响有两种可能性。一是数据库本身被破坏，二是数据库没有破坏，但数据可能不正确，这是因为事务的运行被非正常终止造成的。

4. 数据库恢复的策略

恢复的基本原理十分简单，可以用一个词来概括就是冗余。这就是说，数据库中任何一部分被破坏的或不正确的数据可以根据存储在系统别处的冗余数据来重建。尽管恢复的基本原理很简单但实现技术的细节却相当复杂。

数据库系统的恢复策略根据故障的不同分为：事务故障的恢复、系统故障的恢复和介质故障的恢复。

（1）事务故障的恢复

事务故障是指事务在运行至正常终止点前被中止，这时恢复子系统应利用日志文件撤销（UNDO）此事务已对数据库进行的修改。事务故障的恢复是由系统自动完成的，对用户是透明的。系统的恢复步骤是：

• 反向扫描文件日志（即从最后向前扫描日志文件），查找该事务的更新操作；

• 对该事务的更新操作执行逆操作，即将日志记录中"更新前的值"写入数据库。这样，如果记录中是插入操作，则相当于做删除操作（因此时"更新前的值"为空）；若记录中是删除操作，则做插入操作；若是修改操作，则相当于用修改前值代替修改后值；

• 继续反向扫描日志文件，查找该事务的其他更新操作，并做同样处理；

• 如此处理下去，直至读到此事务的开始标记，事务故障恢复就完成了。

（2）系统故障的恢复

系统故障造成数据库不一致状态的原因有两个，一是未完成事务对数据库的更新可能已写入数据库，二是已提交事务对数据库的更新可能还留在缓冲区未来得及写入数据库。因此恢复操作就是要撤销故障发生时未完成的事务，重做已完成的事务。

系统故障的恢复是由系统在重新启动时自动完成的，不需要用户干预。系统的恢复步骤是：

• 正向扫描日志文件（即从头扫描日志文件），找出在故障发生前已经提交的事务（这些事务既有 BEGIN TRANSACTION 记录，也有 COMMIT 记录），将其事务标识记入重做（REDO）队列，同时找出故障发生时尚未完成的事务（这些事务只有 BEGINTRANS－ACTION 记录，无相应的 COMMIT 记录），将其事务标识记入撤销队列；

• 撤销队列中的各个事务进行撤销（UNDO）处理。进行 UNDO 处理的方法是，反向扫描日志文件，对每个 UNDO 事务的更新操作执行逆操作，即将日志记录中"更新前的值"写入数据库；

● 重做队列中的各个事务，进行重做（REDO）处理。进行 REDO 处理的方法是：正向扫描日志文件，对每个 REDO 事务重新执行日志文件登记的操作，即将日志记录中"更新后的值"写入数据库。

（3）介质故障的恢复

发生介质故障后，磁盘上的物理数据和日志文件被破坏，这是最严重的一种故障，恢复方法是重装数据库，然后重做已完成的事务。具体地说就是：

● 装入最新的数据库后备副本（离故障发生时刻最近的转储副本），使数据库恢复到最近一次转储时的一致性状态。对于动态转储的数据库副本，还须同时装入转储开始时刻的日志文件副本，利用恢复系统故障的方法（即 REDO+UNDO），才能将数据库恢复到一致性状态；

● 装入相应的日志文件副本（转储结束时刻的日志文件副本），重做已完成的事务。即首先扫描日志文件，找出故障发生时已提交的事务的标识，将其记入重做队列。然后正向扫描日志文件，对重做队列中的所有事务进行重做处理，即将日志记录中"更新后的值"写入数据库。这样就可以将数据库恢复至故障前某一时刻的一致状态了。

介质故障的恢复需要 DBA 介入，但 DBA 只需要重装最近转储的数据库副本和有关的各日志文件副本，然后执行系统提供的恢复命令即可，具体的恢复操作仍由 DBMS 完成。

5. 数据库的恢复技术

数据库恢复机制涉及的两个关键问题是：

第一，如何建立冗余数据；

第二，如何利用这些冗余数据实施数据库恢复。

建立冗余数据最常用的技术是数据转储和登录日志文件。通常在一个数据库系统中，这两种方法是一起使用的。

（1）数据转储

所谓转储即 DBA 定期地将整个数据库复制到磁带或另一个磁盘上保存起来的过程，这些备用的数据文本称为后备副本或后援副本。

当数据库遭到破坏后可以将后备副本重新装入，但重装后备副本只能将数据库恢复到转储时的状态，要想恢复到故障发生时的状态，必须重新运行自转储以后的所有更新事务。转储是十分耗费时间和资源的，不能频繁进行。DBA 应该根据数据库使用情况确定一个适当的转储周期。

转储分为静态转储和动态转储。

①静态转储

静态转储是在系统中无运行事务时进行的转储操作，即转储操作开始的时刻，数据库处于一致性状态，转储期间不允许（或不存在）对数据库进行任何存取、修改活动。显然，静态转储得到的一定是一个数据一致性的副本。静态转储简单，但转储必须等待正在运行的用户事务结束才能进行，同样，新的事务必须等待转储结束才能执行。显然，这会降低数据库的可用性。

②动态转储

动态转储是指转储期间允许对数据库进行存取或修改，即转储和用户事务可以并发执行。动态转储可克服静态转储的缺点，它不用等待正在运行的用户事务结束，也不会影响新事务的运行。但是，转储结束时后援副本上的数据并不能保证正确有效。例如，在转储期间的某个时刻 Tc，系统把数据 A=100 转储到磁带上，而在下一时刻 Td，某一事务已将 A 改为 200，可是转储结束后，后备副本上的 A 已是过时的数据了。为此，必须把转储期间各事务对数据库的修改活动登记下来，建立日志文件（Logfile），这样，后援副本加上日志文件就能把数据库恢复到某一时刻的正确状态。

转储还可以分为海量转储和增量转储两种方式。海量转储是指每次转储全部数据库。增量转储则指每次只转储上一次转储后更新过的数据。从恢复角度看，使用海量转储得到的后备副本进行恢复一般说来会更方便些。但如果数据库很大，事务处理又十分频繁，则增量转储方式更实用更有效。

数据转储有两种方式，又分别可以在两种状态下进行，因此数据转储方法可以分为 4 类：动态海量转储、动态增量转储、静态海量转储和静态增量转储。

（2）登记日志

日志文件是用来记录事务对数据库的更新操作的文件，不同数据库系统采用的日志文件格式并不完全一样。概括起来日志文件主要有两种格式：以记录为单位的日志文件和以数据块为单位的日志文件。

对于以记录为单位的日志文件，日志文件中需要登记的内容包括：
- 各个事务的开始（BEGIN TRANSACTION）标记；
- 各个事务的结束（COMMIT 或 ROLL BACK）标记；
- 各个事务的所有更新操作。

这里每个事务开始的标记、结束标记和每个更新操作均作为日志文件中的一个日志记录（Log Record）。每个日志记录的内容主要包括：
- 事务标识（标明是哪个事务）；
- 操作的类型（插入、删除或修改）；
- 操作对象（记录内部标识）；
- 更新前数据的旧值（对插入操作而言，此项为空值）；
- 更新后数据的新值（对删除操作而言，此项为空值）。

日志文件在数据库恢复中起着非常重要的作用，可以用来记录事务故障恢复和系统故障恢复，并协助后备副本进行介质故障恢复。具体地讲：事务故障恢复和系统故障必须用日志文件；在动态转储方式中必须建立日志文件；后援副本和日志文件综合起来才能有效地恢复数据库；在静态转储方式中，也可以建立日志文件；当数据库毁坏后可重新装入后援副本把数据库恢复到转储结束时刻的正确状态，然后利用日志文件，把已完成的事务进行重做处理，对故障发生时尚未完成的事务进行撤销处理。这样不必重新运行那些已完成的事务程序就可把数据库恢复到故障前某一时刻的正确状态。

为保证数据库是可恢复的，登记日志文件时必须遵循两条原则：
- 严格按并发事务执行的时间次序；
- 必须先写日志文件，后写数据库。

把对数据的修改写到数据库中和把写表示这个修改的日志记录写到日志文件中是两个不同的操作。有可能在这两个操作之间发生故障，即这两个写操作只完成了一个。如果先写了数据库修改，而在运行记录中没有登记下这个修改，则以后就无法恢复这个修改了。如果先写日志，但没有修改数据库，按日志文件恢复时只不过是多执行一次不必要的 UNDO 操作，并不会影响数据库的正确性。所以为了安全，一定要先写日志文件，即首先把日志记录写到日志文件中，然后写数据库的修改，这就是"先写日志文件"的原则。

6. 数据库的镜像

我们已经看到，介质故障是对系统影响最为严重的一种故障。系统出现介质故障后，用户的应用全部中断，恢复起来也比较费时。而且 DBA 必须周期性地转储数据库，这也加重了 DBA 的负担。如果不及时而正确地转储数据库，一旦发生介质故障，会造成较大的损失。

随着磁盘容量越来越大，价格越来越便宜，为避免磁盘介质出现故障影响数据库的可用性，许多数据库管理系统提供了数据库镜像（Mirror）功能用于数据库恢复。即根据 DBA 的要求，自动把整个数据库或其中的关键数据复制到另一个磁盘上。每当主数据库更新时，DBMS 自动把更新后的数据复制过去，即 DBMS 自动保证镜像数据与主数据的一致性。这样，一旦出现介质故障，可由镜像磁盘继续提供使用，同时 DBMS 自动利用镜像磁盘数据进行数据库的恢复，不需要关闭系统和重装数据库副本。在没有出现故障时，数据库镜像还可以用于并发操作，即当一个用户对数据加排他锁修改数据时，其他用户可以读镜像数据库上的数据，而不必等待该用户释放锁。

由于数据库镜像是通过复制数据实现的，频繁地复制数据自然会降低系统运行效率，因此在实际应用中用户往往只选择对关键数据和日志文件镜像，而不是对整个数据库进行镜像。

保证数据一致性是对数据库的最基本的要求。事务是数据库的逻辑工作单位，只要 DBMS 能够保证系统中一切事务的原子性、一致性、隔离性和持续性，也就保证了数据库处于一致状态。为了保证事务的原子性、一致性与持续性，DBMS 必须对事务故障、系统故障和介质故障进行恢复。数据库转储和登记日志文件是恢复中最经常使用的技术。恢复的基本原理就是利用存储在后备副本、日志文件和数据库镜像中的冗余数据来重建数据库。综上所述数据库的恢复大致有如下办法。

①周期性地（如 3 天一次）对整个数据库进行转储，把它复制到备份介质中（如磁带），作为后备副本，以备恢复之用。转储通常又可分为静态转储和动态转储。静态转储是指转储期间不允许对数据库进行任何存取、修改活动。而动态转储是指在存储期间允许对数据库进行存取或修改。

②对数据库的每次修改，都记下修改前后的值，写入"运行日志"数集中。它与后备副本结合，可有效地恢复数据。

日志文件是用来记录对数据库每一次更新活动的文件。在动态转储方式中必须建立日志文件，后备副本和日志文件综合起来才能有效地恢复数据库。在静态转储方式中，也可以建立日志文件。当数据毁坏后可重新装入后备副本把数据恢复到转储结束时刻的正确状态。然后利用日志文件，把已完成的事务进行重新处理，对故障发生时尚未完成的事务进行撤销处理。这样不必重新运行那些已完成的事务程序，就可把数据恢复到故障前某一时刻的正确状态。

本 章 小 结

本章首先介绍了数据备份的概念和常用方法。数据备份的目的是为了在设备发生故障或发生其他威胁数据安全的灾害时保护数据，将数据损失减少到最小。掌握备份技术是非常重要的。备份技术应该全方位、多层次，构成对系统多级防护，确保信息系统在受到破坏或威胁时正常运转。

习 题 七

1. 什么是备份？理想的备份系统应该包含哪些内容？
2. 简述备份的方式、层次和类型。
3. 如何设计日常备份制度？
4. 比较硬盘、光盘和磁带三种备份技术。
5. 安全恢复计划应考虑哪些问题？
6. 安全风险评估主要有哪些步骤？
7. 简述安全恢复的主要实现方法。
8. 分析灾难恢复计划步骤，找出其中内在联系。
9. 简述数据库恢复方法。

第八章 信息安全工程案例

【学习目标】
- 了解涉密网络安全规划建设思路;
- 了解信息系统网络安全工程实现;
- 了解政府网络安全解决方案;
- 能够进行信息系统安全设计。

8.1 涉密网安全建设规划设计

涉密系统网络建设与通用型网络的建设有共性,也有其特殊性。在确定涉密系统安全需求时,要从网络、应用、系统和管理等方面,对其安全脆弱性和安全威胁方面进行详细的风险分析。在规划设计时,要以主动性防御为思路,既防外也要防内,实时阻止网络中的异常行为,防止信息泄露,把安全风险降至最低。

8.1.1 安全风险分析

1. 安全脆弱性分析

(1)人的脆弱性

当前,人们对涉密网络的保密性与安全性的意识以及技术要求和管理制度的认知程度还不够,缺乏有效的安全管理手段和制度保障,安全技术知识匮乏,安全培训薄弱,将直接导致安全管理的脆弱性。

(2)安全技术的脆弱性

通常人们工作中使用的计算机主要采用的是 Windows 操作系统,该系统存在大量漏洞,它面临着病毒和来自外部或内部人员的攻击威胁,利用这些漏洞的攻击工具在互联网上很容易获取。安全技术的脆弱性还表现在系统配置的安全性不完善和访问控制机制的安全脆弱性上。

(3)运行的脆弱性

缺乏有效的网络运行监控管理系统,无法对各种系统和设备进行监控,可能导致对病毒等安全事件的响应时间缓慢,故障定位不准等问题。网络运行管理措施不健全,对来自外部或内部的网络入侵和违规操作等行为没有严格的检测、安全风险分析监控、响应和恢复措施,将会对系统稳定、可靠的运行构成威胁,导致整个安全技术系统的脆弱性。

2. 安全威胁分析

(1)物理层安全风险分析

网络的物理安全风险主要指网络周边环境和物理特性引起的网络设备和线路的不可用,进而造成网络系统的不可用,如设备被盗、被毁坏、链路老化或被有意或无意的破坏;因电

第八章　信息安全工程案例

磁辐射造成信息泄露；设备意外故障、停电；地震、火灾和水灾等自然灾害等。

（2）网络层安全风险分析

在网络的数据传输过程中，存在以下风险：

- 重要业务数据泄露。由于在同级局域网和上下级网络数据传输线路之间存在被窃听的威胁，同时局域网络内部也存在着内部攻击行为，其中包括登录密码和一些敏感信息，可能被侵袭者窃取和篡改，造成泄密。
- 重要业务数据被破坏。由于目前还缺乏对数据库及个人终端安全保护措施，还不能完全抵御来自于网络上的各种对数据库及个人终端的攻击，一旦非法用户针对网上传输数据做出伪造、删除、窃取和篡改等攻击，都将造成十分严重的影响和损失。

（3）网络设备风险分析

由于在企业信息系统中要使用大量的网络设备，如交换机、路由器等，其自身安全性也会直接关系到信息系统和网络系统的正常运转。

（4）系统风险分析

网络通常采用的操作系统本身、服务器、数据库及相关商用产品存在的一些安全隐患，可能对系统安全造成危害。

（5）应用风险分析

用户提交的业务信息被监听或修改，用户对成功提交的业务进行事后抵赖，在信息共享中存在非法用户对内部网和服务器的攻击行为等。

（6）身份认证漏洞

服务器系统登录和主机登录使用的是静态口令，口令在一定时间内是不变的，非法用户可能通过网络窃听、非法数据库访问和技术攻击等手段得到这种静态口令，然后利用口令对资源非法访问和越权操作。

（7）文件存储漏洞

网络信息系统中，无论是办公文件还是业务相关的数据，都是以文件形式存储在本地桌面或备份在服务器中。一旦文件被非法拷贝或在未授权的情况下被打开或篡改都会造成损失。在应用及管理方面，存在着如何加强网上传输重要信息的安全保密，如何加强笔记本电脑、PC终端和信息资源的保密管理等问题。

8.1.2　规划设计

涉密网络建设，为企业的应用系统提供统一的运行平台，统一管理各类信息，使研发设计、事务处理、信息管理和决策支持等几个层次的信息处理和应用融为一体，为内部员工提供信息资源共享。安全保密信息系统安全建设的体系结构主要由物理安全、网络运行安全、信息安全保密和安全保密管理等4方面构成。

1. 物理安全

（1）环境安全

对安全保密网络的环境进行安全保护，如区域保护和灾难保护。特别要关注其机房的建设，中心机房建设应满足国家有关标准的要求，包括场地、防火、防水、防震、电力、布线、配电、防雷以及防静电等方面。

（2）设备安全

主要包括设备的防盗、防毁、防电磁信息辐射泄露、防止线路截获、电磁干扰及电源保护等。对处理涉密信息的机房应按有关部门的规定进行管理，采用有效的监控手段，如安装门禁系统、电视监控系统等，记录出入机房及重要部门、部位人员的相关信息。对于一些重要的密码设备，可采用专用安全机柜进行保护，避免偷窃和破坏行为的发生。系统要具有异地备份的能力，以及容灾和快速恢复能力。

（3）媒体安全

包括媒体数据的安全及媒体本身的安全，防止系统中的信息在空间的扩散。涉密系统的安装使用、机房位置和接地屏蔽等必须满足国家的有关规定和标准。

2. 网络运行安全

（1）系统运行安全

网络设备安全。网络设备自身安全性，也会直接关系到信息网络及各种应用的正常运转。考虑到路由设备存在路由信息泄露、交换机和路由器配置风险等，通过实施安全产品和安全风险评估进行合理安全配置，规避安全风险，提高和加强网络设备自身的安全防护能力。

网络传输安全。在网络层的数据传输中，采用加密传输和访问控制策略，防止重要的或敏感的业务数据被泄露或被破坏。

网络边界安全。采用防火墙、检测监控、安全认证等安全技术手段，防止非法用户侵入到涉密网络系统内，窃取或破坏网络设备和主机的信息，增强主网络及网内各安全域抗攻击的主动防范能力。

网络系统访问安全。采用PKI技术、虚拟网（VLAN）技术、安全认证和防火墙技术来实现网络的安全访问控制，以及不同网络安全域的访问控制。

（2）网络防病毒体系

建立多层次、全方位的网络防病毒体系，采用统一的、集中的、智能的和自动化的管理手段和管理工具，采用先进的防病毒技术以及安全的整体解决方案，有效地检测和清除各种多态病毒和未知病毒，以及紧急处理能力和对新病毒具有最快的响应速度。

（3）网络安全检测体系

实施远程安全评估，定期对网络系统进行安全性分析，对系统、核心网络设备和主机进行脆弱性扫描与分析，从而及时发现并修正系统存在的弱点和漏洞，降低系统的安全风险指数。

（4）备份与恢复

数据库安全。对数据库系统所管理的数据和资源提供安全保护，如物理完整性、逻辑完整性、元素完整性、数据的加密、用户鉴别、可获得性和可审计性等。

容灾备份与恢复。对涉密系统主要设备、软件、数据和电源等要进行备份，使其具有在较短的时间内恢复系统运行的能力。具有对备份介质的管理能力，支持多种备份方式，以保证备份数据的完整性和正确性。

3. 信息安全保密建设

（1）安全审计与安全监控

通过安全审计，加强对核心服务器、网络设备和进出网络的信息流量进行日志记录分析，保护重要的或敏感的信息不被外泄。通过检测监控、安全审计等系统，可监控网络上的异常行为，以及网络系统中的安全运行状态、系统的异常事件等。通过对安全事件的不断收集与积累并且加以分析，可以为发现可能的破坏性行为提供有力的证据。

（2）操作系统安全

操作系统的安全漏洞为攻击者提供了从外部访问计算机资源的后门,所以,对重要的应用系统应选用安全等级较高的操作系统作为服务器及重要终端的操作系统平台,正确的配置和管理所使用的操作系统,并通过安全加固和安全服务,提高和加强服务器及操作系统的自身安全性。

(3) 终端安全防护

客户端身份认证及访问控制。采用基于口令和/或密码算法的身份验证等安全技术,对用户登录系统和操作被控资源进行身份认证。实行多级用户权限管理,防止非法使用机器。防止越权操作及非法访问文件,对软驱、光驱、USB 接口的访问控制。

客户端信息保护。对存储设备及信息进行统一安全管理。采用 PKI 加密技术存放敏感信息,防止敏感明文信息的外泄。在系统平台上实施身份认证机制和权限控制,实施应用平台上用户对资源的合法访问。防止非法软盘拷贝和硬盘启动,对数据和程序代码进行加密存储,防止信息被窃。预防病毒,防止病毒侵袭。

(4) 信息传输安全

信息加密传输。采用加密技术,在应用层实施信息传输加密,以防止通信线路上的窃听、泄露、篡改和破坏。

数据完整性。通过安全认证,采用数字签名机制保护涉密信息的完整性,防止信息在其动态传输过程中被非法篡改、插入和删除。

抗抵赖。采用数字签名,防止发送方在发出数据后又否认自己发送过此数据。通信双方采用公钥加密体制,发送方使用接收方的公钥和自己的私钥加密的信息,只有接收方使用自己的私钥和发送方的公钥才能解密。

4. 安全保密管理

(1) 管理组织机构

建立安全保密管理机构,明确安全保密管理机构的职能,制定安全保密管理的安全策略,指导和推动各级安全保密管理工作的开展。

(2) 管理制度

在网络信息系统建设中,要同步建立和不断完善安全保密管理制度,管理制度的内容应包括:网络及信息系统的安全管理、机房安全管理、计算机病毒安全防范、存储介质的管理、笔记本电脑的管理、密钥及口令的管理、传真机与复印机的管理等。

(3) 安全保密管理技术

安全管理技术体系是实施安全管理的技术手段,是安全管理智能化、程序化、自动化的技术保障。应以主动防御的设计思路,有一定的前瞻性,采用先进、适用的安全技术,统一规划、统一标准,统一管理,根据国家有关规定和标准,经过充分的安全需求调研,作出网络安全建设的总体规划设计方案。

在安全保密网建设中,应建立统一的安全管理平台,通过安全技术手段的实施,制订统一的安全策略,加强对内网中违规操作及行为的安全管理,为企业的各类应用提供统一的身份认证、授权与访问控制服务,实现统一的安全策略和统一的安全管理。使系统运行集成化、安全管理流程合理化、安全监控动态化、安全预警自动化、管理改善持续化。

8.2 信息系统网络安全工程实施

项目实施计划和工程组织将直接关系到设计思想能否得到充分体现，从而保证系统的最终性能能够达到系统设计的要求。所以，可以这样认为，良好的施工计划以及组织保障是项目成功的关键。

一般来说，把信息系统网络安全建设实施分成以下三个阶段：
- 制定项目计划；
- 建立项目组织机构；
- 工程具体实施。

8.2.1 制定项目计划

针对每个信息系统网络安全建设工程都专门制定项目工程实施计划，对项目工程的实施方式、进度、步骤进行详细的考虑。

在项目计划的制定中，采用工程化的项目管理方法，进行严格、科学和有效的项目管理。从组织管理和技术管理两个方面对项目实施严格规范和有效的管理。

在项目实施中将按照 SSE-CMM 的要求，即按照系统安全工程能力成熟度模型进行信息安全工程的实施。不断提高信息安全工程质量与可用性，降低工程实施成本。

SSE-CMM 给出了信息系统安全工程需要考虑的关键过程域，可指导安全工程从单一的安全设备设置转向系统地解决整个工程的风险评估、安全策略形成、安全方案提出、实施和生命周期控制等问题。可以将整个项目所做的工作分为项目启动准备、项目实施改进、项目完成跟踪三个阶段，如图 8-1 所示。

从图 8-1 可以看出，工程实施贯穿于一个项目的执行改进阶段和完成跟踪阶段，因此制定一个切实可行的项目实施计划对一个项目的成功至关重要。

一个完美的项目实施计划需要业主单位和施工单位多次沟通，进行细致的调研，在此基础上形成初步方案，再模拟实施运行，最终得到切实可操作的项目实施计划书。

8.2.2 项目组织机构

信息系统信息安全建设是一个大规模的系统工程，它不仅涉及技术实现的方法和手段，而且涉及实施期间各项资源的管理与调配。为了能够有效进行资源管理控制、进度控制和质量控制，确保项目能正常顺利实施，必须建立职责明确、执行有力的项目组织机构，从组织管理方面对项目实施严格、规范和有效的控制。因此，实施双方需协调一致，由双方管理人员和技术人员共同组成项目实施组，一方面保证工程项目的正常进行，另一方面也有利于今后的运行维护。

项目组织机构主要包括：项目领导小组、工程实施小组和质量保障小组等。其组织关系如图 8-2 所示。

项目实施工程组织将直接关系到设计思想能否得到充分体现，从而保证系统的最终性能能够达到系统设计要求。

项目领导小组：由业主单位安全建设项目负责人和施工单位主要负责人共同组成，负责工程的整体把握，制订项目目标和验收标准，明确项目管理框架及项目实施的总体协调。

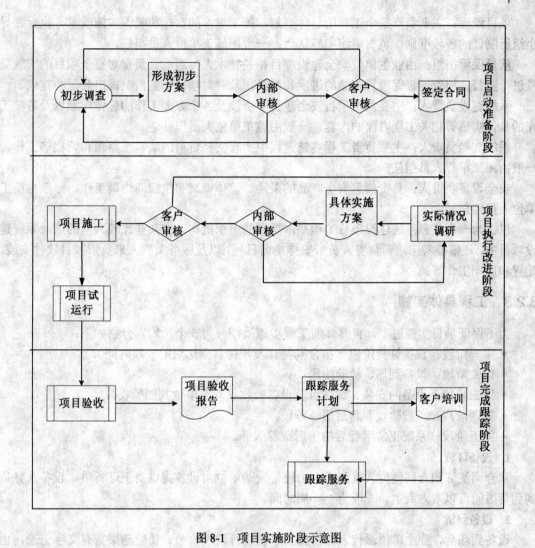

图 8-1　项目实施阶段示意图

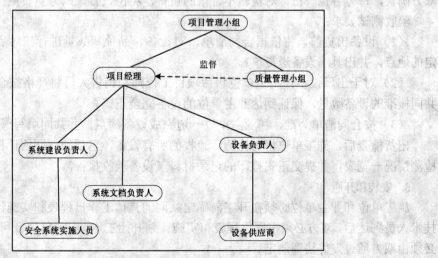

图 8-2　项目组织关系

项目经理：主要负责整个工程的总体规划，施工进度的安排和确保实施质量，执行领导小组所制订的各项准则，负责组织实施队伍。一般由施工单位人员担任。

质量保障小组：由业主单位安全建设项目相关技术人员组成。负责对整个项目的实施质量进行监督。检查、督促项目实施的进度和效果，及时对项目实施情况提出意见和建议。

系统建设负责人：主要负责项目安全建设中所涉及各个方面工作的总体规划以及各项工作的具体实施等相关工程方面的内容。一般由施工单位人员担任。

系统文档负责人：主要负责工程实施过程中所有文档资料的编写、整理和归档等工作。一般由施工单位人员担任。

安全设备负责人：负责信息安全产品的采购、总体调试和供应商协调工作。一般由施工单位人员担任。

以上为一个信息系统建设项目工程基本需要的组织机构。在某些比较大型的信息系统建设项目中，还需要考虑培训负责人员来安排培训日程，以及服务负责人来负责项目软件安装、配置和后期工作等。

8.2.3 工程具体实施

为了保证项目实施进度，将具体的工程实施周期分为 5 个阶段，分别如下：
- 第一阶段：设备订货阶段（指合同签订及预付款到达后的一段时间）；
- 第二阶段：设备到场、检验阶段；
- 第三阶段：设备的安装、调试以及设备验收（双方单位共同验收）；
- 第四阶段：工程验收和售后服务阶段；
- 第五阶段：系统正常运行后的售后跟踪服务。

1. 设备订货

从合同签订到合同预付款收到后，由设备采购单位向设备提供商下订货单。设备从订货到到货时间可以双方商定。一般为 1~4 周时间。

2. 设备到货

设备到场后，业主单位派代表监督施工单位进行现场检验。检验结果需有文字记录，由双方确认，每方各执一份。对检验不合格的设备，将由设备采购方负责更换。

验收测试要求：

（1）设备出货前，将依据合同清单，对设备、品种、数量进行核对后，运送到合同规定的地点，并出具《设备送货单》。

（2）对于出厂设备，施工单位售后项目工程师和销售人员将严格按合同检查买卖双方共同核准的设备数量，保证到达业主单位的设备完全正确。

（3）按合同清单为准，和业主单位一道完成设备清点，并共同填写《设备送货单》。

出货检查后，施工单位将对检测、验收的所有设备，包括硬件、软件将列出详细的设备检测情况一览表，并提交正式打印的记录材料《设备验收报告》。

3. 安装和开通

施工单位和业主单位必须在开工前确定共同的具体工作日程表和实施计划。施工单位的技术人员到达后，双方必须根据日程表和实施计划开始工作。任何日程表和实施计划的修改，必须由双方通过友好协商制定。

双方代表应对工程进度和主要工作及业主单位提出的问题和解决办法用文字在工作日

志上登记，一式两份，由双方代表签字，每方一份。

施工单位必须指派代表负责执行设备的安装、调试服务，并应配合业主单位工地总代表，解决合同中出现的技术和工作问题。

技术人员必须向业主单位被指导的技术人员仔细解释技术文件、图纸、运行手册、以及回答业主单位技术人员提出的在合同范围下的技术问题。

4. 工程的验收

（1）安装测试验收

系统安装及测试时，施工单位将组织工程实施小组。小组成员由买卖双方共同确定，以施工单位为主，业主单位以参与、协调为辅，工程实施小组将专人负责，对每天安装及测试的内容将有详细的工作文档记录。在开始工程实施前后，施工单位将提供：工程实施计划、工程进度安排、工程进展安排、工程进展状况、工程问题报告、工程解决方案等工程资料提交业主单位负责人，直到工程移交为止。

（2）移交测试

移交测试将由双方共同拟定测试内容、测试指标、测试结果说明、测试仪器及方法等内容给项目负责人审查通过。

双方移交测试结果经业主单位审查，若其中有未达到要求之项目，买卖双方按照合同条款，按双方商定的结果做下一步解决办法。

设备由施工单位工程实施小组安装实施完毕后，在开通之前，工程小组将进行开通前准备工作。包括用户设置、网络配置和操作注意事项等。开通时需要施工单位提供行政上的支持。包括召集相关单位技术人员配合工作，传输通道管理技术人员协调实施问题。对产品质量问题，由买卖双方全面负责，加以解决。

（3）试运转验收测试

试运转期间，施工单位工程人员将观察记录产品的各项功能实施情况，主要测试及观察以下问题：

- 对各个终端运行情况记录，了解各终端在使用时，是否有障碍及发生的概率；
- 交换机各项功能在运转时的情况；
- 服务器各项功能在运转时的情况。

5. 售后服务跟踪

工程实施结束后，项目并没有结束。还应该按照合同上规定的售后服务条款，由售后服务的提供单位负责整个项目的应急响应、设备升级和安全服务等。

8.3 政府网络安全解决方案

8.3.1 概述

以 Internet 为代表的全球性信息化浪潮日益深化，信息网络技术的应用正日益普及和广泛，应用层次正在深入，应用领域从传统的、小型业务系统逐渐向大型、关键业务系统扩展，典型的如行政部门业务系统、金融业务系统、企业商务系统等。伴随网络的普及，安全日益成为影响网络效能的重要问题，而 Internet 所具有的开放性、国际性和自由性在增加应用自由度的同时，对安全提出了更高的要求。如何使信息网络系统不受黑客和工业间谍的入侵，已成为政府机构、企事业单位信息化健康发展所要考虑的重要事情之一。

政府机构从事的行业性质是跟国家紧密联系的，所涉及信息可以说都带有机密性，所以其信息安全问题，如敏感信息的泄露、黑客的侵扰、网络资源的非法使用以及计算机病毒等，都将对政府机构信息安全构成威胁。为保证政府网络系统的安全，有必要对其网络进行专门安全设计。

8.3.2 网络系统分析

1. 基本网络结构

随着网络的发展及普及，多数政府行业单位也从原来单机到局域网并扩展到广域网，把分布在全国各地的系统内单位通过网络互连起来，从整体上提高了办事效率。图 8-3 是某个政府机关网络系统拓扑示意图。

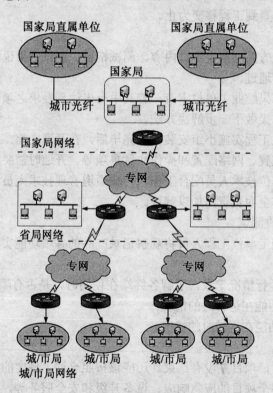

图 8-3 某机关网络拓扑图

如图 8-3 所示，国家局网络一方面通过宽带网与国家局直属单位互连，另一方面国家局网络与各省局单位网络互连；而各省局单位又与其各自的下属地市局单位互连。本行业系统各局域网经广域线路互连构成一个全国性的企业网。

2. 网络应用

- 文件共享、办公自动化、WWW 服务、电子邮件服务；
- 文件数据的统一存储；
- 针对特定的应用在数据库服务器上进行二次开发（比如财务系统）；
- 提供与 Internet 的访问；

- 通过公开服务器对外发布企业信息、发送电子邮件等。

8.3.3 网络安全风险分析

网络应用给人们带来了无尽的好处，但随着网络应用扩大，网络安全风险也变得更加严重和复杂。

1. 物理安全风险分析
- 网络的物理安全主要是指地震、水灾和火灾等环境事故；
- 电源故障；
- 人为操作失误或错误；
- 设备被盗、被毁；
- 电磁干扰；
- 线路截获。

2. 网络平台的安全风险分析

网络结构的安全涉及网络拓扑结构、网络路由状况及网络的环境等。

① 整个网络结构和路由状况。安全的应用往往是建立在网络系统之上的。网络系统的成熟与否直接影响安全系统成功的建设。

② 保密安全。确保上网计算机不涉密、涉密计算机不上网。

③ 终端安全。局域网内计算机终端作为信息发布平台，一旦不能运行，后者受到攻击，影响巨大。黑客、病毒、非授权访问都是面临的威胁。

3. 系统的安全风险分析

所谓系统的安全显而易见是指整个局域网网络操作系统、网络硬件平台是否可靠且值得信任。网络操作系统、网络硬件平台的可靠性依靠对现有的操作平台进行安全配置、对操作和访问权限进行严格控制，提高系统的安全性。

4. 应用的安全风险分析

应用系统的安全与具体的应用有关，它涉及很多方面。应用系统的安全是动态的、不断变化的。应用的安全性也涉及信息的安全性，它包括很多方面。

- 应用的安全性涉及信息、数据的安全性；
- 信息的安全性涉及机密信息泄露、未经授权的访问、破坏信息完整性、假冒和破坏系统的可用性等。

5. 管理的安全风险分析

管理是网络中安全最重要的部分。责权不明，管理混乱，安全管理制度不健全及缺乏可操作性等都可能引起管理安全的风险。

8.3.4 网络安全需求及安全目标

1. 安全需求分析

通过前面对局域网络结构、应用及安全威胁分析，可以得出要集中力量加强对服务器的安全保护，严防黑客和病毒，强化重要网段的保护，积极网络安全管理。因此，必须采取相应的安全措施杜绝安全隐患，其中应该做到：

- 公开服务器的安全保护；
- 防止黑客从外部攻击；

- 入侵检测与监控；
- 信息审计与记录；
- 病毒防护；
- 数据安全保护；
- 数据备份与恢复；
- 网络的安全管理。

在系统考虑如何解决上述安全问题的设计时应满足如下要求：
- 大幅度地提高系统的安全性（重点是可用性和可控性）；
- 保持网络原有的特点，即对网络的协议和传输具有很好的透明性，能透明接入，无需更改网络设置；
- 易于操作、维护，并便于自动化管理，而不增加或少增加附加操作；
- 尽量不影响原网络拓扑结构，同时便于系统及系统功能的扩展；
- 安全保密系统具有较好的性能价格比，一次性投资，可以长期使用；
- 安全产品具有合法性，及经过国家有关管理部门的认可或认证。

2. 网络安全策略

安全策略是指在一个特定的环境里，为保证提供一定级别的安全保护所必须遵守的规则。该安全策略模型包括了建立安全环境的三个重要组成部分，即：

威严的法律：安全的基石是社会法律、法规与手段，这部分用于建立一套安全管理标准和方法。即通过建立与信息安全相关的法律、法规，使非法分子慑于法律，不敢轻举妄动。

先进的技术：先进的安全技术是信息安全的根本保障，用户对自身面临的威胁进行风险评估，决定其需要的安全等级以及服务种类，选择相应的安全机制，然后集成先进的安全技术。

严格的管理：各网络使用机构、企业和单位应建立相宜的信息安全管理办法，加强内部管理，建立审计和跟踪体系，提高整体信息安全意识。

3. 系统安全目标

基于以上的分析，局域网网络系统安全应该实现以下目标：
- 建立一套完整可行的网络安全与网络管理策略；
- 将内部网络、公开服务器网络和外网进行有效隔离，避免与外部网络的直接通信；
- 建立网站各主机和服务器的安全保护措施，保证系统安全；
- 对网上服务请求内容进行控制，使非法访问在到达主机前被拒绝；
- 加强合法用户的访问认证，同时将用户的访问权限控制在最低限度；
- 全面监视对公开服务器的访问，及时发现和拒绝不安全的操作和黑客攻击行为；
- 加强对各种访问的审计工作，详细记录对网络、公开服务器的访问行为，形成完整的系统日志；
- 备份与灾难恢复——强化系统备份，实现系统快速恢复；
- 加强网络安全管理，提高系统全体人员的网络安全意识和防范技术。

8.3.5 网络安全方案总体设计

1. 安全方案设计原则

对局域网网络系统安全方案设计、规划时，应遵循以下原则：

(1) 综合性、整体性原则

应用系统工程的观点、方法，分析网络的安全及具体措施。安全措施主要包括：行政法律手段、各种管理制度（人员审查、工作流程和维护保障制度等）以及专业措施（识别技术、存取控制、密码、低辐射、容错、防病毒和采用高安全产品等）。一个较好的安全措施往往是多种方法适当综合的应用结果。这些环节在网络中的地位和影响作用，也只有从系统综合整体的角度去看待、分析，才能取得有效、可行的措施。即计算机网络安全应遵循整体安全性原则，根据规定的安全策略制定出合理的网络安全体系结构。

(2) 需求、风险、代价平衡的原则

对任一网络，绝对安全难以达到，也不一定是必要的。对一个网络进行具体研究（包括任务、性能、结构、可靠性和可维护性等），并对网络面临的威胁及可能承担的风险进行定性与定量相结合的分析，然后制定规范和措施，确定该系统的安全策略。

(3) 一致性原则

一致性原则主要是指网络安全问题应与整个网络的工作周期（或生命周期）同时存在，制定的安全体系结构必须与网络的安全需求相一致。安全的网络系统设计（包括初步或详细设计）及实施计划、网络验证、验收和运行等，都要有安全的内容及措施，实际上，在网络建设的开始就考虑网络安全对策，比在网络建设好后再考虑安全措施，不但容易，且花费也小得多。

(4) 易操作性原则

安全措施需要人为去完成，如果措施过于复杂，对人的要求过高，本身就降低了安全性。其次，措施的采用不能影响系统的正常运行。

(5) 分步实施原则

由于网络系统及其应用扩展范围广阔，随着网络规模的扩大及应用的增加，网络脆弱性也会不断增加。一劳永逸地解决网络安全问题是不现实的。同时由于实施信息安全措施需要相当的费用支出。因此分步实施，即可满足网络系统及信息安全的基本需求，亦可节省费用开支。

(6) 多重保护原则

任何安全措施都不是绝对安全的，都可能被攻破。但是建立一个多重保护系统，各层保护相互补充，当一层保护被攻破时，其他层保护仍可保护信息的安全。

(7) 可评价性原则

如何预先评价一个安全设计并验证其网络的安全性，这需要通过国家有关网络信息安全测评认证机构的评估来实现。

2. 安全服务、机制与技术

- 安全服务：安全服务主要有：控制服务、对象认证服务、可靠性服务等；
- 安全机制：访问控制机制、认证机制等；
- 安全技术：防火墙技术、鉴别技术、审计监控技术、病毒防治技术等；
- 在安全的开放环境中，用户可以使用各种安全应用；
- 安全应用由一些安全服务来实现；
- 而安全服务又是由各种安全机制或安全技术来实现的。

应当指出，同一安全机制有时也可以用于实现不同的安全服务。

8.3.6 网络安全体系结构

通过对安全风险、需求分析结果、安全策略以及网络的安全目标的分析，可以将网络安全体系从以下几个方面分述：物理安全、系统安全、网络安全、应用安全、管理安全。

1. 物理安全

保证计算机信息系统各种设备的物理安全是保障整个网络系统安全的前提。物理安全是保护计算机网络设备、设施以及其他媒体免遭地震、水灾、火灾等环境事故以及人为操作失误或错误及各种计算机犯罪行为导致的破坏过程。它主要包括三个方面：

（1）环境安全

对系统所在环境的安全保护，参见国家标准 GB50173－93《电子计算机机房设计规范》、国标 GB2887－89《计算站场地技术条件》、GB9361－88《计算站场地安全要求》等标准进行实施。

（2）设备安全

- 屏蔽。对主机房及重要信息存储、收发部门进行屏蔽处理，即建设一个具有高效屏蔽效能的屏蔽室，用它来安装运行主要设备，以防止磁鼓、磁带与高辐射设备等的信号外泄。为提高屏蔽室的效能，在屏蔽室与外界的各项联系、连接中均要采取相应的隔离措施和设计，如信号线、电话线、空调、消防控制线以及通风、波导和门的把柄等。
- 抑制。对本地网、局域网传输线路传导辐射的抑制，由于电缆传输辐射信息的不可避免性，现均采用光缆传输的方式，大多数均在 Modem 出来的设备用光电转换接口，用光缆接出屏蔽室外进行传输。
- 干扰。对终端设备辐射的防范。终端机尤其是 CRT 显示器，由于上万伏高压电子流的作用，辐射有极强的信号外泄，但又因终端分散使用不宜集中采用屏蔽室的办法来防止，故现在的要求除在订购设备上尽量选取低辐射产品外，目前主要采取主动式的干扰设备如干扰机来破坏对应信息的窃取。

2. 系统安全

（1）网络结构安全

网络结构的安全主要指：

- 网络拓扑结构是否合理；
- 线路是否有冗余；
- 路由是否冗余。

（2）操作系统安全

- 尽量采用安全性较高的网络操作系统并进行必要的安全配置、关闭一些不常用却存在安全隐患的应用、对一些保存有用户信息及其口令的关键文件（如 UNIX 下：rhost、etc/host、passwd、shadow、group 等；Windows NT 下的 LMHOST、SAM 等）使用权限进行严格限制。
- 加强口令字的使用（增加口令复杂程度、不要使用与用户身份有关的、容易猜测的信息作为口令），并及时给系统打补丁、系统内部的相互调用不对外公开。
- 通过配备操作系统安全扫描系统对操作系统进行安全性扫描，发现其中存在的安全漏洞，并有针对性地进行对网络设备重新配置或升级。

（3）应用系统安全

- 在应用系统安全上，应用服务器尽量不要开放一些没有经常用的协议及协议端口号。

如文件服务、电子邮件服务器等应用系统。

- 加强登录身份认证，确保用户使用的合法性。
- 严格限制登录者的操作权限，将其完成的操作限制在最小的范围内。
- 充分利用操作系统和应用系统本身的日志功能，对用户所访问的信息做记录，为事后审查提供依据。

3. 网络安全

网络安全是整个安全解决方案的关键，从访问控制、通信保密、入侵检测、网络安全扫描系统和防病毒分别描述。

（1）隔离与访问控制

- 严格的管理制度。可制定的制度有：《用户授权实施细则》、《口令字及账户管理规范》、《权限管理制度》、《安全责任制度》等。
- 划分虚拟子网（VLAN）。内部办公自动化网络根据不同用户安全级别或者根据不同部门的安全需求，利用三层交换机来划分虚拟子网（VLAN），在没有配置路由的情况下，不同虚拟子网间是不能够互相访问。通过虚拟子网的划分，能够实现较粗略的访问控制。
- 配备防火墙。防火墙是实现网络安全最基本、最经济、最有效的安全措施之一。防火墙通过制定严格的安全策略实现内外网络或内部网络不同信任域之间的隔离与访问控制。并且防火墙可以实现单向或双向控制，对一些高层协议实现较细粒的访问控制。FortiGate产品从网络层到应用层都实现了自由控制。

（2）通信保密

数据的机密性与完整性，主要是为了保护在网上传送的涉及企业秘密的信息，经过配备加密设备，使得在网上传送的数据是密文形式，而不是明文。可以选择以下几种方式：

①链路层加密

对于连接各涉密网节点的广域网线路，根据线路种类不同可以采用相应的链路级加密设备，以保证各节点涉密网之间交换的数据都是加密传送，以防止非授权用户读懂、篡改传输的数据。

链路加密机由于是在链路级，加密机制是采用点对点的加密、解密。即在有相互访问需求并且要求加密传输的各网点的每条外线线路上都得配一台链路加密机。通过两端加密机的协商配合实现加密、解密过程。如图8-4所示。

图8-4　链路密码机配备示意图

②网络层加密

对于分布较广，网点较多，而且可能采用多种通信线路的网络，如果采用多种链路加密设备的设计方案则增加了系统投资费用，同时为系统维护、升级、扩展也带来了相应困难。

因此在这种情况下拟采用网络层加密设备（VPN），来保护内部敏感信息和企业秘密的机密性、真实性及完整性。

IPsec 是在 TCP/IP 体系中实现网络安全服务的重要措施。而 VPN 设备正是一种符合 IPsec 标准的 IP 协议加密设备。它通过利用跨越不安全的公共网络的线路建立 IP 安全隧道，能够保护子网间传输信息的机密性、完整性和真实性。经过对 VPN 的配置，可以让网络内的某些主机通过加密隧道，让另一些主机仍以明文方式传输，以达到安全、传输效率的最佳平衡。一般来说，VPN 设备可以一对一和一对多地运行，并具有对数据完整性的保证功能，它安装在被保护网络和路由器之间的位置。设备配置见图 8-5 所示。

图 8-5　VPN 配置示意图

由于 VPN 设备不依赖于底层的具体传输链路，它一方面可以降低网络安全设备的投资；而另一方面，更重要的是它可以为上层的各种应用提供统一的网络层安全基础设施和可选的虚拟专用网服务平台。对政府行业网络系统这样一种大型的网络，VPN 设备可以使网络在升级提速时具有很好的扩展性。

（3）入侵检测

利用防火墙并经过严格配置，可以阻止各种不安全访问通过防火墙，从而降低安全风险。但是，网络安全不可能完全依靠防火墙单一产品来实现，网络安全是个统一的整体，作为防火墙的必要补充，入侵检测系统就是很好的安全产品，入侵检测系统是根据已有的、最新的攻击手段的信息代码对进出网段的所有操作行为进行实时监控、记录，并按制定的策略实行响应（阻断、报警、发送 E-mail）。从而防止针对网络的攻击与犯罪行为。入侵检测系统一般包括控制台和探测器（网络引擎）。控制台用作制定及管理所有探测器（网络引擎）。探测器（网络引擎）用作监听进出网络的访问行为，根据控制台的指令执行相应行为。由于探测器采取的是监听不是过滤数据包，因此入侵检测系统的应用不会对网络系统性能造成多大影响。

（4）扫描系统

网络扫描系统可以对网络中所有部件（Web 站点，防火墙，路由器，TCP/IP 及相关协议服务）进行攻击性扫描、分析和评估，发现并报告系统存在的弱点和漏洞，评估安全风险，建议补救措施。

（5）病毒防护

由于在网络环境下，计算机病毒有不可估量的威胁性和破坏力。政府网络系统中使用的操作系统一般均为 WINDOWS 系统，比较容易感染病毒。因此计算机病毒的防范也是网络安全建设中应该考虑的重要的环节。反病毒技术包括预防病毒、检测病毒和杀毒三种技术。

• 预防病毒技术。预防病毒技术通过自身常驻系统内存，优先获得系统的控制权，监视和判断系统中是否有病毒存在，进而阻止计算机病毒进入计算机系统和对系统进行破坏。可以采用加密可执行程序、引导区保护、系统监控与读写控制（如防病毒卡等）等技术。

- 检测病毒技术。检测病毒技术是通过对计算机病毒的特征来进行判断的技术（如自身校验、关键字、文件长度的变化等），来确定病毒的类型。
- 杀毒技术。杀毒技术通过对计算机病毒代码的分析，开发出具有删除病毒程序并恢复原文件的软件。反病毒技术的具体实现方法包括对网络中服务器及工作站中的文件及电子邮件等进行频繁的扫描和监测。一旦发现与病毒代码库中相匹配的病毒代码，反病毒程序会采取相应处理措施（清除、更名或删除），防止病毒进入网络进行传播扩散。

4. 应用安全

（1）内部办公自动化系统中资源共享

严格控制内部员工对网络共享资源的使用。在内部子网中一般不要轻易开放共享目录，否则容易各种原因在与员工间交换信息时泄露重要信息。对有经常交换信息需求的用户，在共享时也必须加上必要的口令认证机制，即只有通过口令的认证才允许访问数据。

（2）信息存储

对有涉及企业秘密信息的用户主机，使用者在应用过程中应该做到尽量少开放一些不常用的网络服务。对数据库服务器中的数据库必须做安全备份。通过网络备份系统，可以对数据库进行远程备份存储。

5. 构建数字证书认证中心（Certification Authority，CA）体系

针对信息的安全性、完整性、正确性和不可否认性等问题，目前国际上先进的方法是采用信息加密技术、数字签名技术。具体实现的办法是使用数字证书，通过数字证书，把证书持有者的公开密钥（Public Key）与用户的身份信息紧密安全地结合起来，以实现身份确认和不可否认性。CA 为用户签发数字证书，为用户身份确认提供各种相应的服务。在数字证书中有证书拥有者的甄别名称（Distinguish Name，DN），并且还有其公开密钥，对应于该公开密钥的私有密钥由证书的拥有者持有，这对密钥的作用是用来进行数字签名和验证签名，这样就能够保证通讯双方的真实身份，同时采用数字签名技术还很好地解决了不可否认性的问题。根据机构本身的特点，可以考虑先构建一个本系统内部的 CA 系统，即所有的证书只能限定在本系统内部使用有效。在不断发展及需求情况下，可以对 CA 系统进行扩充与国家级 CA 系统互联，实现不同企业间的交叉认证。

6. 安全管理

（1）制定健全的安全管理体制

制定健全的安全管理体制将是网络安全得以实现的重要保证。各政府机关单位可以根据自身的实际情况，制定如安全操作流程、安全事故的奖罚制度以及对任命安全管理人员的考查等。

（2）构建安全管理平台

构建安全管理平台将会降低很多因为无意的人为因素而造成的风险。构建安全管理平台从技术上组成安全管理子网，安装集中统一的安全管理软件，如病毒软件管理系统、网络设备管理系统以及网络安全设备统一管理软件。通过安全管理平台实现全网的安全管理。

（3）增强人员的安全防范意识

政府机关单位应该经常对单位员工进行网络安全防范意识的培训，全面提高员工的整体网络安全防范意识。

习 题 八

1. 简述保密信息网络的体系结构有哪几个方面。
2. 简述信息系统网络安全工程实施各阶段的任务。
3. 试编制一份网络安全解决方案。

第九章　信息安全组织

9.1　IETF（www.ietf.org）

1. 概述

IETF（互联网工程任务组，The Internet Engineering Task Force）是一个大型、开放的国际组织，由网络设计、运行、研究和厂商等方面的人员组成，共同推动 Internet 体系结构和运行的发展。该组织的开放性是 Internet 成功的主要原因之一。同时也是松散的、自律的、志愿的民间学术组织，成立于 1985 年底，其主要任务是负责互联网相关技术规范的研发和制定。它汇集了与互联网架构演化和互联网稳定运作等业务相关的网络设计者、运营者和研究人员，并向所有对该行业感兴趣的人士开放。任何人都可以注册参加 IETF 的会议。IETF 大会每年举行三次，规模均在千人以上。

IETF 大量的技术性工作均由其内部的各类工作组协作完成。这些工作组按不同类别，如路由、传输和安全等专项课题而分别组建。IETF 的交流工作主要是在各个工作组所设立的邮件组中进行，这也是 IETF 的主要工作方式。

Internet 各项标准都通过 IETF 制定，IETF 的标准、草案等通过 RFC 文件来发布，并按顺序编号，RFC 越新，编号就越高。关于 RFC 格式、提交过程的详细说明，可以参看 RFC2026。每个成员都可以提出建议，发布在网络上，供其他人讨论、反馈，最后形成草案和标准。

在 Internet 发展初期，IETF 花了许多力量来解决网络的互联互通问题，而安全问题很少涉及。读者如果翻看 IETF 早期的文档，就会注意到这一点。当 Internet 发展到商业化的规模后，安全问题日益突出，IETF 也把许多注意力放在了网络安全上。对于 Internet 的许多传统协议，如 IP、TCP、TELNET、FTP、DNS 等，IETF 都提出了新的文档增强或者改进协议，如 IPsec、TLS、SSH、DNSSEC 等。同时，对于防火墙、IDS、PKI、认证等技术的应用，IETF 也提出了许多新的 RFC，有的已经成为了标准，有的仍然在讨论之中。

目前，IETF 已成为全球互联网界最具权威的大型技术研究组织。但是它有别于像国际电联（International Telecommunication Union，ITU）这样的传统意义上的标准制定组织。IETF 的参与者都是志愿人员，他们大多是通过 IETF 每年召开的三次会议来完成该组织的如下使命：

①鉴定互联网的运行和技术问题，并提出解决方案；
②详细说明互联网协议的发展或用途，解决相应问题；
③向互联网工程指导组（IESG）提出针对互联网协议标准及用途的建议；
④促进互联网研究任务组（IRTF）的技术研究成果向互联网社区推广；
⑤为包括互联网用户、研究人员、行销商、制造商及管理者等提供信息交流的论坛。

2. IETF 相关组织机构（如图 9-1 所示）

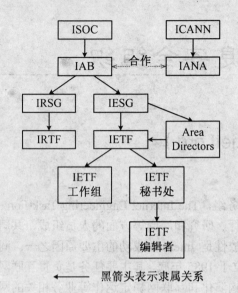

图 9-1 IETF 相关组织机构的关系

（1）互联网协会（Internet Society，ISOC）

ISOC 是一个国际的，非盈利性的会员制组织，其作用是促进互联网在全球范围的应用。实现方式之一便是对各类互联网组织提供财政和法律支持，特别是对 IAB 管理下的 IETF 提供资助。

（2）互联网架构委员会（Internet Architecture Board，IAB）

IAB 是 ISOC 的技术咨询团体，承担 ISOC 技术顾问组的角色；IAB 负责定义整个互联网的架构和长期发展规划，通过 IESG 向 IETF 提供指导并协调各个 IETF 工作组的活动，在新的 IETF 工作组设立之前 IAB 负责审查此工作组的章程，从而保证其设置的合理性，因此可以认为 IAB 是 IETF 的最高技术决策机构。

另外，IAB 还是 IRTF 的组织和管理者，负责召集特别工作组对互联网结构问题进行深入的研讨。

（3）互联网工程指导组（Internet Engineering Steering Group，IESG）

IETF 的工作组被分为 8 个重要的研究领域，每个研究领域均有 1~3 名领域管理者（ADs—Area Directors），这些领域管理者 ADs 均是 IESG 的成员。

IESG 负责 IETF 活动和标准制定程序的技术管理工作，核准或纠正 IETF 各工作组的研究成果，有对工作组的设立终结权，确保非工作组草案在成为请求注解文件（RFC）时的准确性。

作为 ISOC 的一部分，它依据 ISOC 理事会认可的条例规程进行管理。可以认为 IESG 是 IETF 的实施决策机构。

（4）互联网编号分配机构（Internet Assigned Numbers Authority，IANA）

IANA 在 ICANN 的管理下负责分配与互联网协议有关的参数（IP 地址、端口号、域名以及其他协议参数等）。IAB 指定 IANA 在某互联网协议发布后对其另增条款进行说明协议参数的分配与使用情况。

IANA 的活动由 ICANN 资助。IANA 与 IAB 是合作的关系。

（5）RFC 编辑者（RFC Editors）

主要职责是与 IESG 协同工作，编辑、排版和发表 RFC。RFC 一旦发表就不能更改。如果标准在叙述上有变，则必须重新发表新的 RFC 并替换掉原先版本。该机构的组成和实施的政策由 IAB 掌控。

（6）IETF 秘书处

在 IETF 中进行有偿服务的工作人员很少。IETF 秘书处负责会务及一些特殊邮件组的维护，并负责更新和规整官方互联网草案目录，维护 IETF 网站，辅助 IESG 的日常工作。

（7）互联网研究任务组（The Internet Research Task Force，IRTF）

IRTF 由众多专业研究小组构成，研究互联网协议、应用、架构和技术。其中多数是长期运作的小组，也存在少量临时的短期研究小组。各成员均为个人代表，并不代表任何组织的利益。

IETF 专门成立了一个安全工作小组，其中又分了 19 个小组，研究各种网络安全技术及在 Internet 中的应用，如安全邮件、网络层安全、PKI、认证技术等，各个小组的职能如表 9-1 所示。

表 9-1　　　　　　　　　　　　　　IETF 安全工作小组

工作小组	职能
aft	防火墙认证
cat	通用认证技术
idwg	入侵检测事件交换格式
ipsec	IP 安全协议
ipsp	IP 安全策略
ipsra	IP 安全远程访问策略
kink	基于 Kerberos 的网络密钥协商
krb-wg	Kerberos 工作组
msec	组播安全
openpgp	安全电子邮件 PGP 标准
otp	一次性口令认证
pkix	公钥基础设施（X.509）
sacred	安全信息服务
secsh	安全 Shell（SSH）
smime	安全电子邮件 S/MIME
stime	安全网络时钟协议
syslog	网络事件记录的安全问题
tls	传输层安全
xmldsig	XML 数字签名

3. IETF 标准的种类

IETF 产生两种文件，一个叫做 Internet Draft，即"互联网草案"，互联网草案任何人都可以提交，没有任何特殊限制，而 IETF 的一些很多重要的文件都是从这个互联网草案开始。

第二个是叫 RFC，它历史上都是存档的，它的存在一般被批准出台以后，它的内容不做改变。

作为标准的 RFC 又分为几种：
- 提议性种类，说明建议采用这个作为一个方案而列出；
- 被认可为标准种类，这种是大家都在用，而且是不应该改变的；
- 介绍性种类。

这些文件产生的过程是一种自下往上的过程，而不是自上往下。但是工程指导委员会只做审查不做修改，修改还是要返回到工作组来做。IETF 工作组文件的产生就是任何人都可以来参加会议，任何人都可以提议，然后他和别人进行讨论，大家形成了一个共识就可以产出这样的文件。

4. IETF 的研究领域

目前，IETF 共包括八个研究领域，132 个处于活动状态的工作组。

（1）应用研究领域（app—Applications Area）

虽然 IETF 的研究范围划定为"Above the wire，Below the application"，即 IETF 并不关注于应用领域的研究，但是对于与互联网的运营密切相关的应用还是受到了重视，并成立了专门的工作组。

目前应用研究领域共包括 20 个处于活动状态的工作组。随着互联网的发展，这个研究领域的工作组数目还要增长。

（2）通用研究领域（gen—General Area）

在 IETF 中，不能放在其他研究领域的研究内容，就放置在通用研究领域中，因此这个领域的研究内容的内在联系性并不强。目前在这个研究领域共包括 5 个处于活动状态的工作组。

（3）网际互联研究领域（int—Internet Area）

网际互联研究领域主要研究 IP 包如何在不同的网络环境中进行传输，同时也涉及 DNS 信息的传递方式的研究。

这个研究领域在 IETF 中占据着重要的地位，TCP/IP 协议族和 IPv6 协议族的核心协议均由这个领域来研究并制订。

（4）操作与管理研究领域（ops—Operations and Management Area）

这个研究领域主要涉及互联网的运作与管理方面的内容。目前共包含 24 个处于活动状态的工作组，工作组数目处于 IETF 所有研究领域的第二位。

现在随着互联网的快速发展与普及，对于网络的运营与管理提出了更高的要求，因此这个研究领域也越来越受到重视。这个领域的工作组数目还可能增加。

（5）路由研究领域（rtg—Routing Area）

此研究领域主要负责制订如何在网络中确定传输路径以将 IP 包传送到目的地的相关标准。由于路由协议在网络中的重要地位，因此此研究领域也成为 IETF 的重要领域。BGP、ISIS、OSPF、MPLS 等重要路由协议均属于这个研究领域的研究范围。

目前路由研究领域共有 14 个处于活动状态的工作组。

第九章 信息安全组织

（6）安全研究领域（sec—Security Area）

此研究领域主要负责研究 IP 网络中的授权、认证、审计等与私密性保护有关的协议与标准。

互联网的安全性越来越受到人们的重视，同时 AAA 与业务的运维方式又有着密切的关系，因此这个领域也成为 IETF 中最为活跃的研究领域之一。

目前，这个研究领域共包括 21 个处于活动状态的工作组。

（7）传输研究领域（tsv—Transport Area）

传输研究领域主要负责研究特殊类型或特殊用途的数据包在网络中的（特殊需求的）传输方式。包括音频/视频数据的传输、拥塞控制、IP 性能测量、IP 信令系统、IP 电话业务、IP 存储网络、ENUM、媒体网关等重要研究方向。

目前这个研究领域共有 27 个处于活动状态的工作组，就工作组数目来讲，是 IETF 中最大的一个研究领域。

（8）临时研究领域（sub—Sub-IP Area）

Sub-IP 是 IETF 成立的一个临时技术区域，目前这个研究领域只有一个处于活动状态的工作组，这个工作组主要负责互联网流量工程的研究，已经形成四个 RFC。

9.2 CERT／CC（www.cert.org）

CERT／CC（计算机安全应急响应／协同中心）是由美国政府资助，位于卡耐基梅隆大学（carnegie Mellon）软件工程研究所（SEI）的一个机构，提供各种安全方面的技术支持和信息。SEI 除了对 CERT 的贡献外，其提出的用于软件质量控制的软件成熟度模型（CMM）也具有很大的影响。

CERT 的工作范围包括：协同对安全事件的响应、提出针对不同安全问题的解决方案、研究网络入侵活动的趋势、分析发现各种产品中的漏洞和脆弱性和提供安全评估和培训等服务。

CERT 成立于 1988 年，目前已经成为 Internet 上最知名的一个安全组织。它对于提高人们的安全意识，帮助网络管理人员进行应急响应等，都起到了很好的促进作用。

同 Internet 的早期发展一样，尽管关于安全协议及其应用的许多建议仍然是草案性质的，但有些已经在实际中得到较多的应用。

9.3 NSA（www.nsa.gov）和 NIST（www.nist.gov）

1. NSA

NSA 是美国政府的一个情报机构，采用各种先进技术和设备（那里有许多高性能、昂贵的计算机）进行信息收集、加密、解密和分析等工作。

NSA 汇集了一大批工程师、物理学家、数学家、语言学家、计算机科学家、公共关系专家和项目管理专家等，NSA 还资助一些大学里的研究工作，提供对人员的培训。NSA 的需求对计算机技术、通信技术、半导体技术等的发展起到了一定推动作用，如早期计算机的原型、磁带机等。

NSA 主要有两大任务：

（1）信息的加密、破译

NSA 一直是一流数学家的最大雇主，从事密码系统的设计和破译工作，保证美国政府和军方的重要机密信息不泄露。

（2）保护信息系统安全，防止计算机系统被入侵

NSA 不仅提供安全产品、服务和解决方案，还从事一些安全方面的研究项目。例如，"安全建议准则"里给出了如何配置安全的 Windows XP / NT / 2000 系统及 Cisco 路由器、电子邮件系统的建议；"安全增强 Linux 系统"研究在 Linux 系统的基础上，增加强制访问控制，并可根据信息机密性、完整性的要求隔离信息，从而提供一个更安全的操作系统环境。IATF 是 NSA 制定的一个安全防护的框架，说明如何采用各种手段来保护网络。

2. NIST

NIST（美国国家标准局）是美国政府中制定各种领域产品的技术标准并进行测试的机构。NIST 对于图像处理、DNA 诊断"芯片"、自动纠错软件、原子钟、X 射线、扫描隧道电子显微镜和污染控制技术等许多领域都有贡献。

NIST 的计算机安全资源中心主要从事安全风险方面的研究，开发有关标准、测试程序，以对系统和应用的安全进行测试，并提出在安全设计、实施、管理运行等方面的指导原则。其研究主要集中在 5 个领域：

（1）加密算法标准和应用

研究加密算法，包括加密算法（如 DES、AES）、认证技术、安全协议和接口、公钥证书管理、智能令牌及安全体系结构等。

（2）安全测试

开发并对安全技术、服务、产品等进行测试、评估的方法和工具。

（3）安全研究

对一些安全新技术进行研究，如入侵检测、防火墙、安全扫描工具、漏洞分析、访问控制、安全事件响应等。

（4）安全管理和指导

研究安全管理方面的准则，如风险管理、安全培训、人员安全、管理措施等。

（5）安全培训

在更大范围内进行安全意识培训，以促进整个社会的信息安全意识。

9.4 ISO

ISO/IEC JTC1（信息技术标准化委员会）所属 SC27（安全技术分委会）的前身是 SC20（数据加密技术分委员会），主要从事信息技术安全的一般方法和技术的标准化工作。而 ISO/TC68 负责银行业务应用范围内有关信息安全标准的制定，主要制定行业应用标准，与 SC27 有着密切的联系。ISO/IEC JTC1 负责制定的标准主要是开放系统互连、密钥管理、数字签名、安全评估等方面的内容。

9.5 ITU

ITU（国际电信联盟）在 X.400～X.409 建议中有一些关于信息处理的标准，对应于

ISO10021，在安全体系结构、模型、目录服务等方面也在制订有关标准。ITUSG17组负责研究网络安全标准，包括通信安全项目、安全架构和框架、计算安全、安全管理、用于安全的生物测定、安全通信服务。

ITU按照Question为单位组织研究，当前共有17个Question正在开展活动，其中与安全有关的研究内容见表9-2。

表9-2　　　　　　　　ITU-T17组当前开展的涉及安全的研究内容

Question 1 使用QOS管理机制的端到端多媒体通信	现有标准如何修订或增补来满足新的市场需求
	如何增补或者提出新标准，在ECTP中提供双向N-plex组播能力
	如何增补或者提出新标准，为点到多点、多点到多点应用提供端到端组播服务
	如何增补或者提出新标准，满足无线网络新需求
	如何增补或者提出新标准，在组播协议中支持端到端QOS管理能力
Question 2 目录服务、目录系统以及公钥/属性证书	目录服务：为应用广泛支持的目录服务如X.500、LDAP优势，需要什么新服务定义或者轮廓；为在现有服务定义和轮廓基础上增强优势、修正缺陷，需要在现有E和F系列标准中修订或者提出什么新标准
	目录系统：为更好支持目录系统现有和潜在用户，如通过复制站点提供增强一致性的目录信息等，需要对目录提供什么样的增强；为在不同的环境如资源有限环境（无线网络、多媒体网络）中使用，需要如何进一步增强目录；为增强支持例如智能网络、通信网络和公共目录服务等领域，需要如何进一步修订目录；为目录增强优势修正缺陷，需要在现有的X.500系列标准中修订或者提出什么新标准
	公钥/属性证书：为在不同的环境如资源有限环境中使用，需要如何增强公钥和属性证书；为在如生物测定、认证、接入控制和电子商务等领域中增强实用性，需要如何对公钥和属性证书作增强；为X.509增强优势修正缺陷，需要在X.509基础上做什么变化
Question 3 开放系统互联	为提供增强需求修正缺陷，继续维护OSI架构以及分层建议
	为提供增强需求修正缺陷，继续维护消息处理和服务系统、可靠传输、远程操作、CCR和事务处理
Question 4 通信系统安全工程	对通信系统安全工程来说，什么是可交付使用的
	为工程可交付使用的过程、工作条款、方法以及时限
	需要ITU发布和维护的安全概述和手册
	需要什么安全工程
	为推进安全工作，需要如何与其他SDO建立有效的关系
	什么是重要里程碑和成果标准
	如何在安全工作中使部门成员和管理者利益相互激励并动力持续
	如何使安全特性在市场中更有吸引力
	如何明确表述政府的关键利益和保护全球经济的紧急需求依赖于健壮和安全的通信设施

续表

Question 5 安全架构和框架	一个完整一致的通信安全解决方案如何定义
	完整一致的通信安全解决方案的架构
	为建立安全解决方案的安全架构所应用的框架
	为评估安全解决方案的安全架构所应用的框架
	支撑安全的架构：新型技术的安全架构；端到端安全的架构；移动环境下的安全架构；技术安全架构例如开放系统安全架构、IP网络安全架构、NGN安全架构
	为适应变化的环境，如何改变标准中安全模型的上下层或者提出新标准
	架构标准如何组织成适应现有安全建议
	安全模型的上下层应该怎样
	如何修订安全框架建议来适应新型技术或者提出新建议
	如何应用安全服务提供安全解决方案
Question 6 Cyber安全	为分发共享所发现脆弱信息的处理
	Cyber空间中事件处理操作的标准过程
	保护关键网络基础设施的策略
Question 7 安全管理	通信系统安全风险如何被识别和管理
	通信系统信息资产如何识别和管理
	通信运营商特定管理事务如何识别
	通信运营商信息安全管理系统（ISMS）如何在现有ISMS标准下构建
	通信安全事件发生后如何处理和管理
Question 8 电信生物鉴定学	如何使用安全可靠的电信生物鉴定方法改进认证和授权
	ITU-T如何应用IEC60027新增的生物学子集为安全可靠的生物鉴定设备分类提供合适的模型基础
	安全可靠的电信生物鉴定解决方案登记顺序应当使用的安全等级参考系统
	如何发布生物认证技术用作通信识别
	电信基于例如PKI密码技术的生物学认证技术需求如何识别
	电信基于例如PKI密码技术的生物学认证技术模型和程序如何识别
Question 9 安全通信服务	在移动环境以及Web服务中如何识别和定义安全可靠的通信服务
	通信服务背后隐藏的安全威胁如何识别和处理
	支持安全可靠通信服务的安全技术
	通信服务的安全互联如何保持和维护
	安全体系服务所需要的安全技术
	新型的安全Web服务需要的安全技术和协议
	安全通信需要应用的安全应用层协议
	安全体系服务和相应应用需要的全球安全解决方案
Question 17	研究防治和治理垃圾信息方面的标准

参考文献

[1] 沈昌祥.用信息安全工程理论规范信息安全建设[N]. 计算机世界，2001-09-03（B1）.

[2] 林代茂.信息安全——系统的理论与技术[M]. 北京：科学出版社，2008.

[3] 罗万伯，周安民，谭兴烈等.信息系统安全工程学[M]. 北京：电子工业出版社，2002.

[4] Boolz-allen & Hamilton.System Security Engineering Capability Maturity Model（SSE-CMM）version 2.0[A]. The National Information Systems Security Conf[C].1999.

[5] 钱刚，达庆利.基于SSE-CMM模型的信息系统安全工程管理[J]. 东南大学学报，2002，32（1）：32-36.

[6] 赵卫东.信息系统生命周期中的安全工程活动研究[J]. 计算机工程与科学，2004，26（12）：108-109.

[7] 刘兰娟，张庆华.信息安全工程理论与实践[J]. 计算机应用研究，2003，4：85-87.

[8] 沈昌祥，蔡谊，赵泽良.信息安全工程技术[J]. 计算机工程与科学，2002，24（2）：1-8.

[9] 关义章.信息系统安全工程学[M]. 北京：电子工业出版社，2002.

[10] 陈晓红，罗新星.信息系统教程[M]. 北京：电子工业出版社，2003.

[11] 戴宗坤.信息系统安全[M]. 北京：电子工业出版社，2002.

[12] 高德明.信息系统安全工程体系及其应用研究[D]. 哈尔滨工业大学，2002.

[13] 沈昌祥.信息系统安全工程导论[M]. 北京：电子工业出版社，2003.

[14] 王英梅，王胜开，陈国顺等.信息安全风险评估[M]. 北京：电子工业出版社，2007.

[15] 张建军，孟亚平.信息安全风险评估探索与实践[M]. 北京：中国标准出版社，2005.

[16] 吴亚非，李新友，禄凯.信息安全风险评估[M]. 北京：清华大学出版社，2006.

[17] 王奕，费洪晓.基于AHP的信息安全风险评估方法研究[J]. 湖南城市学院学报，2006，3.

[18] 刘怀兴，吴绍民，叶尔江等.层次分析法在信息安全风险评估中的应用[J]. 情报杂志，2006.

[19] 张晓伟，金涛编著.信息安全策略与机制[M]. 北京：机械工业出版社，2004.

[20] 薛质，苏波，李建华编著.信息安全技术基础和安全策略[M]. 北京：清华大学出版社，2007.

[21] 肖军模.计算机信息安全等级划分准则解读[J]. 解放军理工大学学报，2000，5（1）：

46-50.

[22] 康仲生等.《信息系统安全等级保护基本要求》在信息系统规划、建设、整改中的实施[J]. 电子政务 3-4E-2008.93-96.

[23] 张建军，乔宇璇. 信息系统安全等级保护的一种定级方法. 信息网络安全，2007，（11）：15-18.

信息安全系列教材书目

密码学引论（普通高等教育"十一五"国家级规划教材）	张焕国等
计算机网络管理实用教程	张沪寅等
网络安全	黄传河等
信息安全综合实验教程	张焕国等
信息隐藏技术实验教程	王丽娜等
信息隐藏技术与应用	王丽娜等
网络多媒体信息安全保密技术	王丽娜等
信息安全法教程	麦永浩等
计算机病毒分析与对抗	傅建明等
网络程序设计	郭学理等
操作系统安全	贾春福等
模式识别	钟 珞等
密码学教程	张福泰等
信息安全数学基础	李继国等
计算机取证技术	陈 龙等
电子商务信息安全技术	代春艳等
信息安全基础	武金木等
网络伦理	徐云峰
网络安全	丁建立等
数据库安全	刘 晖等
信息安全管理	王春东等
信息对抗理论与方法	吴晓平等
信息安全导论	王丽娜等
信息安全工程	赵俊阁等

信息安全系列教材书目